JN183842

食品公害と被害者救済

Industrial Food Pollution: Relief Policies for the Kanemi Oil Disease Victims

カネミ油症事件の被害と政策過程

宇田和子
Kazuko Uda

東信堂

はしがき

本書は、カネミ油症被害者の苦しみを軽減し、失われた生活と権利を復元することがいかに可能か、社会学の立場から考察したものである。

宇井純が各地の反公害運動について講演した「公開自主講座」は、東京大学を主な舞台に開かれたが、1973年に北九州でも開講されたことがある。そのとき、カネミ油症患者は被害を語った。PCBとダイオキシンによって汚染された食用油を食べたことによって、全身に吹き出ものができ、髪の毛が抜けていくこと。油を食べさせてしまった家族が死んでいくこと。子どもに母乳を飲ませて汚染を引き継いでしまったこと。そして生活が「社会からまったく断絶された」(宇井 1974: 43) ことを。

食品を購入して消費するという行為は、あまりにも身近である。しかし、その身近さに反して、全国の公害問題に肉薄してきた自主講座運動の場において、カネミ油症患者は同志でありながらもゲストのように扱われている気がした。熊本水俣病もまた、カネミ油症と同じように東京から離れた九州で生じた事件だが、つねに自主講座の参照枠とされてきた。カネミ油症問題は、他の公害問題と同じように深刻な被害が生じた事件であるにもかかわらず、なぜ辺縁に位置づけられているように見えるのか。今思えば、熊本水俣病に比べてカネミ油症が相対的に新しい問題であったことや、被害者運動が途上にあったことなどが理由として考えられるのだが、この素朴な違和感が調査研究を始めるきっかけとなった。

2006年に調査を始めてみると、カネミ油症は想像以上に政策課題や研究対象としても周辺部に置かれ、部外者がおいそれとは近寄りがたいほどに複雑化していた。たとえば、調査開始当時は事件の公的記録がほとんどなく、どの県に何人の認定患者がいるのかすらわからなかった。また、患者の「認定」が事実上行われてきたものの、それについて定めた法制度が見当たらない。救済を求めた裁判の結果、なぜか被害者が国から多額の借金をしている。新聞や書籍においてカネミ油症は「食品公害」と呼ばれてきたが、法律上は「食品公害」という事態が存在せず、国からも「食品公害」事件とは見なされていない。すべてが謎だらけに思えた。

このように事態を把握することが困難な状況では、議員や政策担当者、一般市民、被害者とその子孫が、現実を受け入れたり対応策を考えたりすることは難しいだろう。そこで本書は、まずカネミ油症問題の包括的な記録を作成することを目的とする。次に、この複雑な歴史を振り返り、なにが被害を深刻化させ、被害者に社会から「断絶された」と感じさせてきた要因なのかを明らかにする。さらに、既存の食品公害被害と将来生じうる被害に対してどのような被害軽減の社会的しくみを作ることができるのか、制度形成に関する提言を行う。また、制度不在時において政策担当者や制度運用者が有するべき視点についても、併せて提言する。

2012年に「カネミ油症患者に関する施策の総合的な推進に関する法律」が制定され、本書が扱う2007年までのデータには、もはや古い部分があると言わざるをえない。しかし、それでも本書を刊行することにしたのは、食品公害に対する明確な定義や対処法が存在しない現在において、新たな食品公害が発生したならば、その問題はおそらくカネミ油症と同じ歴史をたどると思われるからである。1968年にカネミ油症の被害が発覚してから、公に対処すべき問題として制度が形成されるまでに44年の月日がかかった。法律が成立したからこそ、食品公害という認識があいまいなもので、その被害に救済法が存在してこなかったことがどのような帰結を生み出してきたのか、改めて検討すべきであろう。また、本書はカネミ油症という具体的な問題に対して今後行われるべき政策を提言するに加えて、食品公害一般に対して政策が備えるべき要件を示したものであり、その意義は個別の法律制定後においても損なわれていないと判断した。

食品公害と被害者救済――カネミ油症事件の被害と政策過程

目　次

第Ⅱ部 油症問題の歴史

第４章 なぜ油症が起きたのか

第５章 なぜ被害者は訴訟を取り下げたか

第Ⅲ部 被害と政策過程に関する考察

付属資料

図表一覧

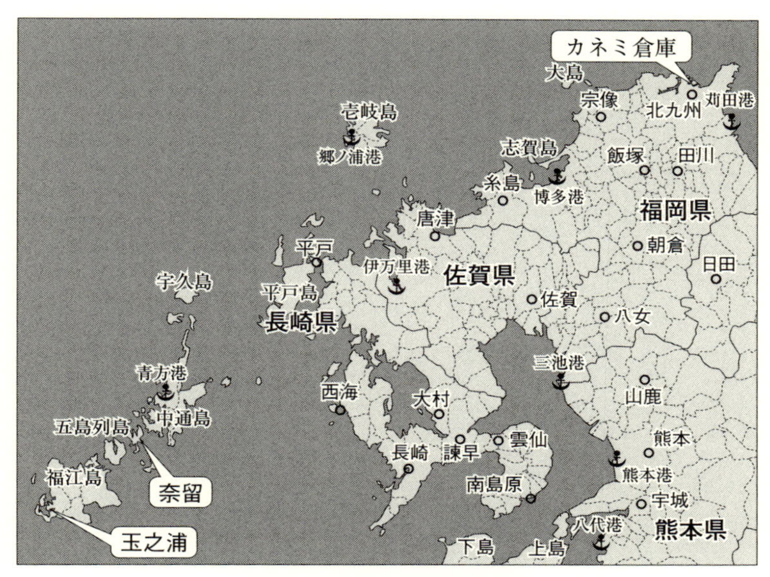

図0-1　カネミ油症関連地域

出典：グーグルマップ, http://maps.google.co.jp（2013年2月4日閲覧）をもとに筆者作成。

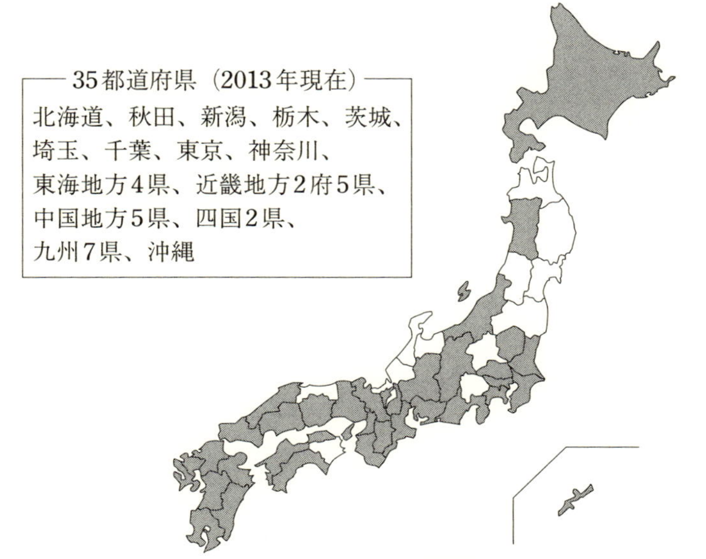

図0-2　カネミ油症認定患者分布

出典：厚生労働省（2013）をもとに筆者作成。

食品公害と被害者救済

——カネミ油症事件の被害と政策過程

序　論

1　問題の所在

われわれは、日々なにかを食べることなしには生きられない。その意味で、食品が危険にさらされることはわれわれの生命そのものが脅かされることである。にもかかわらず、戦後に流通機構が成立し、食品の製造技術が発展してから今日まで、汚染食品は市場に出回り、食品添加物や食品加工技術の安全性評価は転換し続けてきた[1]。ゆえに、食品安全の問題は食糧危機の問題と並んで広く国際的な関心を喚起し、安全な食品供給システムの確立や有害化学物質の使用規制が各国で制度化されてきた[2]。こうした取り組みが前轍としているのは、日本においては1950年代から60年代にかけて生じた汚染食品による大規模かつ深刻な健康被害である。

本研究は、このような問題を「食品公害」という独特の問題として定義し、社会学的にその特質を明らかにし、既存の被害を軽減するために社会がなしうることを政策原則と法制度という形式で示すことを主題とする。ここでは食品公害を「事業活動その他の人の活動に伴って生ずる食品の汚染によって、相当範囲にわたる人の健康又は生活環境に係る被害が生ずること」と暫定的に定義しておこう[3]。一般に「食中毒」は、自然毒や細菌感染によってごく少数の個人か地域的まとまりにおいて発生し、短期間で治癒するものがほとんどである。これに対して、企業の生産活動における失敗の帰結として製造された汚染食品は、市場を介して広域に拡散し、消費され、その汚染物質は被害者の体内に蓄積し、本人とその家族の生涯に大きな打撃を与える。さらに汚染物質が子孫にまで受け継がれることさえある。このような問題が一般に「食品公害」と呼ばれてきたが、「食品公害」とはいかなる社会問題なのか、またその被害をいかに救済しうるかという問いは、これまで社会科学的な検討の対象からも、政策的な対処枠組みからも排除されてきた。そもそも食品公害の被害の内実について、これまで専門的な調査報告そのものが行われてこなかった。現在と未来において有害化した食品による被害の発生を完全には防ぎえないことを考えれば、過去に生じた食品公害の被害を軽減するための政策提言は、今後生じうる被害を軽減するための基盤となりうる。また、そのような救済策の構想は、食品公害以外の化学物質汚染被害の救済策にも応用可能性があるだろう。

そこで本研究の第一の目的は、これまで見過ごされてきた食品公害被害の実態を社会学的に把握することである。第二の目的は、被害が看過されてきた要因を、被害と政策過程の対応関係に注目して解明することである。第三の目的は、食品公害を専門用語として学問的に位置づけ、その定義をふまえて既存の被害を救済するための政策提言を行うことである。

これらの目的を達成するために、本研究では、食品公害の代表的事例とされるカネミ油症事件（以下、油症事件）を分析対象とする。油症事件とは、米ぬかを原料とする食用油に製造工程でポリ塩化ビフェニール（PCB）が混入し、その汚染油を食した人びとに甚大な健康被害が生じた事件である。汚染された米ぬか油は、福岡県北九州市に本社をおくカネミ倉庫株式会社（以下、カネミ倉庫）が製造していたもので、商品名を「カネミ・ライスオイル」という。被害は1968年10月10日に発覚し、翌69年までに約14,000人が保健所へ被害を届け出た。2014年現在、患者に認定された者は2,256人で、そのうち少なくとも666人がすでに亡くなっている（厚生労働省, http://www.mhlw.go.jp/stf/seisakunitsuite/bunya/kenkou_iryou/shokuhin/kenkoukiki/kanemi/, 2014.12.31閲覧）。油症は、ある特異な症状を指す病名ではなく、カネミ・ライスオイルの摂食に由来する病気および障害の総称である。被害発覚初期には、油症に特有の症状として全身の吹き出ものや歯・爪の変色などが見られたが、油症でなくとも発病しうるような非特異的な疾患が全身に数多く現れることから、油症は「病気のデパート」と呼ばれている（原田 2010）。当初、油症は PCB による単独汚染と考えられており、PCB は比較的短期で排出されるため、症状はやがて軽快することが予測されていた。ところが75年、九州大学の長山淳哉が当該ライスオイルからポリ塩化ジベンゾフラン（PCDF）を発見し、その後の研究によって油症はPCBの加熱によって生成したダイオキシン類による複合汚染であることが明らかになった[4]。ダイオキシン類は PCB よりも毒性が強く、しかも体外に排出されにくい。そのため、被害の発覚から46年が経過した現在も、被害者の体内にはダイオキシン類が残留している。厚生労働省が2009年に行った調査では、認定患者の約70% が健康上の問題[5]を抱え、日常生活に影響を受けていると答えた（厚生労働省 2010: 20）。さらに、ダイオキシン類は胎盤や母乳を通じて油を食べていない次世代にまで影響を及ぼし、油症患者から全身の皮膚が黒く色素沈着した「黒い赤ちゃん」が生まれたことは、世代を超えて残留する化学物質汚染の象徴として国内外に衝撃を与えた。被害者は、これらの身体的被害に加えて、家庭・職場・地域における人間関係の変容、日常生活、余暇生活および人生設計の変更を強いられてきた。

このような被害に対して、カネミ倉庫は23万円の見舞金と一部医療費を支払ってきたが、2012年に後述の法律が制定されるまで、これ以外に被害者が受け取ることのできる補償金は存在しなかった。この金額は森永ヒ素ミルク中毒事件のような類似事例の補償に比べて著しく低いものだが、カネミ倉庫は自身の資力上の問題から、これ以上の補償は行えないと主張してきた[6]。医療費の支払い対象は油症に関連する医療費の自己負担分に限られ、しかも支払いの基準はカネミ倉庫が示したそのときどきの方針によって左右される。一部の医療機関ではカネミ倉庫が認定患者に配布した油症患者受療券（以下、受療券）を提示することによってカネミ倉庫に医療費を直接請求することができるが、受療券を使用できる医療機関は限られている上[7]、09年現在、これを所持している認定患者は50.6% に留まる（カネミ油症被害者支援センター 2012 [2011]: 6-7）。さらにカネミ倉庫から一度も医療費を受け取ったことのない認定患者は45% にのぼる（カネミ油症被害者支援センター 2012

[2011]: 6-7)。つまり、受療券の利用か立て替え払いによってカネミ倉庫から医療費を受給したことのある認定患者は全体の半数程度ということである。さらに、認定されるまでに長期間を要した患者が2年以上過去に遡って医療費を請求することができなかったり、離島に住んでいる者が病院に通うための交通費や宿泊費に制限があったりと、医療費の支払いに関する問題は多い。医療費受給の前提となる患者認定をめぐっても、2012年の法律制定以前には、同一家族内でも認定される者と棄却される者に分かれるという「家族内未認定」問題があり、それが解決されつつある現在も二世・三世患者の「未認定」問題が存在するなど、いまだ多くの問題が山積している。

被害の補償体系が十分に整備されていないことから、一部の被害者はカネミ倉庫や国を相手に訴訟を提訴し、地裁と高裁において勝訴判決を得たが、最高裁判決を前に判決が転回することを恐れて訴えを取り下げた。そのため、訴訟の過程で受け取った仮執行金を返還する義務が生じることになったが、多くの被害者は経済的に困窮していたため、返還は非常に困難だった。この問題は「仮払金返還問題」として、訴訟が妥結に至った1987年から特例法成立によって問題が決着する2007年まで、「国に借金をしている」という精神的重石を被害者に負わせ、救済の訴えを封じることになった。このように、被害救済を求めて被害者らが展開した運動によって、かえってその立場は弱いものとなり、被害者が沈黙せざるをえない状況が作られた。

カネミ倉庫は過去の判決で賠償金の支払いを命じられてきたが、これを完全には履行しないまま現在に至っている。その債務は06年現在原告1人当たり約500万円、元本と利息を併せて約206億円にのぼる(五島市職員労働組合 2010)。体調不良による収入の減少と医療費負担の増大によって多くの被害者が経済的困窮に陥っているにもかかわらず、このような債務不履行が甘受されている理由は、カネミ倉庫の資力不足にある。カネミ倉庫は「年商15億円の赤字経営の中小企業」であるがゆえ、賠償金を支払えば倒産してしまい、これまで患者に支払ってきた医療費も支払えなくなると主張したのである(カネミ油症事件原告団・カネミ油症事件弁護団 1984: 10)。被害者は公的補償を得られるあてもなく、「借金」の負い目から国に救済を求めることもできず、カネミ倉庫の主張を受け入れざるをえなかった。そしてカネミ倉庫は原告との和解において、医療費を支払う交換条件として賠償金の支払いを請求しないことを原告に約束させた。

責任企業による補償が不十分であり、被害者が沈黙を強いられた状況にあることを認識しながらも、国は、油症が公害ではなく食中毒事件であるため、加害企業にすべての補償責任があるという論理のもと、現状を看過し続けてきた。しかも、食中毒事件としての通常の対処である「摂食経験と体調不良、身体の異常を根拠とする被害者の認定」を行わず、臨床所見と診断基準を照らし合わせた「症状による認定」を行い、摂食経験と身体の異常があっても診断基準に合致しない被害者を切り捨ててきた。また、被害者への直接的支援を行わない一方で、国はカネミ倉庫の資力不足を認識し、被害者への医療費給付を間接的に支援するために、カネミ倉庫に政府米の保管事業を委託してきた。これは1985年に結ばれた法務・厚生・農水3大臣確認事項にもとづくもので、近年の委託料は年1億円から2億円にのぼる（長崎新聞 , http://www.nagasaki-np.co.jp/news/kanemi/2010/10/08093456.shtml, 2010.10.10閲覧）。このように、国は加害企業に対する経済的援助を通じて間接的な被害者支援を行ってきたが、前述のとおり、その援助の結果である医療費をカネミ倉庫から受け取った被害者は全体の約半分に留まる。

油症被害を放置してきたのは、国や責任企業だけではない。環境リスクが世界的な脅威となり、食品をめぐる事故が続発している今日において、油症はダイオキシン被害が顕在化した代表的事例として、また深刻な食品被害の事例として、理論的・政策的に検討される意義のある問題である。にもかかわらず、これまで社会科学の領域で油症が取り上げられたことはほとんどなく、食品公害というテーマが中心的に取り上げられることもなかった。油症の被害は、責任企業、国、そして研究者からも看過されてきたのである。

以上のような国の取り組み態勢やカネミ倉庫による不十分な補償枠組みは、2012年8月29日に「カネミ油症患者に関する施策の総合的な推進に関する法律」（以下、推進法）が成立したことによって、追跡調査、同一家族内における未認定患者の条件つき認定、国から認定患者への経済的援助、カネミ倉庫・国・被害者による3者協議などが行われるようになり、重大な変化が生じた。しかし、その内容を検討するためには別途の考察を要する。また、本書が示す食品公害という問題認識の必要性や政策提言の有用性が損なわれるものではないと判断したため、本研究では仮払金返還問題が決着に至った2007年9月までを分析の対象とする。

2　本書の構成

本書の全体は、研究視点を提示する第Ⅰ部、歴史的事実を記述する第Ⅱ部、被害と政策過程を考察する第Ⅲ部の三つに分かれ、それぞれは以下のように構成される。まず第Ⅰ部では、基本的知識の整理を行い、本研究の視点を提示する。

第1章では、従来の公害問題研究および化学物質汚染問題研究の視点を概観する。すでに述べたとおり、食品公害問題はそれ自体が中心的な研究テーマとして扱われてこなかったため、先行する分析視点がほとんど存在しないが、既存の研究において食品公害問題の分析に有効と思われる視点を検討する。被害の記述法としては、環境社会学における被害を把握する視点として「被害構造論」を、また質的データの分析手法として「重ね焼き法」を採用する。続いて、政策過程における行政組織の行為論的分析のために、「組織の戦略分析」の視点を用いる。さらに、政策過程における被害軽減の段階論的分析視点として、公衆衛生の分野における「化学物質汚染問題のアジェンダ設定モデル」を継承する。これらの視点を採用することによって、被害と政策過程の対応関係を示し、政策過程における個々の担当者が有した合理性を明らかにし、さらに複雑化した油症の解決過程をアジェンダ設定モデルに位置づけることが可能となるだろう。

第2章では、食品公害という問題認識の必要性を指摘する。食品公害は一般的用語として広く浸透しながらも、政策課題として問題が認識されることなく、「食中毒」と「公害」をめぐる法的枠組みの狭間におかれてきた。同時に、医学・法学・社会学の学術論文において「食品公害」という用語が遣われてきたものの、なぜあえてそう呼ぶのか、それが「食中毒」とはどのように違うのかということは問われてこなかった。このような政策的対処と研究史における「食品公害」という問題認識の空白がもたらされた要因をふまえ、本研究の立ち位置を明確にする。

第3章では、油症の基本的知識として、現在までに明らかにされてきた医学的・化学的知見を整理する。このような整理を行うのは、油症の医学的・化学的性質および特徴が、問題の社会的側面や特徴に影響を及ぼしているためである。

続く第II部では、油症の歴史的経過を3期に分けて記述する。第II部の主眼は事実の記録にあるが、それぞれの時期ごとの問題を解明し、小さな考察を積み上げていく。その際、事実の記述と解釈が混在しないよう、節を改めるなどして留意する[8]。まず第4章では、油症被害が生じる以前の1881年から1968年にかけて、油症事件発生の前提条件が整えられていった経過をたどる。具体的には、食品の工業化、化学物質の用途拡大、日常的な食品衛生行政における欠陥、予兆的事件の見逃しといった要素が前提条件を形成し、油症事件が起こるべくして起きていったダイナミズムを明らかにする。

第5章では、1968年から1987年にかけて、油症被害が発覚して一連の訴訟が提訴され、最終的に訴えの取り下げによって終結するまでの裁判闘争期を追う。ここでは被害構造論の視点を用いて発生初期の被害を描くとともに、同時期の政策過程を詳細に記述し、両者の対応関係を検討する。

第6章では、1988年から2007年にかけて、特例法の成立によって仮払金返還問題が決着するまでの過程を概観する。ここでは「状況の定義」概念を用いて、被害者、企業、国・県・市、支援者という関係主体が状況をいかに定義していたのか明らかにし、問題が長期化したのちに政策課題として取り上げられていった要因を解明する。

以上の各期の考察をふまえ、第III部では被害と政策過程をめぐる理論的考察を行う。まず第7章では、類似事例との比較を通じて食品公害問題の特質と油症問題の固有性を浮かび上がらせる。すなわち森永ヒ素ミルク事件と油症事件を、補償制度、被害者の属性、企業の経営規模、運動主体、戦略という五つの観点から比較し、2事例の救済策を異なるものとした分岐点を明らかにするとともに、両事例が示唆する現行制度と政策の限界を指摘する。

第8章では、被害論の考察として、被害発生から長期間が経過した2007年から見た被害の実態を「重ね焼き法」を用いて記述する。被害の発生初期においては、いわゆる「公害」被害と重なる被害が観察されたが、問題が長期化した現在から被害を見てみると、食品公害被害の特徴が顕著に表れてくる。さらに「病いの経験論」の諸視点を用いて油症患者が他者との関係において抱える不安や困難さを分析する。

第9章では、制度論の考察として、認定・補償制度の特異性と欠陥を指摘する。これまでに被害者・支援者運動の動機の説明要因として用いられてきた承認論を援用し、〈法的承認〉および〈医学的承認〉という被害の承認概念を設定することによって、油症と認定されることの社会的意味と被害者におよぼす影響を明らかにする。

第10章では、政策過程の考察として、油症被害が深刻化した要因としての政策過程の本質的問題点を解明する。また、NPOや研究者が提言してきた個別的政策提言をまとめるとともに、食品公害一般の被害を軽減するために必要なメタ政策原則として「複数の形式における被害の承認」および「『アクションとしての法』の発想の重視」の二つを提示する。以上をふまえて、過去、現在、未来の食品公害被害を軽減するための局面別の政策提言と、具体的な補償制度として「食品公害基金」制度の提言を行う。

最後に、本研究の課題がどの程度達成されたか確認し、今後の課題を提示することで結論とする。

3　調査の概要

本研究が分析の対象とするのは、文献や行政資料といった文書資料のほか、次の調査によって得られた質的データである。油症事件の公的記録は、事件発生の翌年までの調査をもとに作成された『全国食中毒事件録』（厚生省環境衛生局食品衛生課編 1972）が唯一であり、ほかにジャーナリストや被害者自身による記録があるが、被害の社会的特質や経過を専門的に示した記録は存在していない。そこで筆者は2006年から12年8月にかけて、福岡、長崎、高知、広島の4県6地域を主として、認定患者23名、未認定患者3名、患者遺族2世帯、支援者6名、行政組織5部局、医師2名、看護師1名、報道関係者4名、その他の専門家4名に聞き取りを行った。なお06年4月から08年3月までは堀田恭子（立正大学）との共同調査で、08年4月以降は筆者の単独調査である[9]。このような継続的な質的調査は、おそらく過去に例を見ないものであろう。被害の全体的な構造を示すためには量的な調査が有益であるが、まずは被害の実態と複雑化した問題の現状を把握するために、関係者に聞き取り調査を行うことが適切と判断した。

事件発生から40年近くが経過していたことや、他者に被害を話すことが苦痛を伴う経験であること、多くの関係者にとっては負の歴史であることから、調査に応じてくれる対象者を見つけることは困難と予想されたが、共同調査者である堀田恭子が長崎県でプレ調査を行っていたことや、指導教授である舩橋晴俊が被害者支援組織である「カネミ油症被害者支援センター」（以下、YSC）のメンバーとネットワークを形成していたことなど一定の手がかりがあったため、現地に入ることが可能となった。

2006年から08年までは、東京の池袋に事務所をおくYSCの資料を整理することを条件に原資料のコピーを入手した。またYSCの会員である被害者を紹介してもらい、そこから芋づる式に聞き取りを重ねた。行政担当者や報道関係者、医師には、直接手紙を出してアポイントを取った。聞き取りの時間は最短で30分、最長で3時間半に及び、平均2時間程度であった。事前に入手できた情報から、被害者の家族年表[10]や自治体の組織変遷の年表を作成し、あらかじめ送付しておいた質問項目について聞き取りを行った。録音の許可を得ることができた場合は、録音データからトランスクリプトを作成し、録音が不可能だった場合はメモを文章におこした。さらに、当時の訴訟を担当していた弁護士らの協力を得て、北九州第一法律事務所および小倉南法律事務所に現存する証言記録45点と最終準備書面6点の複写を入手した。

しかし、被害者が地域的に散らばっていたり、長年の運動を通じて人間関係が分裂していたりするため、被害者から被害者への紹介が繋がりにくく、かつ対象が運動を代表するような認定患者に偏りがちなことから、08年からは各地で行われる被害者集会に参加したり、訴訟を傍聴したりして、そこで出会った被害者にアポイントを取り、後日聞き取りに訪ねるという方法をとった。さらに、同年夏に長崎県・五島で行われた原田正純医師らによる自主検診に同行することで、医学的検診の様子をうかがい知るとともに、ふだんは集会に来ない／来られないような被害者にも聞き取りを行うことができた。加えて、07年に仮払金の返還を免除する特例法が成立し、その後も救済法の成立に向けて政治的に大きな動きが見られたので、事態を把握するために08年4月から14年3月まで毎月YSCの運営委員会を傍聴してきた。

以上のように、既存のネットワークの存在や、油症問題自体が解決に向かって動き出したことから関係者に話を聞きやすくなるなどの条件が重なり、予想より多くの関係者への調査が可能となり、さまざまな質的データを得ることができた。

本調査の限界としては、第一に、事件発生と調査の時間的ずれによる制約がある。事件発生初期に亡くなった被害者をはじめとして、被害者に深く関わった医師や行政担当者はすでに亡くなるか退職しており、接触が物理的に不可能であった。また、当時の行政資料も破棄されていることがほとんどで、資料入手においても困難があった。これらのデータ不足は、関係者の一部が裁判で証人を務めた証言記録あるいは退職後に遺された伝記や手記を入手することによって補完するよう努めた。さらに、患者遺族に会うことによって亡くなった被害者の当時の様子を聞くことができた[11]。

第二の限界として、一部の被害者や、厚生労働省から研究を委託されている医師からの調査拒否があった。具体的には、調査を依頼する手紙への返信で断られたり、実際に対象者に会ってから「話したくない」と拒否されたりした。これらの調査拒否は一面においてはデータの欠落であるが、調査を拒否されたということ自体が重要なデータであると考え、拒否に至った背景を考察するようにした[12]。

第三の限界として、経済的・地理的条件から、量的調査を行うことができなかった。しかし、そもそも調査票を作成するためには事前の質的調査によって仮説を形成する必要があるため、調査のあるべき順序として質的調査を優先した。また、09年に厚生労働省が行った全認定患者に対する被害の実態調査の集計データを入手し、さらにYSCが高木仁三郎市民科学基金の助成を受けて発行した『厚生労働省実施「油症患者に係る健康実態調査」検証報告書　最終版』（カネミ油症被害者支援センター 2012［2011］）の作成に関わり、調査票のコピー199票に目を通すことで被害の量的把握の助けとした。

以下、本書では調査対象者のプライバシーに配慮し、公人などの特別な場合を除き、氏名を本名とは無関係なアルファベットで表記する。また、居住地と肩書きは当時のものである。

注

1　たとえば2007年には中国製冷凍餃子に高い毒性をもつメタミドホスが混入する事件が起き、また2009年には厚生労働省によって特定保健用食品に指定されていた食用油「エコナ」に発ガン性の疑いがあることが報告された。

2　たとえば国連のコーデックス委員会は、食品の安全な製造工程管理のガイドラインであるHACCP（危害分析重要管理点 Hazard Analysis and Critical Control Point）を示し、食品製造者自身による品質管理を提唱している。また、リスクが確実ではない物質であっても予防的に扱うという予防原則precautionary principleにもとづき、欧州ではREACH（Registration, Evaluation, Authorization and Restriction of Chemicals）が整備されてきた。

3　さしあたりの定義は環境基本法における公害一般の定義から示唆を得ている。より詳細な定義は2章で行う。

4　油症の主な原因がダイオキシン類であることは医学者の間では1976年には広く知られるようになったが、政府によって公式に認定されたのは2001年のことである。詳しい経緯は3章で述べる。

5　生存する認定患者のうち40%以上の人が、骨・関節、皮膚・爪、口の中、眼、食道・胃・腸・肛門、のど・気管支・肺、耳・鼻、自律神経系、アレルギー疾患、血管、心臓になんらかの病を経験したという。このほかに「その他」としていずれのカテゴリーにも当てはまらない病気を経験している人がいる（厚生労働省 2010: 36）。

6　訴訟の事実経過および賠償金の問題については5章と6章で詳しく説明する。

7　受療券を使用可能な医療機関は、薬局や病院、クリニックを含む全国374ヶ所で、このうち316ヶ所については厚生労働省のウェブサイトで確認できる（厚生労働省 http://www.mhlw.go.jp/seisakunitsuite/bunya/kenkou_iryou/shokuhin/kenkoukiki/kanemi/ 2012.12.22閲覧）。しかし、この情報がウェブ上で公開されたのは2012年12月上旬のことであり、それ以前に契約医療機関を知らせる広報はなされていなかった。

8　とはいえ、ヒラリー・パトナムが指摘するように、「事実記述と価値づけとは絡み合いうるし、またそうならざるをえない」(Putnam 2002＝2011［2006］: 31)。原理的には、特定の解釈のレンズを通さずに事実を記述するということは不可能である。

9　詳細は付属資料1として添付する。

10　対象世帯の成員の生まれから現在までの出来事を年表化したもの。対象者が訴訟で証言していたり、集会で発言していたり、マスコミの取材に応じていたりした場合に作成が可能となった。

11　患者遺族への聞き取りは、生前の患者の様子を知るだけでなく、油症が家族に与えた打撃や患者が亡くなったのちの遺族の生活を知る上でも参考になった。

12　このような発想は、三浦耕吉郎が、部落調査において聞き取りを断られた経験から、その意味を考察した論考（三浦 2004）に影響を受けたものである。

第Ⅰ部

本研究の視点と事例の基礎的知識

第１章　食品公害問題の分析視点

――公害・化学物質汚染問題の先行研究より

本章の目的は、食品公害問題が学問的にどう位置づけられてきたかを検討し、従来の研究視点を用いて食品公害問題を分析する際の有効性と限界を示し、本研究の全体をつらぬく視点を提示することにある。まず、これまでの社会学が食品公害問題をいかに扱ってきたか概観し、同時に今日において食品公害を研究することの意義を確認する（1節）。次に、公害・化学物質汚染問題をめぐる従来の研究を参照しながら、食品公害をめぐる政策過程の分析視点として、化学物質汚染問題のアジェンダ設定モデル、政策－被害の対比、組織の戦略分析を本研究が依拠する視点として提示する（2節）。続いて、被害の記述法および分析視点として、被害構造論と生活史的アプローチ、「病いの経験」論、重ね焼き法についてその有効性と限界を検討する（3節）。最後に、食品公害の研究課題としての学問的位置づけを確認する（4節）。

1　食品公害研究の意義と欠落

社会学のなかでも、とくに公害研究に学問領域としてのアイデンティティをおき、これを重要な研究対象と位置づけてきたのは環境社会学である。環境社会学とは、自然環境と人間社会の相互作用について、個々の環境問題の発生・被害の経験・解決過程と、環境と共存する人びとの生活と生産のあり方という二つの主な問題領域から分析する学問である（舩橋・古川編 1999: 19）。このような問題の分析にあたって社会学が固有の貢献可能性をもちうるのは、環境を悪化させているのがわれわれ人間であるために、環境問題を分析する際には人間を対象とする学問の活躍が期待されることになるからである（鳥越 2004: 2-3）。しかも環境問題は私的な現象として閉じられた空間で生じるのではなく、社会における社会的存在としての人間の行為の帰結として生じるものであるため、社会構造と社会的存在たる人間を分析の対象としてきた社会学に独特の役割が課される（鳥越 2004: 2-3）。

環境社会学は、その学問的成立期より公害問題への社会学的アプローチを源流の一つとし（関 2004）、公害問題の加害・被害の構造的把握と、それをふまえた解決に向けた課題設定を試みてきた。とくに被害の把握を研究の起点に据え、被害は社会的生活を送るなかで経験されるという生活者の視点は、既存の研究において共有されてきたものである。

これまでに環境社会学が取り上げてきた熊本水俣病、新潟水俣病やイタイイタイ病といった公害病は、ある地域の環境が汚染され、その汚染が地域の食文化や生業によって人間の体内に取り込まれることで起きたものである。たとえば新潟水俣病の発生集落では、阿賀野川から川魚を捕って食べるという均質な食文化が存在した（関 2003）。また、イタイイタイ病の発生地域では、人びとは何世代も前から神通川の水を飲んだり、その水をひいた水田で作られたくず米を食べたりしてきた（藤川 2007a）。このように、従来の環境社会学が研究対象としてきた公害病は、汚染された地域の環境を媒介として人間に被害が発生するタイプのものだった。ここでは、こうした公害問題を「環境汚染型公害」と呼ぼう。

こうした環境汚染型公害だけではなく、「新幹線公害」（船橋ほか 1985）、「基地騒音」（朝井 2009）、「航空機公害」（津留﨑 2008）といった広い意味での公害問題も不特定多数の人びとに広く害をもたらし、公共性の対立を生み出すような本質をもつことから公害と定義され、環境社会学の研究対象となってきた。なかでも騒音と振動は、環境対策基本法においてもいわゆる典型七公害として公害と定義されている（環境基本法第1章第2条3項）。

しかし本研究では、次のような理由から、これらを「環境汚染型公害」とは区別して考えたい。まず、騒音や振動は、その地域から離れることによって当事者が物理的に問題から逃れうるためである。住居を移転することは住民にとって容易ではなく、また移転を選択する住民が増えれば増えるほど、残留する住民は少数派となり立場が弱まるため、むしろ問題そのものは深刻化する。しかし原理的に考えて、身体そのものが汚染され、どこへ移転しようとも病気から切り離されることのない公害病とは質的に異なる。

次に、騒音や振動を原因とする体調不良は治癒する展望があるためである。これらの問題は被害者に不眠や精神的不安、体調不良をもたらすが、発生源対策が適切になされることによって解消される見込みがある。ところが水俣病やイタイイタイ病の場合、汚染源対策や環境浄化の試みが行われても体内に蓄積した汚染物質は残留したままである。

最後に、騒音や振動は自然環境の浄化を必ずしも必要としないことである。これに対して環境汚染型公害では、原因企業が環境中に有害物質を流出させることを規制したのちも、さらに汚染された環境の浄化や復元といった別の対策が必要になる。つまり環境汚染型公害の場合、被害は被害者の身体に埋め込まれ、問題解決のためには慢性疾患の症状の軽減と社会的権利の回復、原因企業への規制、汚染された環境の復元という3段構えの対策が必要となるが、騒音や振動の場合、被害者の権利の回復と原因者への規制によって、問題はある程度解決されると考えられる。このような相違から、「環境汚染型公害」と典型七公害に含まれる「悪臭」「騒音」「振動」の問題とは区別して考える。要するに、法的定義における「公害」のなかには有害物質汚染問題以外の事象も含まれるが、食品公害問題の性質との親和性から、有害物質との接触を通して問題化するような、たとえば水俣病やイタイイタイ病といった水質汚濁や土壌汚染の問題を「環境汚染型公害」として中心的に取り上げ、食品公害と比較することにする[1]。

これらの環境汚染型公害については、社会調査にもとづいた事例研究が蓄積されてきたが、食品公害を主題として扱ったものはごくわずかである。戸田清は、遺伝子組み換え技術で製造されたトリプトファン摂取によって生じた昭和電工食品公害事件の問題構造を解明し、未解明の技術の商業利用を凍結するよう警告している（戸田 1992）。また中島貴子は、科学技術社会論の視点から森永ヒ素ミルク事件を分析し、食品事故の発生後に調査を行う第三者機関の設置と一次資料の収集・保存の必要性を提言した（中島 2003）。さらに堀田恭子は、油症事件の調査データにもとづき、食品公害への社会学的アプローチの有効性を検討し、その実践として自治体による政策的対処の過程と課題を明らかにしている（堀田 2008, 2009）。これらの先行研究においては、個別の事例における被害の実態、問題解決に対する社会学の貢献可能性、地方自治体の政策的介入の可能性と限界が検討されており、参考になるが、いずれの研究も法制度上は公害と見なされない事例をなぜ「食品公害」として認識するのかという点には自覚的でなかった。また、食品の安全問題やリスク論が論じられる際、食品公害の事例としてしばしば油症と森永ヒ素ミルク中毒が挙げられるが、これらの事例を公害と見なす理由を明確に述べたものも見当たらない。つまり「食品公害」は、既存の学術論文において明確な根拠づけなしに遣われてきた用語なのである。したがって、その問題の本質や環境汚染型公害との共通点と相違、法的な公害の枠組みから排除される根拠の正当性についても、これまで問われることはなかった。

「食品公害」が一般的な用語として普及する状況において、環境社会学者の飯島伸子は、食品公害と呼ばれる問題群が公害と同様の発生メカニズムと本質的な共通点をもって生じていることを認識し、同列の問題として論じているが、「食品公害」という用語の使用を徹底して避けている。飯島は70年代に、公害多発国である日本において「資本起因病」として数々の食品汚染が生じていることを指摘した（飯島 1973）。また、公害・労災・薬害における被害の構造を抽象的・量的に把握すれば、一つの被害構造のどこかにすべて位置づけられると論じるなかで、森永ヒ素ミルク中毒と油症の被害も「消費者が被害者である点では共通」であると述べている（飯島 1979: 65）。さらに、「厳密に言えば、環境侵害の結果として生じる公害病と、物それ自体が有毒・有害であった結果の食品・薬品中毒とは分けて論じた場合がよいこともあるが、ここでは、企業や行政の利潤追求最優先方針によって国民の健康破壊が生じるという共通点でくくって、同一範域の疾病として扱いたい」（飯島 1976: 26）として、公害と食品・薬品中毒を同列に扱っている。これだけ同質性を強調しながらも、飯島はいずれの論考においても食品に由来する問題を「食品公害」と呼ぶことはなかった。

このような厳密な区別が行われた理由は、次のように考えられる。まず、被害の拡大防止について、環境汚染の場合は汚染物質の排出自体を停止するか、フィルターなどを設置して排出物を浄化したのちに排出するよう設備を改善することが求められる。また、すでに汚染された環境を浄化する対策も別途必要となる。それに対して食品汚染の場合、食品の浄化よりもむしろ製造・販売の中止や、すでに出荷された商品の回収が求められるという違いがある。また、食品製造企業の過失によって生じた食品中毒の責任を「公害」の枠組みに入れることで、責任の所在が曖昧になることを回避するためにも、このような区別がなされたのだろう。さらに、1967年の公害対策基本法の公布によって「公害」が固有の社会問題として法的に認識されるようになって間もない時期に、むやみに定義を拡張し、問題意識の先鋭さを失いたくないという意図もあったかもしれない。

本研究では、一部の食品中毒をあえて「食品公害」と呼ぶという社会に広く共有された一般的感覚と、飯島が指摘するような食品中毒と「公害」の媒介物の質的違いがあることをふまえ、「食品公害」を公害一般に含めることなく、環境汚染型公害とは部分的に異質なものとして認識し、本書の全体を通じてその認識の必要性を検証していく。このような問題枠組みの設定は、従来の公害研究では行われてこなかったことである。

食品の有害化に由来する健康被害が続発していることは先に述べたとおりであり、現在進行中の問題として、グローバリゼーションに伴う食糧危機、バイオテクノロジーを用いた遺伝子汚染、食品産業と政治界の癒着などの問題が提起されてきた（David and Redclift 1991; Shiva 1997=2002, 2000=2006; Nestle 2002=2005, 2003=2009; Roberts 2008=2012）。また、将来の潜在的な被害の発生を防止するために、有害化学物質のあるべき管理と規制の方法が探求されてきた（Bal and Halffman eds. 1998; Brown 2007）。しかしながら、すでに起きてしまった食品汚染の被害が拡大し深刻化していくメカニズムや、被害対処の基盤となる社会規範および制度をいかなるものと構想できるかという問いに、社会学は答えを示してこなかった。

これを研究することによって、既存の被害の救済策に対して社会学的知見を提供できるとともに、個別事例の問題解明を超えて、次世代に影響を及ぼす有害化学物質や放射性物質による被害への対処や、前例なき新たな問題が発生した際の政策的対処のためのメタ政策原則の設定、原因者が賠償責任能力を有していない場合の被害補償、被害の社会的承認などがいかに可能かといった議論に対して一石を投じうる。さらに、こうした議論をもとに、非特異性疾患が多く、被害の認定が困難で、かつ被害が地域的に拡散しており、被害者運動を集合的に組織したり救済策を制度化したりすることが難しいような環境問題、たとえば化学物質過敏症や原発事故に伴う放射性物質汚染といった今日的な問題、そして近い将来において生じうる多様で分散した有害物質汚染被害という環境リスクの問題に対し、先行研究として教訓を示すことが可能となるだろう。では、食品公害を研究するにあたって、どのような分析視点が有効か。以下では、政策過程と被害経験のそれぞれの分析視点を検討する。

2　従来の政策過程の分析視点

2.1　化学物質汚染問題のアジェンダ・セッティングモデル

食品公害をめぐる政策過程を分析するためには、既存のいかなる視点を応用することができるだろうか。食品公害は有害化学物質汚染の問題でもあるため、化学物質汚染問題に対する政策過程の分析モデルが有効であると考えられる。

公衆衛生論の分野で政策分析を行ったマイケル・ライシュは、有毒物による汚染の被害者は、有毒な物質それ自体による汚染よりもむしろ有害化学物質に関する政策 toxic politics によって苦しめられるという基本的認識から、アメリカ・ミシガンにおける PBB（polybrominated biphenyl, ポリ臭化ビフェニール）汚染、イタリア・セベソにおける工場爆発に伴うダイオキシン汚染、日本・西日本地域におけるダイオキシン汚染すなわち油症の３事例を比較し、これらの被害を軽減するための政策過程を次の３段階に分節化した（Reich

1991)。まず問題が個人的なものだと考えられる「潜在段階（non issue)」、問題が顕在化し、次に社会的なものだと考えられるようになる「社会問題段階（public issue)」、最後に被害者の抵抗が社会全体にとってのコンフリクトとなり問題が政策課題化する「政策課題段階（political issue)」である。

以下では、ライシュ（1991）を参考に、いかにしてこれら段階間の移行が起きるのか確認しよう。汚染の帰結がどのようなものになるかは、初動に大いに影響される。セベソの事故における潜在段階は比較的短かったが、ミシガン PBB 汚染と油症では長かった。このような潜在段階の長さを規定するのは、有毒物質の不可視性・非感知性、中毒症状の非特異性、被害の地理的な分布、原因物質特定の困難さである。これらの要因が多ければ多いほど、被害の認識、診断、被害者の発見、被害の調査は妨げられ、潜在段階が長期化する。さらに被害者によるスティグマと経済的危機の忌避、そして自責の念が、被害者に被害を隠させ、問題を私的なものに留めさせようとする。被害者が「他責」として自分ではない他者に問題の説明要因を求めるようになり、メディアを中心とする仲間や支援者を獲得し、社会的・経済的に権力をもつエリートとコミュニケーションをとるようになると、潜在段階は社会問題段階へ移行していく。

社会問題段階においてもはや問題を無視することが通用しなくなった行政組織は、問題を公的課題として定義し、管理しようとする。さらに限定的な「行政的応答（administrative response)」として、問題の範囲を制限するための対処を行う。これらの定義と対処は、専門家や文化的表象を利用して正当化される。この段階において被害者は個人的な病気を社会問題へ転換させることによって自身の勢力を拡大させるが、それは被害者にとって負担ともなり、内外におけるコンフリクトを生じさせる。また、企業と行政組織は被害者集団による抵抗を抑圧しようとするようになる。そこで被害者運動の成功と政策課題段階への移行を規定するのは、加害者を特定する公共の認識、既存の地域共同体と重なる被害の地理的な分布、集団の組織形成に知識がある被害者、加害者と被害者の関係を規定する既存の社会構造、被害者の集団意識や訴訟文化といった文化的な文脈、被害者集団間のコンフリクトの解消である。これらが欠けていればいるほど、被害者は組織化に失敗し、行政組織による問題定義と自己正当化に対する抵抗力を失う。

政策課題段階には、被害者集団による抵抗に加えて、さらに広範な主体を含んだ社会のコンフリクトが生じる。私的領域から公的領域へ移行した問題は、政治的領域にまで拡大する。そこでは被害者による協力者の探索が行われ、マス・メディア、市民運動、政党は問題を自らの課題と考えるようになる。同時に支援者間のコンフリクトも生じるようになるが、政策課題段階では、これまで排除されてきた周辺部の被害者を含めたものとして補償の受給者の境界が再設定されるなど、従来の問題定義が見直され、政策が転換していく。

このような政策過程の3段階論は、ジョン・キングドンが発展させたアジェンダ・セッティングモデル（Kingdon 1995 [1984]）の系譜に連なり、政府による化学物質の使用規制や企業による自主規制を探求するのではなく、オルタナティブなアプローチによる被害の軽減過程をモデル化したものである。社会問題一般に関するアジェンダ・セッティングモデルに、化学物質汚染問題の固有性、たとえば有害物質の性質や被害の不可視性・非感知性、被害者によるスティグマの回避や自責を加味することで、潜在段階を長期化させる固有の要因が解明されている点は、とくに評価できるだろう。

ただし、ロブ・ホップが指摘しているように、ライシュは各事例において被害の軽減が具体的になにを目指して、どの程度達成されたかを示しておらず、また各段階の政策に対する評価も欠落している（Hoppe 1994）。ライシュの議論では、被害者がなにを軽減したいのか、裏返せばなにが被害として経験されているのか、また政策がそれにどう応答しているのかという救済を求める訴えとそれに対する応答の対応関係に関する考察が置き去りにされているのである。

また、日本における多くの公害被害の事例が示すように、一度は潜在段階から社会問題段階へ移行できたとしても、問題がふたたび潜在段階へ押し戻されることがある。水俣病研究において著名な政治社会学者である栗原彬は、水俣病と森永ヒ素ミルク中毒の両事例とも、初期の被害の否定を経て社会問題化したのちに、政府が企業とともに被害を黙殺する「2回目の被害者の圧殺」（栗原 2003: 690）によって被害者が沈黙を強いられたことを指摘し、これを「共通した受難の文法」（栗原 2003: 693）と呼んだ。また藤川賢によれば、水俣病、カドミウム汚染、大気汚染、アスベストなどの公害問題においても「問題顕在化と公害否定の反復過程」（藤川 2008: 178）が見られるという。こうした問題のなかには、危険性を予期できなかった場合もあるが、最初に危険性が指摘された時点で十分な対応をしていれば後から大問題になることは防げたかもしれないのに、部分的な対応だけで切り捨てられたために問題の再燃を生んだ例も少なくない（藤川 2008）。ライシュは化学物質汚染問題のアジェンダ・セッティングモデルの3段階を理念型として提示したが、そこで上位の段階に移行したはずの問題が、運動の失敗や、企業と政府の圧力によって前段階に押し戻され、以前よりもさらに被害が潜在化するという「潜在段階への押し戻し」を想定していない。

以上のように、被害者は政策過程においてさらに苦しめられるというライシュの基本的視点や、化学物質汚染の固有性を国際的な事例比較を通じて明らかにした点は参考にすべきであるが、被害と政策の対応関係および潜在段階への押し戻しについては論じられておらず、問題を適切に分析し尽くしたとは言い難い。

2.2　被害ー政策の対比

これまでに環境社会学は、公害問題の問題発生から解決までの社会過程を、発生過程、被害過程、解決過程に分節し、それぞれに対応した研究領域を、被害論、加害論・原因論、解決論とする分析枠組みを提示してきた（舩橋 1999）。被害論は被害の社会学的把握と被害の拡大を規定する諸要因の解明を目指し、また加害論・原因論は、特定の公害が引き起こされた直接的・間接的要因連関の解明を目指すものである。加害過程の検討においては、人びとの生活や健康や生命に打撃を与える「直接的加害」過程の分析に加えて、加害者の加害行為を規定していた諸要因・諸条件の解明と、加害過程の行為論的、組織論的な分析という課題が設定される（舩橋 1999）。解決論は、問題解決の方法を探求する解決方法論と、問題の解決あるいは未解決過程がいかなる社会過程であるか探求する解決過程論の二つに大きく分節できる（舩橋 2003）。これらのうち、被害論と加害・原因論の枠組みによる問題把握は、被害者の求める救済策と、企業と行政組織による応答との対応関係を検討するうえで有効であると思われる。

食品公害の直接的な加害源は食品製造企業であるが、油症や 7 章で後述する森永ヒ素ミルク中毒事件において、行政組織は被害者の症状が生まれつきのものだとして被害を否定したり、企業による損害賠償が行われない状態を看過したりしてきた。つまりライシュが述べる政策過程を通じた被害の加重は、食品公害を分析する上で見逃せないものである。また、油症の政策過程においては、のちに問題化することがわかっていながら、専門家が行政組織に対して被害発生の警告を行っても無視されたり[2]、油症は食中毒であると定義されながらも、通常の食中毒処理では行わないような特例的対処がなされたり、不可解かつ非合理的とも考えられる政策的行為が累積されてきた。

このように、直接的加害源である企業と同じかそれ以上に、行政組織が問題の政策課題化を阻み、被害者の生活に影響を与えてきたことから、被害−政策の対応関係に注目する必要がある。被害者の要望に、政策はどの程度応えてきたか。通常の食中毒処理では行われないはずの特例的対処は、被害の訴えに応えるものになっているか。本研究では、環境社会学における「加害・原因論」と「被害論」の問題枠組みを用いて、企業と行政組織の取り組みおよび被害について整理し、これらの対応関係の分析を行う。

2.3　組織の戦略分析

企業や政府といった組織を外部から観察したときに、不可解かつ非合理的と考えられるような現象が見られるのはなぜだろうか。この問いを解明するためには、組織社会学における「戦略分析」学派の視点が有効であると考えられる。ミシェル・クロジエとエアハルト・フリードベルグを中心に発展した戦略分析学派は、組織内の諸現象をその根底にある諸個人の行為の累積的帰結として捉え、行為者をとりまく構造的条件下における合理的戦略が行為選択の根拠となることを明らかにした。

戦略分析学派の基本的視角は次のように要約される（Friedberg 1972=1989）。第一に、戦略分析の想定する主体像は、自分固有の諸目的を持ち、その達成のために自分固有の戦略を追求する。主体は、組織において状況から課される諸制約 contraintes を被り、しかも「自由な選択範囲（la marge de liberté）」をつねに保持している。このような想定の根底には、戦略分析独自の人間観がある。人間は、なにからも自由に自らの心理学的要因や価値志向のみにしたがって行為するわけでも、つねにシステムや他者の意図にしたがって行為するのでもない。行為者は一定の自由な選択範囲を持ちながら、同時に行為者をとりまく状況から一定の制約を受けている。そうしたなかで、自分固有の目的達成と利害追求のために「合理的な戦略（stratégie rationnelle）」を採用しながら行為するのである。

第二に、組織過程はゲーム le jeu の過程である。組織のなかでは、行為主体はそれぞれに目的や利害を抱えており、つねに複数の諸主体がそれを達成するために、自分の戦略に即して行為している。その目的は組織の公式の目的と完全に一致するとは限らない。それらの行為は相互に絡み合って、「構造化された場（la champ structure）」におけるゲームとして展開される。こうしたゲームの過程は、一見すると非合理的で説明困難な諸現象として現れることがあるが、戦略分析は、その背後にどのような「合理的」根拠があるのかを発見しようとするものである。ただし「合理的」と言っても、それは唯一の絶対的最適性を備えた手段を選択するような合理性ではなく、一つの状況と所与の諸制約のなかで条件適応的となる一つの合理性すなわち「制約された合理性（rationalité limitée）」を指す。こうしたゲームの結果が、組織の意志決定として現れる。

第三に、組織の中で演じられるゲームにとって重要なのは「勢力関係（relation de pouvoir）」である。勢力とは、ある人物が自分の要求することを他者にさせる能力のことで、一方の主体が他方より多くのものを獲得することを可能にする。この関係は、組織内での位階秩序に対応するとは限らない。勢力の実質を左右するのは、ある主体にとっての自由な選択範囲が、他の主体にとっての「不確実性の領域（zone d'incertitude)」を構成するということである。不確実性の領域は、組織に固有の一連の諸制約（技術体系、社会的機能、経済的状況、組織の公式構造）によって定義づけられる。ある主体にとっての自由な選択範囲が、他者にとっては制御しえない領域となる場合に勢力が生じる。そこで、各主体は自分が自由な選択範囲においてもつ交渉手段を駆使しながら、他者にとっての不確実性の領域を操作しようとし、それを通して自らの目的を達成しようとする。勢力関係は一方的な命令と従属として現れるのではなく、主体がいかに他者の不確実性の領域を統御できるかによってそのつど決まる。

以上の理論概念を用いた考察に至るための研究方法とはどのようなものか。第一に、戦略分析は、多数の組織の作動の実態とそこでの人びとの意識や行為を細部にわたって把握し、そこに見られる多様性を理解するための思考方法として、膨大な実証研究を基盤としている。第二に、それは固定的な理論枠組みや要因群に立脚してなされるのではなく、むしろ個々の事例に即して説得力をもつ要因と論理を、そのつど発見していこうとするものである。

このような戦略分析の視点から、被害の発生と拡大防止の観点から見て非合理的に映るような行政組織の政策過程を、構造化された場における制約的な合理性にもとづいて行政担当者が選択した行為の累積と見なすことによって、なぜそのような選択が行われたのか説明することが可能になる。また、組織と各主体にとっての制約された合理性がいかなるものか解明することによって、ライシュのアジェンダセッティングモデルにおいては論じられなかった段階間の後退と前進、すなわち被害の再潜在化と再燃のメカニズムを提示することが可能となるだろう。以上のとおり、本稿は被害－政策の対応関係に注目しながら、化学物質汚染問題が再潜在段階を経て再燃する背後にある各主体の合理性を分析していく。

3　従来の被害経験の分析視点

3.1　被害構造論と生活史的アプローチ

食品公害をめぐる被害を把握するためには、既存のいかなる視点を応用することが可能だろうか。先に述べたように、環境社会学は加害・原因論、被害論、解決論という三つの問題分節による分析を行ってきたが、なかでも被害論は先行される必要がある（舩橋・古川編 1999: 96）。なぜなら、被害の把握が先行して初めて有意義な問いかけが可能となり、結果として加害・原因論の探求が深化されうるからである（堀川 2012: 19）。環境社会学は「被害」を鍵概念として重視し、語られない被害の発掘や被害拡大の社会的メカニズムについて考察してきた。とくに労災や公害被害を把握する際に、一次的被害である身体的破壊だけでなく、社会を通じて増幅する二次的被害である派生的被害や追加的被害をも含めた総体としての被害を捉えるべきだという視点を提示してきた。このような視点は、飯島伸子が1976年に発表した「わが国における健康破壊の実態」において初めて明確に示されたものである（飯島 1976）。飯島は、日常的な困難や経済的困窮の帰結や差別といった派生的に生じる患者の苦しみを被害として認め、身体的被害が社会の諸関係を通じて増幅し、さらに世帯単位の被害が地域社会へと連続していく構造を「被害構造論」として示し、このような被害把握にもとづいて補償がなされるべきだと主張した（飯島 1993 [1984]）。一つとして同じもののない多様な被害をあえて集合的なパターンに抽象した被害構造は、救済対策を進める根拠となった（友澤 2007）。それは、身体的破壊のみを補償の対象であると見なしてきた従来の救済対策のあり方を問い直し、社会が見落としてきた被害の社会的側面に光を当てるものだった。また被害構造論は、1960年代後半から70年代にかけて激化した労災・公害・薬害等の諸事例における被害を抽象的・量的に把握し、個人が受ける被害のみならず、地域全体の環境や人間関係の悪化といったより広い範囲の社会全体への影響までを分析の射程に入れることで、交通事故等も含む一般的な社会的災害と公害の相違点を明確にし、また複数事例の被害を比較することを可能にした（飯島 1979）。さらに被害構造論の貢献の一つとして、被害者の社会的地位あるいは階層、所属集団によっては被害者自身が被害に気づきえないこと、すなわち公害被害が社会的・主観的側面をも含むものであることを示した点は積極的に評価できる(堀川 1999)。

被害構造を把握する具体的方法は、多数の関係者、とくに被害者自身への聞き取り調査を通じて、身体的被害を起点とする被害の派生パターンを図式的に記述することである。この視点を継承して被害を把握した公害・環境問題の研究は数多くあるが、公害・労災・薬害の被害構造を横断的に示した図式（飯島 1976, 1979, 1993 [1984]）を援用して、イタイイタイ病に見られる被害構造を図で示したものに藤川（2007b）がある。

被害構造論の理論的位置づけは、派生的被害と対になる「派生的加害」すなわち直接的な加害主体である原因企業だけでなく専門家組織や行政組織の行為まで含めた加害過程を把握することによって解決策を探求しようとする加害論の視点と、「加害－被害論」として互いに支え合う関係にある（舩橋 1999, 2001, 2006 [1999]）。また、被害構造論とは別の視点から被害を記述することを目指したのが「生活史的アプローチ」であり、両者も補完的な関係にある。

生活史的アプローチにおいては、被害は独立した現象ではなく個人の生活の部分を成すものであるという生活者の視点が強調され、受動的に被害を受ける被害者ではなく、主体的・能動的に行為する被害者像が想定された。その具体的方法は、特定の人物への聞き取りを通じ、被害を経験する前の時期を含めた時間軸に沿って、被害者の生活史 life history[3] を記述することである。このアプローチを用いて新潟水俣病患者の生活世界の変容を描いた堀田（2002）や、水俣病二世の経験をまとめた原田（1997）は、患者の危機や内的葛藤、アイデンティティの変化を明らかにすることによって、同時代の社会の性質と被害構造が変動する要因を解明した。

生活史的アプローチの貢献は、被害構造が被害者運動によって変容しうるという運動論の知見をふまえ、被害者が運動に参加する過程を示すことによって、被害構造が変容する因果連関の一つを明らかにしたことである。これは被害構造論と運動論を架橋する取り組みと言える（堀田 2002）。また、従来想定された被害構造から外れるような被害者と周囲の関係を示したり、社会関係を通じて被害が増幅する論理、たとえば差別と抑圧の論理を解明したりすることで、被害構造論に動的・時間的な視点を加えた。さらに個人の生活経験を理解するために、病の意味論（Sontag 1978=2006［1992］）や、次に述べる「病いの経験」論といった隣接領域の概念や視点を取り入れた（蘭 2004）。

3.2 「病いの経験」論

油症の治療法はまだ見つかっていないため、治癒に徐々に向かうとはいえ完治する見込みはきわめて薄く、患者が一生付き合っていかなければならない病気である。ピーター・コンラッドによれば、1970年代半ばから社会の疾病構造が変化し、治療によって治癒が見込める急性疾患よりも経過がゆるやかで治癒の展望をもちづらい慢性疾患が増加したことに伴い、社会学者の間では医学的な疾患 disease ではない「病い（illness）」すなわち生理的プロセスではない歴史や文化に埋め込まれた社会的現象としての病いに対する関心が高まってきた（Conrad 1987）。そこでは、病院や養護施設といった施設における「患者」を外部者の視点から分析するのではなく、家庭や職場で「病いに苦しむ人」「病いをわずらう人」が、いかにして病いを管理manageしながら毎日の生活を送っているか、また家族を代表とする周囲の人びとといかに関係を構築しているかといった問いについて分析が行われた。つまりタルコット・パーソンズが病人役割や病人の行為を客観的立場から分析したのに対し、「病いの経験（the experience of illness）」研究は患者を中心とした主観的経験として病いを把握しようと試みたのである。

「病いの経験」研究の代表的なアプローチには、臨床人類学における「病いの語り」研究（Kleinman 1988=1996）を継承した物語論や、エスノメソドロジーの手法を取り入れた生活の質 quality of life 研究や病いの軌跡研究（Strauss et al. 1984［1975］=1987）があり、いずれも基礎とするデータは患者本人やその家族への聞き取りである。また、医学的知見と日常生活における経験を結びつけることによって、患者が日々の生活に抱えている具体的な困難や病気のイメージを理解し、そこから一見不可解な患者の行為を説明することを可能にしている。たとえばピーター・ペイロットらは、糖尿病患者が療養生活において医師がすすめるとおりの生活を送らず、一見治療を諦めているように見えたとしても、実は自身の年齢、糖尿病のイメージ、身体的な徴候によって病いとの付き合い方を選択していることを明らかにした。具体的には、日常生活においては医師の指示にしたがっても血糖値を厳密に管理することは困難であり、かつ低血糖症は死亡の恐れがあるため、極端な高血糖症にならないような緩和的な療養生活が選択されることがある（Peyrot et al. 1987）。このような病いとの付き合い方は、「患者は積極的に治療に取り組む義務がある」というパーソンズの患者役割から逸脱しているが、個々人にとっては合理的な選択なのである。このような当事者にとっての「合理性」を解明するという医療社会学の学的貢献は、エスノメソドロジーや戦略分析のそれと重なるものである。

「病いの経験」研究は、基本的に「被害」としての病いではなく、責任も理由もなく降りかかる「受難」としての病い一般を研究対象としている。しかし川北稔らは、この視点を用いて「水俣病の病気体験（illness experience）」を分析し、水俣病患者が認定申請を行う時期が病いのイメージに関連していることを示した（川北ほか 2008）。それは「病いの経験」研究の視点が人為的行為によって生じる公害病の分析においても有効であることを証明している。同時に、「患者は、魚の多食、漁師という職業など、汚染地域において類似した生活を営んできた地域や、家族のなかで、水俣病に典型的とされる症状を位置づける」（川北ほか 2008: 28）という水俣病の体験観にもとづいて、被害補償をめぐる状況の変転もまた、患者にとっての重要な準拠枠組みとなることを指摘し、「病いの経験」アプローチの拡充を示唆した。つまり、「病いの経験」研究が想定するのは不幸であるがための病いであるが、それは不正の帰結としての公害病の研究にも有効であり、同時に公害病の経験分析を通じて「病いの経験」研究の内容を深められる可能性があるということである。

また蘭由岐子は、隔離政策によって派生的被害が生じたハンセン病患者の経験を聞き取り、物語論を援用しながらライフヒストリーを記述し、政策や訴訟の影響以上に、「何気ない相互作用の状況において病者にむけられた他者の振る舞い、あるいはまなざしこそが病者を苦しめてきたのではなかったか」（蘭 2004: 305）と問う。蘭の問いかけは、派生的な加害主体が存在する病いにおいても、病者をなにより苦しめるのは、加害者や責任者には限らない広い意味での社会なのだということをわれわれに突きつけている。かりに加害者や責任者の存在が病いの経験にとって最大の影響を及ぼすのだとすれば、「病いの経験」論に「加害」や「責任」という概念が備わっていないことは不足と見なされるだろう。しかしながら、蘭が示したように、直接的・間接的加害者をもつ病いにおいても日常的な相互作用こそが病者の経験を決定づけるのであれば、「病いの経験」アプローチから公害病を分析することは十分に可能であると言える。

3.3 重ね焼き法

堀川三郎は、公害経験地域のもつ二面性を伝承する難しさについて、次のように述べている。水俣という街はたしかに一面においては「公害に埋め尽くされた街」であるが、水俣を死と怨念だけで語るのは一面的であり、また優しさと明るさだけで語るのも間違いである、と（堀川 1997）。その二面性は被害を受けた個人にも言えることである。被害者はたしかに他者の加害行為によって慢性疾患を抱え込まされた被害者であるが、しかし被害者としてのみ生きているのではない。その生活は「被害者」「慢性疾患患者」というアイデンティティだけには回収されえない。

被害構造論は、量的データを抽象化することによって、被害者が共通して抱える困難や被害が増幅するメカニズムを示し、被害者が必要とする救済策を示唆するものであった。そこで図式化されるのは、いわば最悪の路線をたどった場合の被害の発生パターンである。しかし、実際には被害者の社会的属性や信仰、家族関係、時間の経過によって、被害者は加害者への憎しみを軽減させたり、周囲に受け入れられたりしていく。そのような動態的な被害の把握と、当事者によって主体的に生きられる被害の記述を目指したのが生活史的アプローチであった。また、病いに苦しめられながらも、病院の外で病者と家族が病いを管理する実践を把握しようとした「病いの経験」研究もまた、生活史的アプローチと同様の問題意識から、受動的に病いにかかり、能動的にこれを管理する被害者の二面性を記述することに成功してきた。しかし、比較的少数の経験から導き出された研究成果は、政策的対処の対象となる「多くの被害者にとってのニーズ」の根拠とする場合には弱いと言わざるをえない。

では、いかにして双方のすぐれた点を生かし、あるまとまりをもち、しかも時間や関係によって変化していく被害の経験を捉えうるだろうか。森岡清美は、第二次大戦において最も多くの戦没者を出した世代の遺書を「重ね焼き法」によって解読することで、その世代特有の人間類型をあぶり出した(森岡 1993)。重ね焼き法とは、発達心理学における子育て論の分析で用いられた手法を援用したもので、具体的には資料全体を一つのプールとして扱い、そこに認められる共通特徴を取り上げて論じ、類型化するというものである。ただし、そのためには資料全体の同質性を前提としなければならないので、森岡（1993）では戦犯刑死者と一般戦没者などを類別した上で、これらを一つのプールと見なす。そこで示される人間類型は、理念型[4]としての類型であると同時に、一人の人間が複数の類型を併せもつものだと想定されている。森岡は、質的調査で得られるデータの本質的限界として、あらゆる属性を過不足なく代表することに致命的欠陥があることを認めながらも、それはおおむね形式的なもので、実質的には致命的欠陥ありとして斥けるには及ばないと考えた。というのも、人が死に臨んで念ずるところは、属性の違いによって差異があると予想するのが適切かどうか問われるべきであり、異なった属性の人びとが記した遺書でも、同じ状況にあった人びとの心のうちを代弁するところが多いと言えるからである（森岡 1993: 22)。このように「重ね焼き法」は、ある時代に経験された、ある点において同質と考えられる集団にとっての個別具体的な経験の特徴を抽出するという点にすぐれており、これは油症被害の記述においても援用可能であると思われる。

油症被害者を類別する方法としては、まず居住地域が考えられる。被害が集中している地域に居住しているか、それとも周囲に被害者がいない地域に居住しているかということは、被害者が被害を認識したり差別を受けたりする経験に大きく影響する。しかし、実際の調査においては、時間的・資源的制約から被害者の居住するすべての地域を訪ねることができなかったことと、同じ地域でも家族関係や家の位置によって多様な経験が見られたため、ここでは地域別の重ね焼き法は選択できない。経験の同質性に注目すると、むしろ親または子という家庭内の立場による類別が有効と考えられる。さらに、被害が発生した直後である1968年と2000年代とでは被害として認識されるものが異なってくるため、時代による類別もできるだろう。

そこで本研究では、まず油症の発生初期の被害を被害構造論に位置づけ、政策過程と被害の対応関係を確認する（4章）。その後、問題が長期化する過程で、時間の経過と周囲との相互作用によって変化した被害や、後になって初めて被害であることがわかった被害を「重ね焼き法」によって記述し、食品公害に特徴的な被害の性質を明らかにしよう（8章）。

3.4　環境汚染型公害と食品公害の分析において着目すべき要素

環境社会学の従来の分析視点には、環境汚染型公害と食品公害の問題の質的違いに起因する次のような限界がある。これまでの環境汚染型公害において、日々の食生活が文化として地域で共有される場合、当然の帰結として被害は地域で経験されることになる。よって、被害を理解するためには「地域という被害領域」に注目する必要があった（関 2003: 10）。ある地域で被害が発生すると、地域コミュニティが崩壊したり、地域単位で被害者運動が展開されたりする。すなわち地域社会は被害を増幅させる舞台であると同時に、被害を軽減させるための圧力を生み出す場にもなりうる。このように、地域社会が被害に及ぼす正と負の影響は、被害を語る上で無視することのできない要素である。

ところが、食品そのものの汚染を介して起きた食品公害の場合、環境汚染型の公害とは被害の発生状況が異なる。たとえば森永ヒ素ミルク中毒と油症は、ともに商品としての食品を購入し摂取した事例であり、その発生の背景には地域の自然環境や生業という要素はほとんど入り込まず、むしろ森永ヒ素ミルク中毒であれば女性の社会進出や高い栄養価を求める風潮に伴う粉ミルクの需要の増加、油症であれば製油業の発展および販路拡大といった社会的変化が影響していた。もちろん、当該商品が販売された地域の限定性から被害の発生地域はある程度限定されるものの、被害が地域全体で経験されたとは言い難い。したがって食品公害の場合、被害の地域集積性を前提とした環境汚染型公害とは別の要素に注目して分析を行う必要があると考えられる。その要素として、ライシュが挙げた化学物質汚染問題の潜在段階を長期化させる要因、たとえば汚染物質の不可視性や中毒症状の非特異性、被害の地理的な分布は参考となるだろう。

4　食品公害問題の研究課題としての位置づけ

食品公害問題は、多くの先行研究において「食品公害」と呼ばれながらも、その問題定義の根拠を明らかにされてこなかった。世界的な食糧危機や化学物質汚染に社会的関心が集まり、食品公害の被害はリスク論において生起が避けられるべき事象として語られることが主流と化して、すでに起きた被害が研究の主題と据えられることは少ない。たしかに、ふたたび食品公害を起こさないことは目指されるべきであるが、われわれが依然として被害の軽減方法を確立できていないことは、学問的にも社会的にも大きな欠落と言わざるをえない。リスク論によって未来の潜在的被害者は救われるかもしれないが、すでに被害を受けた被害者は救われないのである。

本研究は、このような既存の研究の限界を乗り越え、すでに被害が起きているということ、そして不特定多数の人びとが環境汚染型公害と同様に健康と権利を侵されたということを含意する用語として、油症を食品安全の問題ではなく「食品公害」と呼び、問題を分析する。

分析視点として、政策の分析においては、食品公害という問題認識が行われなかったために、政策過程においてどのような失敗が累積してきたか、被害－政策の対応関係に注目して検討する。また、油症問題を潜在段階と社会問題段階の間で反復させる政策的圧力を明らかにし、つねに被害との対応関係において政策を評価する。さらに個々の行政担当者の行為について戦略分析を行い、そこでの「合理性」がいかなるものだったか解明する。

被害の分析においては、初期の被害については被害構造論の視点から個別の被害を位置づけ、問題が長期化した後の被害については重ね焼き法を用いて集合的かつ動態的なものとして記述する。

以上のように本研究の分析視点は、システム的・機能的な視角と主体的・行為論的な視角を使い分けている。このような対極的な方法をあえて採ることの意義は、分析対象の性質によって説明することができる。本研究が分析対象とする政策担当者と被害者の行為を理解するためには、主観的・主体的視角が不可欠となる。なぜなら、政策担当者は制度にしたがって一律に行為するわけではなく、担当者ごとの法解釈や問題定義によって行為を選択しているからである。また、被害とは個人的・主観的に経験されるものであるからだ。しかし、こうした主観的・主体的分析だけでは十分でなく、これらの行為は制度構造との相関においても論じられなければならない。油症をめぐる政策過程は、政策担当者ごとの戦略や主体的要素の発揮によって進められてきたが、もちろんこれらの行為は社会・制度・組織の構造によって制約を受けている。また、被害者の生活も、認定や補償獲得という側面において制度や政策に規定されている。ただし、これらの制度構造は不変のものではなく、被害者と支援者による被害の訴えや救済を求める運動という主体的行為に影響を受けたり、被害者と政策担当者の接触・交渉によって変容させられたりする。このように本研究が注目する被害－政策の対応関係と油症事件の具体的展開は、たえず構造的なものと主体的・主観的なものとの相互作用のなかで進展してきた。そのため、上記のような性質を異にする分析視点に立たなければ、対象の行為について十分に説明することができない。よって、本研究では以上の対極的な視点を採用し、問題を分析していく。

注

1　これら環境汚染型公害のほかに、薬害もまた、食品公害との比較を検討する意義があると思われる。なぜなら、薬害と食品公害は、いずれも人体にとって有害な物質を経口摂取することで被害が生じるという点で共通しているためである。飯島（1976）も、人間が経口で体内に取り入れる化学的合成品として、食品と薬品を繋げて考えている。ただし、薬害の原因たる薬品の接種は治療のための医療行為であり、治療を受ける側は薬物が体内に入ってくることに高度に自覚的であるため、副作用を察知できる可能性がある。それに対して食品公害の場合、日々の食事は生活に埋め込まれた自然な行為であり、なにを食べたかということの自覚が低く、身体に異常が発生しても原因を特定することが難しい。実際、2012年に発生した食中毒事件1,100件のうち189件（17.2%）は原因食品が不明のままである（厚生労働省, http://www.mhlw.go.jp/topics/syokuchu/04.html, 2013.5.5閲覧）。また、食品公害は医療行為の予期せぬ随伴帰結ではなく、工業技術に支えられて食品を大量生産・大量消費する今日の社会における経済活動の随伴帰結である。このように、薬害と食品公害の間には、被害を受けた者の自覚可能性や加害メカニズムにおける差異がある。したがって、薬害と食品公害の比較は有意義ではあるが最優先事項ではないと判断する。むしろ環境汚染型公害と食品公害の方が近い性質をもち、これらを比較することが緊急の課題であると考えるため、食品公害と薬害の比較検討は別稿における課題とする。

2　4章で詳述するように、1968年に国立予防衛生研究所のH主任研究官が油症被害の発生を予測し、農林省流通飼料科および厚生省環境衛生局食品衛生課に対して調査協力を求め、被害が発生する可能性について警告したにもかかわらず、両省はこれを無視したという経緯がある。

3　生活史はlife historyと同じものではなく区別されるとか、生活史はライフストーリーやライフヒストリーを含んだ上位概念であるとか考える立場もある。これらの用語の整理は有末（1996）に詳しい。また、医療社会学や現象学的社会学、シンボリック相互作用論で頻出する「個人誌（史）biography」は、過去の自分と現在の自分の一貫性を示す歴史や、できごとの総和という意味で用いられる。できごとを時間軸に沿って並べるという点は生活史と共通するが、生活史の場合は個人的な生活経験だけでなく、一つの村全体の経験といった集合的なものも含まれる。

4　森岡は「理想型」と呼んでいるが、内容から言えば理念型とするのが適切であると判断した。

第2章　食品公害という問題認識の必要性

本章では、「食品公害」という問題認識の必要性について、とくに政策的認識を対象に検討する。まず「食品公害」の用語的発生の歴史を振り返り、このことばに込められてきた意味を確認する（1節）。次に「食品公害」という用語を採用する立場と、これを否定する立場について概観し、これらの認識がいかなる根拠によってなされてきたかを明らかにする（2節）。続いて、油症問題の法的位置づけを確認するために、典型的食中毒事件と油症事件、そして典型的公害と油症事件との対応関係を整理する（3節）。さらに食中毒事件に対する通例的な政策的対処と油症に対する政策的対処を比較し、油症に対する特例的対処がいかなる帰結をもたらしたか検討する（4節）。最後に「食品公害」の政策課題としての位置づけが「制度的空白」と呼ぶべき欠落を備えていることを指摘し、食品公害という問題認識の必要性を提起する（5節）。

1　「食品公害」の用語史

今や社会で広く使用されている「食品公害」という用語は、いつどのように誕生したか。日本国内の専門家が食品添加物や食品事故に対して警鐘を鳴らし始めたのは、1950年代のことである（天野 1953, 1956）。60年代に大量生産・大量販売の消費革命の時代に入ると、商品の誇大広告、不当表示、不良商品が横行し、60年代中期から地域に根ざした消費者活動が活発になった。とくに生活学校は食品の安全性に関する問題を精力的に取り上げ、65

年には危険な食品追放運動、66年には有害着色料の追放運動、67年には無漂白パンを作る運動、68年にはズルチン追放運動、69年にはチクロ追放運動を展開した。また60年代後半には、消費者運動や有機農業運動などのいわゆる反「食品公害」運動が盛り上がった（藤田2006)。

全国紙を見てみると、「食品公害」という用語が初めて紙面に登場したのは、朝日新聞と読売新聞では69年、日本経済新聞では76年のことである。**図2-1**は、68年から2006年までにこれら3紙の見出しにおいて「食品公害」が登場した回数を示している。69年以前にも、駄菓子や給食の安全性を考察する記事や、有害添加物や不正表示食品に関する警告、森永ヒ素ミルク事件の報道などが紙面を飾ってきたが、「食品公害」という一つのまとまりをもった社会問題としては論じられてこなかった。ところが、ひとたび「食品公害」が紙面に登場すると、朝日新聞における見出し数が突出している69年には「食品公害を考える」という特集が全35回連載され、また読売新聞における見出し数が突出している72年には「なにを食べたらいいの！　食品公害時代」という連載が50回にわたって続けられた。70年代半ばを過ぎると「食品公害」が見出しに掲げられることはほとんどなくなるが、記事の本文においては食品安全問題や有害食品の事例を語る際に「食品公害」が使用

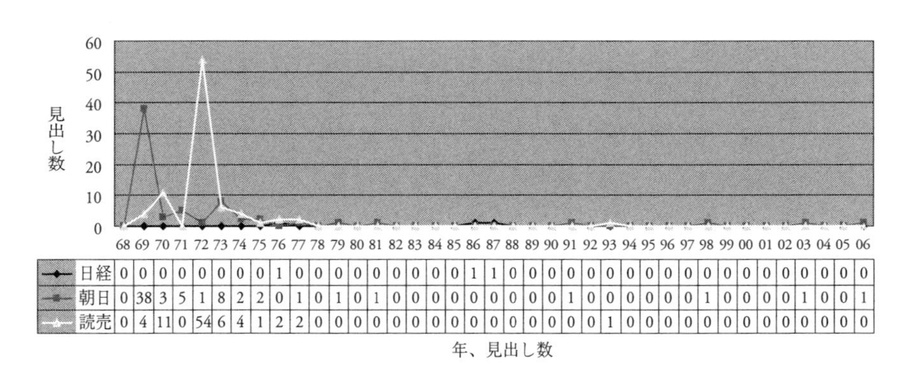

	68	69	70	71	72	73	74	75	76	77	78	79	80	81	82	83	84	85	86	87
日経	0	0	0	0	0	0	0	0	1	0	0	0	0	0	0	0	0	0	1	1
朝日	0	38	3	5	1	8	2	2	0	1	0	1	0	1	0	0	0	0	0	0
読売	0	4	11	0	54	6	4	1	2	2	0	0	0	0	0	0	0	0	0	0

	88	89	90	91	92	93	94	95	96	97	98	99	00	01	02	03	04	05	06
日経	0	0	0	0	0	0	0	0	0	0	0	0	0	0	0	0	0	0	0
朝日	0	0	0	1	0	0	0	0	0	0	1	0	0	0	0	1	0	0	1
読売	0	0	0	0	0	1	0	0	0	0	0	0	0	0	0	0	0	0	0

図2-1　日経・朝日・読売新聞の見出しにおける「食品公害」の登場回数

出典：日経テレコン21（http://t21.nikkei.co.jp/g3/CMNDF11.do）、朝日新聞記事検索サービス聞蔵II（http://database.asahi.com/library2）、ヨミダス歴史館（https://database.yomiuri.co.jp/rekishikan）より2012.12.2に取得したデータをもとに筆者作成。

されている。さらに3紙とも、データベース上で記事を分類するためのキーワードとして「食品公害」を用いている。このような運動と報道の歴史を見ると、「食品公害」という用語は60年代後半に広く用いられるようになり、社会に定着したと言えよう。

それまでの「食中毒」ではなく、「食品公害」という新たな社会問題が起きているという認識が生まれた背景には、「大衆の鋭敏な直感的な危機意識」（丸山 1970: 68）や「食生活の現況にたいする消費者の抵抗」（新井 1981a: 42）があった。大多数の消費者が、日常、口にする食べ物に対して不安や不信を抱いている現実において、「食品公害」は食品事故被害の偶有性に対する危惧や生産者と消費者の双方に対する警告を込めて誕生し、ほかに置き換えようのない重みをもつことばとして広く用いられてきたのである。また、60年代後半に公害一般が深刻な社会問題として提起され、「公害」という用語が普遍化したことも、「食品公害」の用語的普及に影響を及ぼしていると考えられる。

とはいえ、すべての食品汚染が食品公害と呼ばれてきたわけではない。吉田（1975）の分類によれば、人の健康を損なうおそれのある食品中の有害物質は、毒きのこやフグのような「自然毒」、バクテリアやカビなどの「有害生物」、水銀やPCB、BHCなどの「有害化学物質」に大別できる。このうち化学物質が原因となって有害食品化し、とくにそこに人為的行為が介入したときに「食品公害」ということばが好んで用いられる傾向にある。

また、食品という外部環境の悪化が人の健康被害をもたらすということから、食品公害という言葉が生まれたのであるが、この場合の「公害」はEnvironmental pollutionというよりもpublic nuisanceという意味に近い（吉田1975）。公害は一般にpublic nuisanceと訳されるが、英米法におけるnuisanceとは加害者が被害者に対して直接の物理的攻撃を加えることがないにせよ、被害者の権利行使を妨害し、現実の不便・不快・不利益を与え、損害を加える行為のことである（戒能 1953: 129）。しかし日本語の「公害」は、加害者を確定できる直接的不法侵害などの私害（private nuisance）を含むものとして日常用語化し（吉兼 1986）、「私企業や公共事業体、部分的には住民自身がその有害排出物によって自然環境、地域住民の健康や生命、生活を侵害する現象をさすもの」（飯島 1993［1984］: 3）として使用されている。つまり日常用語としての「食品公害」は、「企業の行為によって食品が化学物質で汚染されるか有毒化するかして、不特定多数の人びとの健康と権利を侵害する事件」として定義づけられていると理解できよう。

以上のように「食品公害」という用語は、生産者や消費者が安全な食品を求める運動において、食品の汚染が広範な健康被害をもたらす事態を指して用いられてきた。また、マス・メディアも「食品公害」という呼び方で問題を論じてきた。医学・法学・社会学の研究者も同様である（丸山 1970; 吉野 1984; 中村 1971; 戸田 1992; 堀田 2008, 2009 など）。しかし、「食品公害」ということばがいかなる社会問題を指しているのか、これまでに専門用語としての定義が自覚的に与えられることはなかった。また、政府の公式見解では「食品公害」という問題自体が存在しないことになっており（金光ほか 1970a, 1970b）、法制度や公的な文書において「食品公害」という用語が登場することもない。このように、「食品公害」という用語はさまざまな領域で広く用いられながらも、明確な定義を与えられることなく、また行政上は存在自体を認められないという不明瞭な位置づけをなされてきた。そこで次節では、「食品公害」の用語の採用をめぐって分岐する立場について、その判断がいかなる根拠にもとづいて決定されているのか整理する。

2　食品公害をめぐる二つの立場

2.1 「食品公害」の不採用

まず、食品をめぐる事故や、それに起因する健康被害があること自体は認めながらも、こうした事象を「食品公害」とは定義しない立場がある。この立場をとる主体は、主に行政組織と産業界、およびこれらの利害関心を共有する主体で、「不法行為の定義の遵守」、「公害の法的定義の遵守」、「産業界の利害の尊重」を主張の根拠としている。一つめの「不法行為の定義の遵守」は、食品公害のみならず「公害」という問題認識そのものを否定する立場である。すなわち、事故の原因者が明らかであれば、それは私的な不法行為、つまりは「私害」であって「公害」とは言えないという主張である（金光ほか 1970a, 1970b; 福武 1966）。この主張のなかには、より濃淡をつけて、製造時点では知りえなかった物質の有害性がのちに判明するなど、企業に過失責任がない場合は「公害」と認められるが、企業の過失が原因で事故が起きた場合は「私害」となるという立場もある。たとえば医療評論家である水野肇は、チクロのように非常に優秀だと信じられていた物質について有害性の判定が下り、社会的混乱が起きるのが食品公害であって、森永ヒ素ミルク中毒や油症のように「不注意や、機械にたより切ったためにおきるようなもの」（水野 1970: 203）は私害というべきだと述べる（水野 1970）。

二つめの「公害の法的定義の遵守」は、環境基本法における「公害」の定義に則って、食品公害という問題定義を否定する立場である。『ジュリスト』442号および443号に掲載された「食品公害」を題する座談会において、金光克巳厚生省環境衛生局長は冒頭で「私どもでは『食品公害』ということばは使っておりません」（金光ほか 1970a: 15）と明言し、その理由を次のように述べている。

> 「公害基本法（現、環境基本法）にいう『公害』というのが行政上に使われる公害の概念であって、これは事業活動とか人間の生活活動から出てくる大気汚染、水質汚濁、騒音、振動、地盤沈下、悪臭によって人の健康や生活環境に被害を生ずることを『公害』ということに法律ではきめてあるわけです」。
>
> 「食品を提供して障害を起こせば食品公害だと、（一般的には）こういうように使われておるわけなんです。似たような形であることは間違いないのです。しかし、行政的には『食品公害』とはいわないということを最初にご承知いただきたいと思うのです」。（金光ほか 1970a: 15, 括弧内は筆者）

このように金光は、公害対策基本法における「公害」の定義からは食品公害が「ある」とは認められないと説明している。また、「私が出席して『食品公害』という立場で『公害』だとしますと、『食品公害』というものがある程度公化されてしまいますので……」「つらい立場になるので……」（金光ほか 1970a: 16）と、日常用語として食品公害が使われていることは認めつつも、行政職員という立場上、それを公に認めることはできないと弁明した。金光が厚生労働省に勤めていた70年代から、93年の環境基本法制定に伴い公害対策基本法が廃止された現在まで、公害の法的定義は変わっておらず、すべての食品事故は「食中毒」と定義されてきた。同様の主張は法律家のあいだにも見られ、法律で定められていない「食品公害」というようなものはありえない、もしも、それを言うなら「食禍」とでも言うべきだ、とする意見が根強いという（新井 1981a）。これらの意見は、公害の問題枠組みをむやみに拡張すべきではないという主張である。

三つめの「産業界の利害の尊重」は、食品事故を公害として認識することによって食品産業の発展が妨げられるという考えから、「食品公害」という定義を否定する立場である。公害被害救済のあり方を商学的に考察した庭田範秋は、食品事故が公害問題に認定されれば、食品産業は強力な国家の規制と支配のもとにおかれたり、これ以上の食品産業の発達が国民経済と社会福祉にとって好ましいかという議論を呼んだりして、「産業全体として自主性を喪失させられながら行政の支配に屈し、よって活発なる経済活動の展開を阻害されてしまうから」（庭田 1975: 14）、食品事故を公害と見なすべきか問い直す必要があると述べている[1]。

これら三つの根拠にもとづいて「食品公害」という用語を採用しないことは、他の公害と同程度に公的補償や公的対処の責任を果たすよう追求されることから逃れようとする行政組織や、公害を防止するための国家による強力な介入あるいは規制から逃れようとする産業界の立場にくみするもので、問題を潜在化させる志向を有する。

2.2 「食品公害」の採用

次に、「食品公害」という用語を採用し、これを環境汚染型公害と同様の問題として認める立場がある。この主張の根拠には、「有害物質の経口摂取への着目」、「自然の循環システムへの着目」、「公害の社会的性質への着目」の三つが挙げられる。一つめの「有害物質の経口摂取への着目」は、汚染の媒介が自然環境か、あるいは食品かという違いはあれども、人間が有害物質を経口摂取して被害にあったという点は共通するとして、環境汚染型公害と食品汚染型の公害は同種の問題であると見なす立場である。たとえば柳田(1996)は、日本の5大食品公害事件としてイタイイタイ病、水俣病、新潟水俣病、カネミ油症、森永ヒ素ミルク事件を列挙している。また津田(2004)も、水俣病も油症も同種の事件だと見なすべきだと主張する[2]。

二つめの「自然の循環システムへの着目」は、自然環境と食品の切り離すことのできない循環の関係から食品公害を認める立場である。中村亮によれば、水俣病、イタイイタイ病、農薬による牛乳汚染、放射性降下物質汚染、カビ毒汚染という汚染問題は、すべて食品を介して発生している。広く生活環境が有害化学物質で汚染されると、必然的に自然食品も二次的に汚染を受ける。また、汚染された牧草や、薬物添加飼料で飼育された畜産動物、ミルクなどまで化学物質で汚染されてしまう。このように考えれば、食品の衛生は公害と切り離して考えられない問題と言わなければならない(中村 1971)。

三つめの「公害の社会的性質への着目」は、公害の本質に注目して、それとの共通点から食品公害を認める立場である。丸山博は、公害を「多数の人々が、誰彼の区別なく、生命や健康への害を受けながら、しかも、被害者一人の智恵や才覚だけではとうてい防ぎきれないような社会的・普遍的な有害物が大がかりにまき散らされ、しかもその加害者は大手をふってまかり通るという、そのカラクリをよぶもの」(丸山 1970: 68)と定義した上で、「とすれば、有害食品が市場に氾濫していることはまちがいなく新しい『公害』とよぶにふさわしいことになる」(丸山 1970: 68)と、食品公害を新たな社会問題として提起している。また飯島(1976)は、「食品公害」とは呼ばないものの、食品企業が製造工程における安全性の確認を怠ったことが原因で生じた「資本起因病」(飯島 1973: 53)として、森永ヒ素ミルク中毒と油症を公害病と並べて論じている。丸山と飯島によって指摘された公害病とこれら食品中毒の共通点は、第一に被害が広範囲に及ぶこと、第二に企業の経済活動によって生じた病ということである。さらに飯島は、公害と食品公害の間には「病の階層性」という類似点もあることを指摘している。従来の古典的疾病において明確に見られた階層性は、公害病の場合にも同様であり、公害問題においては貧困層が被害者になりやすく、かつ大気汚染や光化学スモッグの被害発生階層は中間層にまで拡大している。この傾向は食品中毒や薬品中毒においても見られるものである。すなわち、食品が毒物と化している傾向は60年代後半からさらに強まってきたが、これだけ広く食物の有毒化がゆきわたると、摂取する側には選択の余地はあまり残されず、したがって、中・下層にわたるきわめて多くの国民に慢性的食品中毒の危険性が広まっていると言える（飯島 1976）。

これら三つの根拠にもとづく「食品公害」の採用と問題の認識は、企業の製造物たる食品が原因であっても、それは自然の循環システムにおける部分をなすもので、被害の社会的性質には公害と共通性があることを強調し、問題を顕在化させる志向を有する。

以上、食品公害という問題認識をめぐる二つの立場があることを確認したが、すでに述べたとおり、日本のいかなる法制度においても「食品公害」という用語は遣われず、政策的にも認識されることなく、この問題定義は公的に否定され続けてきた。このことが油症問題においてどのような帰結をもたらしてきたのかを検討するために、まずは次節で油症被害の特質と政策的認識を確認しよう。

3　油症問題に対する政策的認識

3.1　油症被害の特質

ある社会的事象をいかなる問題として定義するかということは、単なることばの定義を超えた意味をもっている。なぜなら、あるできごとに対して人びとは反射的に決まった反応するのではなく、それぞれのできごとを定義することによって初めてどう反応するかを決定できるからである（Thomas and

Znaniecki 1974 [1927] =1983)。とくに政策的な問題認識は、その問題に対処するための法制度や政策の方向性の基盤となるため、被害の拡大防止や被害の救済において大きな意味をもつことになる。

行政組織にとって、油症をはじめとする食品汚染問題はすべて「食中毒事件」と認識されてきた。たしかに油症は有害化した食品の摂取によって生じた健康被害であり、その意味では食中毒事件に含まれる。しかし、その被害は、症状の深刻さ、症状の慢性性、世代を超えた継続性、患者の散在、病気と処遇に対する負のイメージという五つの特徴を有している。まず一つめの「症状の深刻さ」は、序論で見たとおり、症状が深刻かつ慢性で、治療法も不明であることを指す。

二つめの「症状の慢性性」は、汚染油を食べた者の生涯にわたって健康破壊が続き、かつ一世代では完治しない病であるという時間的規模の長さである。発病から46年が経過しても症状が軽快しない理由は、油に混入したPCBが脂肪組織に溜まりやすく、排出が非常に困難なためである。

三つめに「被害の継続性」がある。油の製造工程における加熱によってPCBは猛毒性のダイオキシン類へと変質しており、その毒性は胎盤や母乳を介して油を食べていない子どもたちにまで引き継がれた。汚染を引き継いだ二世患者のなかには、皮膚が黒く色素沈着した「黒い赤ちゃん」として生まれる者や、歯が足りない者、障害をもって生まれる者などがいる。ダイオキシン類の毒性がどのように人体を破壊し、それがどれだけ先の世代まで受け継がれるのか、またダイオキシン類をいかにして排出するかは、国際的にもまだ明らかになっていない研究課題である。油症患者の家系の健康状態について調べたNGOの調査結果では、油を食した者の孫にあたる「三世患者」への影響も懸念されている（カネミ油症被害者支援センター 2006b）。

さらに四つめとして、「患者の散在」すなわち被害の空間的規模の大きさがある。カネミ倉庫が本社をおくのは福岡県北九州市であるが、汚染油は市場を介して販売されたため、被害は一地域に留まらずに西日本地域一帯に広がった。さらに転居などを経て、2013年現在、認定患者は35都道府県に点在している。被害が拡散していることによって被害者運動の形成は困難になる。なぜなら、地理的な距離が、統一的な組織の形成や地域的つながりを前提にした運動の展開を妨げるからである。油症に関する民事訴訟が1990年代に8件も提訴されたことは、利害関係の複雑さや被害救済の行き詰まりを表しているとも考えられるが、患者同士が空間的に離れていたことを象徴しているとも言えよう。このほかにも、個々の患者に対して情報が行きわたりにくく、厚生労働省や自治体が患者の所在や被害の状況を把握しにくいという難点を生み出している。

全国に点在する被害者たちは、油症という病気に対する理解の低さや、二世患者として黒い赤ちゃんが生まれることから、遺伝や実際には起こりえない感染を恐れた人びとから偏見のまなざしを向けられることがある。そうしたまなざしは、病いそのものだけではなく被害に対する経済的補償についても注がれる。たとえば訴訟で原告に加わったことを周囲に知られていた認定患者のA氏は、カネミ倉庫に勝訴したことを報道で知った周囲から「たくさんお金をもらっている」と誤解され、いやな思いをしたという[3]。自分がカネミ油症であることを周囲に隠していても、すぐに体調を崩したり、横になってばかりいたりすることを責められたという声もある[4]。油症の病気としての被害に加えて、油症に対する社会的イメージは、職場や地域の人間関係を変容させ、家族内での役割の変化や婚姻・出産における障害をもたらすなど、被害をさまざまに増幅させている。これが五つめの「病気と処遇に対する負のイメージ」である。

3.2　典型的食中毒事件と油症

それでは、これらの特徴をもった油症被害を典型的な食中毒事件の枠組みと照らし合わせると、どのような共通点と差異が見られるだろうか。

食中毒が政策課題として取り組まれるようになった経緯をひもとくと、1948年に新しい食品衛生法が制定されたことをきっかけに、翌49年から食中毒の届け出が義務づけられるようになった。当時の食中毒は「飲食物（添加物を含む）を摂取することによって起こる急激な健康障害で、その多くは胃腸炎症状を主徴する生理的異常現象であり、原因物質としてはある種の病原細菌、有害な化学物質、動・植物の自然毒など」(品川 2010: 274）と定められていた。現在ではこの定義が拡張され、食中毒は「食品、添加物、器具または容器包装に含まれた、または汚染した微生物、化学物質および自然毒などを摂取することによって起こる衛生上の危害（飲食に起因する危害）で、行政的に調査を行い、拡大を防止し、さらに再発を防ぐ措置などが必要なもの」(品川 2010: 274）と定められている。食品衛生法を見る限り、「食中毒」を直接的に定義した文章はないが、食中毒患者については「食品、添加物、器具若しくは容器包装に起因して中毒した患者若しくはその疑いのある者」（食品衛生法第10章第58条）と規定されており、この記述から、食中毒とは「食品、添加物、器具若しくは容器包装に起因した中毒」と理解できる。

食中毒の主な原因は、食品の変廃、細菌の繁殖、病原菌の混入である（西村 2002)。その病因物質は、ふぐ毒やきのこ毒といった自然毒、カンピロバクターやサルモネラといった細菌、ノロウイルスやE型肝炎ウイルスといったウイルスに大別される。たとえば2009年に厚生労働省に届け出のあった食中毒事件1,048件のうち、半数以上が細菌性食中毒であり、飲食店で発生していた（厚生労働省 , www.mhlw.go.jp/topics/syokuchu/04.html#4-3, 2011.1.31閲覧)。油症のような化学物質を原因とする発生件数はきわめて少なく、毎年全体の1% 以下である（品川 2010)。

食中毒の規模は、O157[5]のように集団で感染するものもあれば、家庭の調理における生肉の加熱不足による中毒など、患者が一人だけというものもある[6]。なかでも重大な事件として対応が必要なのは、患者500人以上または数百人の大規模食中毒と、多くの自治体にまたがって発生する広域食中毒事件である（品川 2010)。

油症が法的に「食中毒」と定義されるのは、それが食品に起因する中毒だからである。また、人びとが汚染された油を食べた場所は家庭や飲食店であり、これも典型的食中毒に当てはまる。油症は、その発症原因や発生施設だけ見れば、たしかに「大規模食中毒」「広域食中毒事件」の一つだと言える。

しかし、次の3点において、油症は一般的な食中毒の枠組みから逸脱している。第一に、食品を有毒化させる汚染物質のタイプである。ライスオイルへのPCBの混入は、食中毒の発生原因として規定されている「異物の混入」の一つと見なされているが、工業製品である熱媒体が食品に混入することはそれとは異質である。油症発覚当時の厚生省環境衛生局の食品衛生課長も、異物とは石、ガラス、手袋の先などであり、PCBなどの有毒・有害な物質とは区別されると明言している（野津証言）。

第二に、毒性が体内に残留する期間である。非常に深刻な場合は命を落とすこともあるが、ほとんどの食中毒は一定の期間で有害物質を排出し、完治する。油症のように慢性疾患として生涯にわたって毒性が留まるものは特殊である。

第三に、被害の世代的広がりである。たしかに食中毒事件のなかには、細菌や自然毒に限らず化学物質に起因するものがある。しかし、食品衛生法は油症事件発生当時から現在まで、汚染が世代間で転移するような毒性をもった化学物質を想定していない。「食中毒患者」とは、有害化した食品を直接食べ、かつ症状を発症した者であるが、油症の場合は油を食べていない二世患者も患者として認定を受けている。つまり典型的食中毒とは異なり、被害が世代を超えて続いていることが公的にも認められているのである。このように、油症には典型的食中毒の枠組みに収まりきらない特質がある。

3.3　典型的公害と油症

それでは、油症被害を典型的公害の枠組みと照らし合わせてみると、いかなる共通点と差異が発見されるだろうか。改めて確認すると、「公害」とは、1960年代の高度成長に伴う水俣病、イタイイタイ病、四日市ぜんそく、PCB汚染、光化学スモッグ、交通騒音等の発生を受けて用いられるようになったことばである（庄司・宮本1964）。67年には公害対策基本法が定められ、70年11月から12月にかけて開かれたいわゆる「公害国会」では公害関係14法案が可決され、公害防止を任務の一つとする環境庁が設立されるに至った。このように公害は、70年頃には政府が取り組むべき中心的政策課題として位置づけられていた。

公害対策基本法における公害の定義は、「事業活動その他の人の活動に伴つて生ずる相当範囲にわたる大気の汚染、水質の汚濁、騒音、振動、地盤の沈下及び悪臭によつて、人の健康又は生活環境に係る被害が生ずること」(公害対策基本法第1章第2条）であり、食品の汚染が原因で生じる健康被害は含まれてこなかった。これは、その後の法改正や83年の環境基本法施行に伴う同法の廃止を経ても同様である。

このような定義を油症事件に当てはめてみると、「事業活動に伴って生ずる相当範囲にわたる」「人の健康に係る被害」、すなわち企業の生産活動の随伴的帰結として広範囲に発生した健康に関わる被害であるという点は共通している。さらに、法的定義を離れた具体的事例から考えると、いくつかの共通点を挙げることができる。第一に、水俣病の事例において胎児性水俣病患者が生まれるように、被害が次世代まで続く。第二に、ほとんどの公害被害に根本的治療法がないように、対症療法を続けざるをえない慢性疾患である。第三に、被害は身体的なものに留まらず、社会関係を通じて増幅する（飯島 1993［1984］)。

このように公害と油症の間には共通点が存在するが、同時に、厚労省が油症を公害ではないと主張し、かつ環境省が油症問題の対処にいっさい関与していないという現状を支えている事実として、公害と油症の間には次のような相違点がある。第一に、油症は公害同様に人体汚染の問題であるが、その汚染は自然環境の汚染を介さずに生じている。第二に、油症は企業が起こした環境汚染の問題ではなく、不良製品すなわち製造物責任に起因する問題である。

ここで本節における検討をまとめると、油症は食品が原因であるという点では食中毒事件に含まれるが、その被害は食中毒の枠組みには収まりきらない特質をもっている。同時に、食品が原因であるという点では公害の枠組みから外れるが、被害の性質に目を向ければ公害と共通する点がある。このように油症は、食中毒と公害のいずれの定義にも当てはまるが、いずれの枠組みからも逸脱する部分をもっている。政策的にこれが「食中毒」だと認識されてきたのは、被害の性質よりもむしろ被害発生の媒介物質が重視されたためだと考えられる。つまり、「原因が食品である」ということが油症に食中毒という政策的定義を与えているが、なにに注目するかによって定義は変わりうるのである。では、現在の政策定義に妥当性が認められるかどうか、政策的対処の実態とその問題点の検討を通じて明らかにしよう。

4　油症被害への政策的対処

4.1　食中毒事件の通例的対処

「食中毒」と定義された事件は、通常どのように対処されるのか。それは食品衛生法を根拠に、都道府県によって定められた政令にしたがって行われる。法律において包括的な対処を定めずに都道府県ごとに政令を定めるのは、地域によって農作物や畜産動物の種類が違ったり、水温の違いによって摂れる魚介類が異なったりするという環境の違いに対応するためである（西村2002）。

食品衛生法の規定では、食中毒の発生が疑われるとき、それを診断した医師は保健所に届け出る義務がある（食品衛生法第10章第58条）。保健所は中毒について調査し、都道府県に報告をする。また必要があれば、中毒を発生させた飲食店等の営業停止処分を行う。中毒が重大な事案だった場合、都道府県は厚労省に報告し、同省は関係府省や研究機関と連携しながら情報を収集・分析し、緊急時には都道府県に技術的助言を行うとともに、さらなる調査を依頼する（厚生労働省, www.mhlw.go.jp/seisaku/2009/06/05.html, 2011.1.31閲覧)。食中毒発生後、一定の期間が過ぎるか問題点が改善できたと認められた場合、中毒を発生させた施設は保健所から営業許可を受けることができる。

食品衛生法は害のある食品を製造・販売した者を罰するためではなく、「飲食に起因する衛生上の危害の発生を防止」（食品衛生法第１章第１条）するための規定であるため、主眼は事件の未然防止と被害の拡大防止にある。よって、ここには被害者に対する救済規定や、中毒を発生させた者に対して賠償を命じる規定は存在しない。通常の食中毒対処においては、食中毒を発生させないことと、発生した中毒をそれ以上拡大させず、再発を防止させることが目指されるのである。

4.2　食中毒事件としての油症への対処

油症事件に対する政策的対処は、上記の通例的対処と同じものだっただろうか。ここでは、どのような政策的対処がなされてきたか、対処の歴史的経過を概観する[7]。

1968年4月頃から、福岡県で腰の痛みや身体中の吹き出もの、手足のしびれが多くの人びとに現れ、カネミ倉庫製のライスオイルが疑わしいという噂が立った。そこで被害者の1人であるG氏が、10月にライスオイルを大牟田の保健所に持参し、中毒症状を届け出た。保健所は調査を開始するとともに、福岡県衛生部に報告を行った（以下、福岡県の対応については赤城1973）。福岡市衛生局も調査を進めるなかで、朝日新聞の夕刊が「西日本一帯に原因不明の奇病発生」（『朝日新聞』、1968.10.10）と報じ、油症は社会問題として顕在化する。福岡県は厚生省食品衛生課へ中毒の報告を行い、また福岡県北九州市の衛生局と同市衛生研究所は、カネミ倉庫に立ち入り調査を実施し、さらにカネミ倉庫に対して原因がはっきりするまでは販売を中止するよう勧告するが拒否された（川名1989）。

同月14日には福岡県衛生部と北九州市衛生局が「福岡県油症対策会議」を開き、原因究明のために油症研究班（以下、研究班）が組織される[8]。16日には厚生省から各都道府県および指定都市に対して、カネミ・ライスオイルの販売停止および移動禁止、人数と病状の報告、同種製品の収去検査が指示された。各自治体はこれにしたがうと同時に、販売業者に対し、一般家庭で汚染油を使用しないようPRすることを求めた。こうして被害の拡大を防止する取り組みが行われた。

残るは中毒の原因究明である。原因はヒ素の混入であるとか、油の変廃であるとかの論争が起きたが、最終的には11月1日、原因は脱臭工程におけるPCBの混入と見られることが研究班によって発表された。そこで厚生省は28日、都道府県にカネミ倉庫の製品の移動禁止と、カネミ倉庫の原油を検査して異常がなければ販売停止と移動禁止の措置を解くよう通知した。これを受けて北九州市は、12月9日にカネミ倉庫の原油の販売停止命令を解除した。また同月26日にはカネミ倉庫に対し、脱臭工程で熱媒体が油に混入しない構造に施設を改善することや、油製造機械の点検を定期的に実施し記録を保存するよう命じている。以上が食中毒事件に対する通例的対処としての油症への対処であり、厚生省と関係自治体が行った原因究明と販売停止は、いずれも食品衛生法の規定にもとづいた対応である。

しかし津田敏秀は、油症の被害発覚当時、通常の食中毒事件の処理が行われなかったことが被害を深刻なものにし、解決を遅らせたと指摘する。通常の処理とはたとえば、保健所から保健師が届け出患者を訪ねて発症の有無を調べることや、届け出患者のうち症状がある者全員を食中毒患者として認めることである（津田 2004）。また、これだけ大規模な食中毒事件であれば、通常は報告書が作成されるはずだが[9]、油症については『全国食中毒事件録』（厚生省環境衛生局食品衛生課編 1972）の一部に記載があるだけで、事件全体の経過を記した報告書は2015年現在まで発表されていない。

4.3　特例的事件としての油症への対処

油症事件に対しては、このほかに特例的な政策的対処もなされた。すなわち、油症患者の検診と認定、医学者集団に対する研究支援、カネミ倉庫への経済的支援である。まず油症患者の検診と認定は、依拠する法律がなく、各都道府県が作成した要綱および要領にもとづいて行われてきた。毎年度行われる検診で患者の臨床所見やダイオキシンの血中濃度がデータとして集められ、研究班が作成した「『油症』診断基準と油症患者の暫定的治療指針」（以下、診断基準）を判断の基準として、認定／棄却が分けられる。検診はすでに認定された患者の健康管理や追跡調査という目的もある。

次に、医学者集団に対する研究支援とは、厚生労働省から研究班への継続的な厚生労働科学研究費補助金の助成のことである。前述の検診は、研究班による「食品を介したダイオキシン類等の人体への影響の把握と治療法の開発等に関する研究」の一環と位置づけられている。たとえば2009年度から2011年度にかけては、「食品を介したダイオキシン類等の人体への影響の把握とその治療法の開発等に関する研究」という課題名の研究に対して1億

6,535万円の研究費が助成された（厚生労働科学研究成果データベース http://mhlw-grants.niph.go.jp/niph/search/NISR00.do 2012.11.17取得）。

最後に、カネミ倉庫への経済的支援として、農水省はカネミ倉庫に備蓄米の保管を委託し、その費用として年間約2億円を支払ってきた。この経済的支援は、次節で論じるカネミ倉庫による認定患者への医療費支給を間接的に支援するものだと解釈できる。このように油症に対する政策的対処のなかには、食品衛生法に規定された食中毒への対処とは異なる特例的な対処が存在する。

4.4　特例的対処の帰結

これらの特例的対処は、被害を軽減するために効力を発揮することができただろうか。まず検診と認定について検討しよう。検診は認定患者に対しては健康管理の機会となり、未認定者に対しては認定を受けるための機会となっている。とはいえ、食品衛生法には被害の補償に関する規定がないため、油症であると認定されても、患者は法的に約束された補償を受け取ることはできない。患者に認定されれば「公害健康被害の補償等に関する法律」（以下、公健法）にもとづいて補償が行われる公害病の認定とは異なり、油症の認定は、患者に補償受給の権利を法的に保証するものではない[10]。

次に医学者集団に対する支援については、たしかに治療法の研究は被害者支援として重要であるが、研究の多くは油症の発病メカニズムの解明や、ダイオキシン類の生物への影響を調べるラットを用いた実験、ダイオキシン類の血中濃度の経年変化の調査などであり、治療に特化しているわけではない。そのため、研究班の研究内容は患者を直接的に支援するものではなく、患者をモルモット扱いしているという不満が噴出し、1970年には各地で患者が検診をボイコットしたこともあった（『西日本新聞』、1976.4.3）。研究班への研究費助成は一定の意味があるものの、これのみで被害者への医学的支援を完結させるには問題があると言わざるをえない。

最後にカネミ倉庫への経済的支援を検討する。先述のとおり、油症の認定患者は、カネミ倉庫から23万円の見舞金と受療券を受け取っているが、受療券は使用できる病院が限られ、しかも2009年現在、認定患者の約50%しか受療券を受け取っていない（厚生労働省 2010: 74）。また、患者が医療費を立て替えてカネミ倉庫に請求することもできるが、請求できることを知らなかったり請求しても断られると考えたりして、40%強の人がこれまでに一度も請求を行ったことがない（厚生労働省 2010: 74）。このようにカネミ倉庫から患者への医療費の支払いは多くの患者を取りこぼしたものであり、したがってカネミ倉庫への経済的支援が患者への経済的支援に繋がっているとは言い難い。

また、序論で見たように、カネミ倉庫は裁判で命じられた損害賠償の一部を現在まで履行していない。それが原告との和解条項にもとづくという点においては、カネミ倉庫の債務不履行は手続きとしては問題がないと言える。しかし、賠償金の支払いはある猶予をもって保留されていると言うよりも、実質的に無期限の不払いを許されており、裁判所の判決が無効化されている。社会的正当性や公正さの観点から司法の判断が再検討されたのでもなく、ただ企業の財政状態によって無視されているのである。国はカネミ倉庫へ経済的支援をする一方で、このような賠償金の不払い問題については放置している。

以上要するに、特例的対処は被害者を直接的に支援するようなものではなく、認定によって被害者を振り分け、カネミ倉庫に経済的基盤を与えることによって、むしろ加害者を支援するものとなっている。

5　「食品公害」の社会問題としての位置づけ

本章では、油症に対する政策的問題認識と、その認識にもとづく対処の妥当性を検討してきた。ここで明らかになったのは、第一に、油症のような食品汚染被害は制度の狭間におかれ、被害に適切に対応できるような制度が存在しないという法的前提である（**図2-2**）。

油症被害には、慢性性や次世代への影響など、典型的食中毒とは異なる特質がある。その特質は食品衛生法の枠組みには収まりきらないものである。しかも食品衛生法は食品の安全を守るための予防的法律であって、またほと

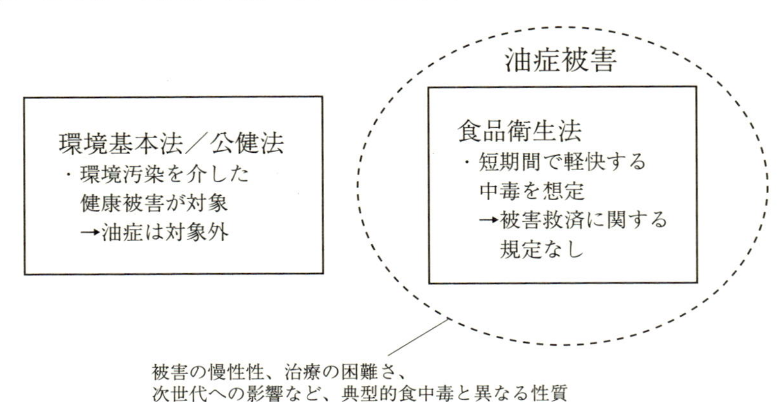

図2-2　油症被害の特質と諸制度の関係

んどの食中毒は短期間で完治もしくは軽快することから、被害救済に関する規定をもたない。よって、食品衛生法では、長期にわたって被害が継続する油症被害を救済することができない。

被害の特質から言えば、油症は典型的食中毒よりも、むしろ「公害」の被害に親和性をもっている。仮に油症が公害病に認定されていれば、カネミ倉庫による補償が不可能だったとしても、公健法にもとづいて認定患者は公的補償を得ることができる。しかし、油症は食品を媒介物質とする事件であるため、公害病には認定されず、「公害」の枠組みからは排除される。このように油症被害は、その特質において食品衛生法の対象から逸脱する部分をもちながら、同時に環境基本法の対象には含まれないという制度間の狭間におかれている。

油症被害の特質に対応した法制度の欠落が示唆するのは、「食品公害」を否定する現在の政策的問題認識では、深刻な食品汚染とその被害を軽減することが困難であるということだ。有害化学物質による食品汚染が続発する今日において、被害の補償について法制度になんら規定がないという現状は問題である。長期的な経済的補償が必要となる場合でも、被害者は責任企業に頼らざるをえない。その場合、企業の資力や責任に対する態度が実質的に補償体系を左右することになるが、事件を起こした企業が大企業ばかりとは限らない。水野肇は、厚生省の職員を含む対談のなかで、食品や薬品の製造に事故があった場合にその被害が甚大であることから、「やはりある程度自分のところで相当程度（補償できる）能力のあるところがやるべきではないかという気がするのですがね。…〈中略〉…カネミ（倉庫）というところは結局（資力不足で）お手あげなんですね。損害賠償もちょっとあれはやれそうもないですね」（金光ほか 1970b: 18, 括弧内は筆者）と述べ、中小企業が賠償しきれなかったケースとして油症事件を例示している。このように油症は、中小企業が深刻な事故を起こし、被害者が補償されずにいる典型例なのである。

そもそも食中毒による被害は、中毒の発覚後に保健所等による調査が行われても原因物質が不明である例が少なくない。原因物質が判明した場合であっても、汚染場所が特定できず、責任者を確定できないような例もある（森島 1982: 15）。つまり「責任者が補償に応じるか」「補償可能な資力をもっているか」という問題以前に、「誰が責任者なのか」を特定できないことがあり、その場合に被害者は補償を要求する相手すらもてない。

このような問題を解決するために、「食品公害」という用語に次のような可能性を見出すことができる。まず、「食品公害」という問題認識による従来の公害の法的定義の拡張である。具体的には、油症のような特質をもった被害を公害病に認定し、公害被害の補償等に関する法律で対処するということになる。この場合、食中毒事件と食品公害の境界を判断する基準が問題となるが、汚染物質のタイプや社会的規模の大きさを指標とすることが考えられる。この指標は、これまでに「食品公害」と呼ばれてきた事例群を参照することで豊富化していくと思われる[11]。

次に、「食品公害」を従来の法的定義としての「公害」に含めるのではなく、新しいタイプの問題として定義し、新たな法制度を設計することである。環境汚染型公害の場合、汚染源に働きかけて汚染物質の排出を停止するだけでなく、一度汚染された環境を浄化し、復元していく作業も必要となる。その作業には長期間を要し、場合によっては汚染地域への立ち入りおよび居住禁止や、汚染環境の利用禁止等の措置も求められる。それに対して食品公害の場合は、汚染食品の出荷・販売停止や、毒性のある食品の飲食禁止および回収を行うことができれば、それ以上同じ食品から被害が拡大することは考えにくい[12]。したがって、ここでは生産者、販売者、消費者に情報をいかに素早く広く周知するかが鍵となる。このように、環境と食品という汚染の媒介項によって必要とされる対処の種類が異なってくるため、「食品公害」を従来の「公害」に含めれば問題が解決できるとは言い切れない。よって、独立した法制度を設計する方が、食品に由来する被害の軽減にとっては望ましいと考えられる。

このように、いずれの方法を採用するにせよ、「食品公害」を独自の問題として認識することが現代社会において続発する食品汚染被害への対処の基盤となりうることは疑いようがない。問題を「食品公害」として政策的に認識することがなければ、油症のように深刻な食品汚染の被害を軽減することは不可能である。したがって本研究では、「食品公害」を次のように定義し、その定義の必要性と論理的一貫性について論じていく。食品公害とは、「事業活動その他の人の活動に伴って生ずる、自然に由来しない有害物質[13]による食品の汚染によって、もしくは原因不明の食品の有害化によって、相当範囲にわたる人びとの健康又は生活環境に係わる被害が生ずること」であり、「とくに汚染された食品の摂取に起因する病の治癒、汚染物質の排出、および生活環境の復元が困難な被害が生ずること」「典型的食中毒からは逸脱する特質をもった被害が生ずること」と定義される。

注

1　さらに庭田は、「同一食品でも異常体質者に摂取された場合には事故を誘発することがある。しかも異常体質者は年々増え続けているのである」(庭田 1975: 16）と、食品を食べる側の体質によって反応は異なる上、食品事故の発生原因は偶然であることが多いので、公害と呼ぶことは「逃げの解釈」であると言う。しかし、大気や水といったすべての自然環境に対する個体の反応はその感受性や体質によって異なるのであって、食品に対する反応だけが個体差に左右されるわけではない。したがってこの主張には妥当性が認められない。

2　厳密に言えば、津田の主張は、水俣病も油症も「食中毒事件」として対処するべきだというものである。これは一見、食品公害の存在を否定しているように見えるが、有害物質の経口摂取という共通点に着目して油症と水俣病を区別することの不適切さを指摘し、二つが同種の問題であることを強調していることから、柳田と同様の認識をしていると解釈した。

3　2009年7月14日、福岡県在住の認定患者A氏への聞き取りより。

4　2010年3月15日、広島県在住の認定患者B氏への聞き取りより。このほかにも同様の意見が数多く聞かれた。

5　腸管出血性大腸菌の一つで、1996年に集団感染が多発した。

6　中毒者が1人や1家庭のみであるような散発事件は、1997年から届け出が義務づけられた（品川 2010）。

7　事件発生当時のより詳細な経過については5章で述べる。

8　この段階で、中毒の原因がカネミ倉庫製の油にあることは公言こそされていなかったが、ほとんど確信されていたために「油症」の名称がつけられたと思われる。

9　2006年8月14日、被害者らの代理人を務めるBB弁護士への聞き取りより。

10　油症認定が患者に法的権利を認めないものであることは、9章で詳しく論じる。

11　ただし、被害が発覚した直後には、汚染物質のタイプや被害の長期性は未知であり、汚染物質がなにかを最終的に突き止められない場合もあるため、汚染物質や汚染のメカニズムのみによって「食中毒」と「食品公害」を区別するには限界がある。長期的に被害を追跡した上で、それが「食品公害」として特別の対処を要する事例かどうかを判断する必要がある。とはいえ、油症被害が発覚した直後を振り返れば、「黒い赤ちゃん」が世間を騒がせ、医学的にも次世代への影響が明らかとなっている。また被害発覚の翌月にはすでに特例的対処である「診断基準」が作成されていたことを考えれば、とくに深刻な食中毒が起きた場合に、行政担当者が直感的にそれを感じ取ることが不可能とは言い切れない。問題は、慢性中毒として食品の摂取から何年も経って被害が生じる場合や、後から晩発性の症状の特異性が確認される場合である。

12　患者が汚染源となり、さらに汚染が広がる場合は経口感染症として別の対処が必要である。

13　このような汚染物質の定義は、工業用品の混入、放射性物質による汚染、農薬の残留、添加物の安全性評価の転回など、典型的食中毒から逸脱する部分をもつ被害を起こしうる汚染を想定しているためである。

第3章　油症をめぐる医学的・化学的知見の整理

本章の目的は、これまでに明らかになってきた油症の発症原因と病像を整理し、油症がいかなる病気であるかを理解することにある。われわれが被害について知ろうとするときには、病気と生活、あるいは病気と社会について、両面に往復的な目配りをしなければならない。また、油症の原因説と病像は統一的な科学的知見ではなく、いくつかの異なる見解が対立し合った政治的なものである。こうした対立の争点を理解するためにも、医学的・化学的知見の整理が必要になる。

本章では、まず油症の病因物質の特性と混入経路を確認する（1節）。次に、認定の対象とされる油症の病像すなわち「制度化された油症」と（2節）、認定からはこぼれ落ちる油症の病像すなわち「診断基準外の油症被害」について整理する（3節）。続いて治療法研究の到達点を確認し（4節）、最後に制度化された油症と診断基準外の油症の病像比較を行うとともに、油症の特徴と独特の問題の困難さについてまとめる（5節）。

1　病因物質と混入経路

なぜ食用油のなかにPCBが混入したのか。また、PCBとその加熱によって生成されたダイオキシン類は、人体にどのような影響を及ぼすのか。以下では、PCBとダイオキシン類という二つの病因物質の性質を確認し、これらの有害物質が食用油の加工に使用されるようになった歴史的経緯と、混入経路をめぐる諸説について整理する。

1.1　PCB

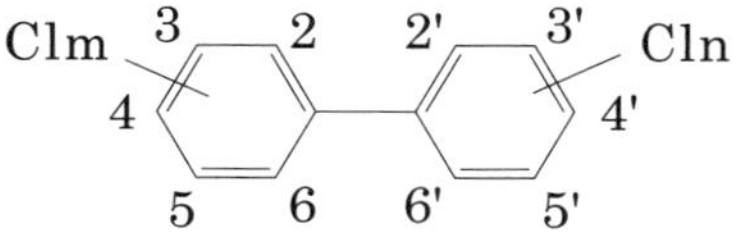

図3-1　PCBの構造式
出典：高峰（1972: 67）を一部改変

PCBとは人工の有機化合物であり、ポリ塩化ビフェニールという物質名は、たくさんの（＝ポリ）塩素がくっついた（＝塩化）ビフェニールという組成を示している（朝日新聞社編 1972）。ビフェニールとは、フェニルすなわちベンゼンから水素を一つ取った原子団が二つあるということを意味する。その構造式は**図3-1**のとおりである（高峰 1972）。

ビフェニールに10個ある水素（H）を1から10までの塩素（Cl）とおきかえることによって、すなわち、図3-1における数字の部分をClに置換することによって、さまざまなビフェニールの塩素化体が作られる。ビフェニールに化合する塩素の量と位置は幾通りにも組み替えられ、その数と配置によって物理的な性質や毒性の異なるビフェニールの塩素化体を作ることができ、その総称がPCBである。PCBは理論的には209種あり、市販されていたものだけでも約100種にのぼる（朝日新聞社編 1972）。

PCBは、絶縁油、熱媒体、可塑剤、塗料・印刷インキ、潤滑油、その他紙のコーティングやテレビの部品など幅広い用途で使用された。その特徴として、熱に非常に強く、高温でも沸騰することなく液状を保つことができる。ベンゼンは摂氏80.5度で沸騰するが、常温でも揮発しやすい液体である。このベンゼンが水素を一つ失ってビフェニールになると、沸点は254度に上昇し、さらに塩化してPCBになれば沸点は300度以上まで上がる。PCBは、加熱、冷却をくり返しても性質が変わらず、化学的に安定で、酸やアルカリにも侵されない。水に溶けず、すべての有機溶剤によく溶け、プラスチックともよく混ざり合う。電気の絶縁性にもすぐれている。種類によって、油状の液体から、粘度の高い水アメ状の液体、樹脂状のものまである。こうした化学的安定性と利便性の高さから、PCBは「近代化学の生んだ栄光の製品」（高峰 1972: 1）や「夢の工業薬品」（磯野 1975: 28）と呼ばれた。

日本においては1954年に鐘淵化学工業株式会社（現、株式会社カネカ。以下、鐘化）が初めて「カネクロール」という製品名でPCBを製造し始めた（長山2005）。カネクロールのうち、塩素が二つ付着した二塩化物を主成分とするものは「カネクロール200」、三塩化物を主成分とするものは「カネクロール300」と呼び分けられ、数字の大きいもので「カネクロール1000」まであった（磯野1975:27）。油症事件でライスオイルに混入したPCBは、鐘化が製造した「カネクロール400」（以下、KC-400）だった。

PCBは、急性致死毒性という点からはそれほど毒性が高くないものだが、人体に微量ずつでも長期間にわたって摂取されると、体内の脂肪組織に蓄積し、複雑な全身性疾患を及ぼすものである（福岡地裁小倉支部1977）。また、PCBは自然界にほとんど存在せず、すべてが人工物質で、生物体内に入ると分解できない。このような性質をもつ有機塩素化合物は、PCBのほかに、レイチェル・カーソンが『沈黙の春』（Carson 1962＝1987）においてその生態系への影響と残留性に警鐘を鳴らしたDDTや、BHCなどの農薬、合成ゴムやテフロンなどのプラスチック類、クロロホルムやヘキサクロロフェンなどの医薬品、毒ガス、溶剤などがある。これらの物質は食物連鎖によって生体に濃縮し、蓄積する。

一般に異質な物質が人間の体内に入ったとき、水に溶けやすいものは尿となり、水に溶けにくいものであっても肝臓の薬物代謝酵素によって水溶性物質に変えられ、尿として排出される。ところが、PCBは水に溶けにくく、肝臓酵素の作用も受けにくい。とくに塩素の数が増えるほど水溶性に変化しにくくなり、それだけ体内に残留しやすくなる。また、油分によく溶けるため、皮下脂肪をはじめとする体脂、肝臓あるいは脳などに蓄積し、容易に排泄されることがない。部分的に代謝、分解されたものは、脂肪性分泌質に混じって少しずつ体外に出ていく。

このように、PCBは蓄積性が高く難分解性であることから、油症の被害者は今なお汚染物質を体内から排出できずにいる。しかも、その汚染は世代を超えて引き継がれる。脂肪に溶けやすい物質は胎盤を通過しやすく、また母乳は脂肪含量が多いので、胎盤や母乳を介して子どもの身体まで汚染するのである。こうして生まれた二世患者には、母親の胎内で汚染物質に曝露して生まれたときから油症にかかっていた「胎児性油症患者」と、誕生してから母乳を摂取することで油症にかかった「乳児性患者」がいる。

体内に入ったPCBは、どのように人体へ影響するのか。化学物質による人体への作用には、発達・成長過程のどの段階で曝露したかという「曝露時期」、住環境や労働環境、食生活などの「生活環境」、そして体質の問題である「遺伝的素因」の三つがとくに影響する（森 2002: 74）。複数の人間がPCBに曝露しても、人によって曝露時期、生活環境、遺伝的素因によって規定された身体的条件が異なるため、現れる症状は多岐にわたる。したがって、PCB単体の人体への影響を論じるためには、こうした条件を考慮した記述が必要となってくる。しかし本研究では、そこまでの専門的議論には立ち入らず、動物実験を通じてPCBをはじめとする油症発症に関連する物質の毒性研究を行った佐賀医科大学の西住昌裕の報告を概観するに留める。

西住によると、マウス、ラット、モルモットに同一条件でPCBを投与したときに、すべての動物に共通して見られるのは、致死的な急性中毒における体重減少、および肝細胞が肥大する肝腫大である。そのほかに、動物の種類と年齢によって中毒症状の現れ方は異なるが、胸腺・脾臓・骨髄・副腎・睾丸の萎縮、胆嚢・胃・大腸・腎臓の過形成[1]、肝臓の壊死および過形成、甲状腺の肥大、皮膚・皮脂腺の過形成および異形成[2]という傷害が見られる。人間の症状として観察されたPCBの影響では、ざそう様皮疹・色素沈着・過角化といった「造アクネ性」、甲状腺・副腎・性腺の機能障害といった「内分泌系への影響」、免疫系に影響を与える「免疫抑制作用」、肝がん・肺がんなどの「発がん性」、そしてDNAや染色体に損傷を与える「遺伝毒性」ならびに「変異現性」がある（西住 2000）。

製造当初は夢の製品と思われていたPCBであるが、国内外のPCB使用工場において労働者に健康被害が発生し、さらに1969年にスウェーデンで水生生物の体内にPCBが高濃度で蓄積していることが発表されてから、PCBによる環境汚染が世界各国で起きていることが明らかとなった（宮田 1999: 38）。日本では72年3月末に三菱モンサント化成（現在は三菱樹脂へ統合）が

PCBの生産を中止し、同年6月中旬には鐘化もそれに続き[3]、国内のPCB生産は実質的に停止した。PCBの使用についても、通産省によって同年3月に産業機械用と電気機器用のPCBの生産と使用を一定期間内に中止するよう関係業界へ通達が行われ、4月に関係9省庁から成る「PCB汚染対策推進会議」によってPCB使用製品のうち開放系製品の回収、閉鎖系の製品の生産中止、さらに使用の際には回収に万全の措置をとるようにという指導が行われた。5月からは、環境、通産、運輸、建設の4省庁と全国の都道府県が国内1,445地点についてPCB汚染調査を行い、汚染のひどい地域には工業廃水のPCBの排出規制を指導し、汚染された魚介類を食用に供給しないよう求めた（カネミ油症被害者支援センター 2006a)。こうして企業の生産自粛と行政指導によってPCBの生産と使用が停止されたが、72年6月までに製造・輸入されたPCBの総量は約5万8トンにのぼる（川名 1989)。73年3月には厚生省と通産省が「化学物質の審査及び製造等の規制に関する法律」(以下、化審法）を国会で可決させ、PCBは同法の10月16日の公布において規制対象物質の第1号に指定された。化審法は75年に発効し、PCBは製造・輸入禁止に至った。

1.2　米ぬか油への混入経路

なぜ食品添加物でもないKC-400が食品に混入したのだろうか。ライスオイルは、米ぬかから油脂を抽出し、精製することで作られる。その製造工程を示したものが**図3-2**である。製造工程のなかには、米ぬかがもつ独特の臭いを消すための脱臭工程がある（**図3-3**)。脱臭工程においては、ステンレス製のパイプを螺旋状にめぐらせた脱臭缶が使用されていた（**図3-4**)。図3-4において円で囲っている中央部の蛇管に、熱したKC-400をめぐらせることによって、油を間接的に加熱して米ぬか油特有の匂いを消していた。すなわち、この脱臭缶のなかでは、ライスオイルから2ミリのステンレスを隔てたところに高温のPCBが流れていたということである（吉野 2010)。

KC-400がパイプから漏れてしまった原因説には、二つの代表的な見方がある。一つめは、KC-400の一部が脱塩素化し、それによって生じた塩酸が

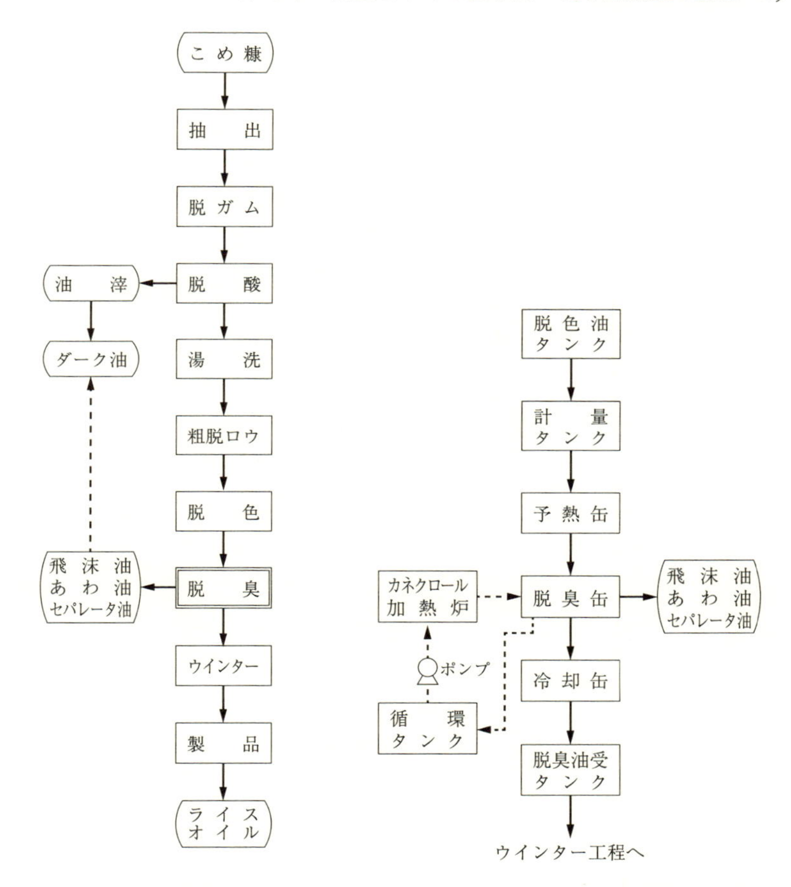

図3-2　米ぬか油の製造工程
出典：加藤（1989［1985］）

図3-3　米ぬか油の脱臭工程
出典：加藤（1989［1985］）

ステンレス製のパイプを腐食し、穴が空いてPCBが漏れだしたという「ピンホール説」である。これは事件発生当時の九州大学による鑑定を根拠としたもので、当時から広く支持されていた。もう一つは、カネミ倉庫の作業員が脱臭缶の修理の際にパイプの接合に失敗し、PCBの漏出に繋がったという「工作ミス説」（別名工事ミス説、溶接エラー説）である。これは、裁判で鐘化が「フランジ説」[4]を否定されたことから、これに代わって主張するよう

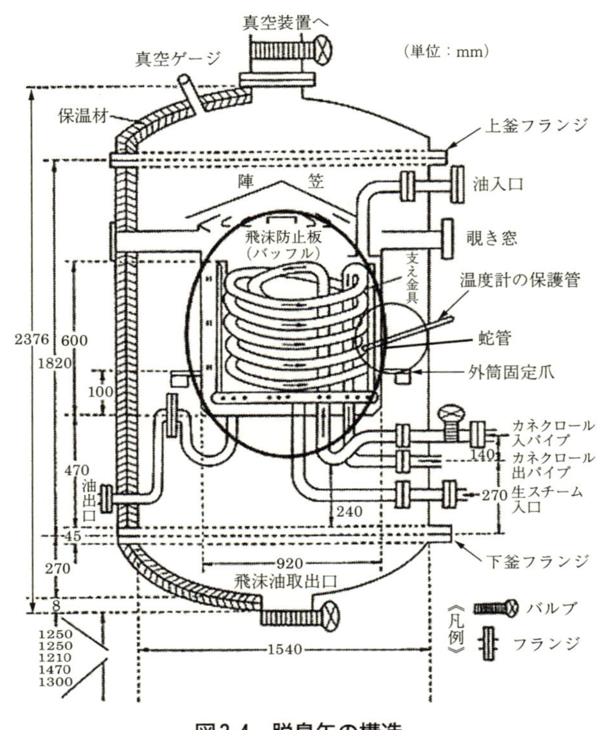

図3-4　脱臭缶の構造

出典：加藤1989［1985］

になった原因説であった（吉野2010: 100）。この2説をめぐって関係者の間では論争が起きた。

混入の原因説をめぐる利害対立はどのようなものだったか。どちらの原因説を採用するかによって大きな影響を受けるのは、カネミ倉庫よりも、むしろ鐘化であった。鐘化はKC-400を製造していたという点で、間接的に油症事件の発生に責任がある上、刑事訴訟の判決において有罪にこそならなかったが、カネミ倉庫に対してKC-400の情報を十分に与えていなかったことを指摘されていた（福岡地裁小倉支部1978）。かりにピンホール説が正しければ、PCBがパイプを腐食させるような性質であり、ライスオイルに混入する可能性があるという危険性を知りながら、その危険性をカネミ倉庫に十分に知らせることなく販売したとして、鐘化の責任は重くなる。しかし工作ミス説が正しければ、PCBの危険性よりもカネミ倉庫の食品製造企業としての犯罪性が問題となるため、鐘化の責任は相対的に軽くなる。

カネミ倉庫代表取締役の実姉である加藤八千代は、自らが理事を務めるカネミ倉庫を告発するかのように、原因説として工作ミス説を提唱した（加藤八千代 1989 [1985]）。その一方で、科学技術論の立場から公害問題を分析する加藤邦興は、工作ミス説は鐘化の責任を免除しようとするものであるとして、その正当性に異議を唱えた（加藤邦興 1986, 1987a, 1987b）。このように油症の原因説をめぐる論争は、単なる科学的判断を超えた政治的問題をはらむものであった。

訴訟では、判決によって異なる原因説が採用された。**表3-1**は、油症の民事訴訟で出された7判決を時系列順に並べたものである[5]。

表3-1　時系列順に見た判決と採用された原因説一覧

判決日	訴訟名	裁判所	原因説	判決				
				カネミ倉庫	カネミ社長	鐘化	国	北九州市
1977.10.05	福岡民事 第1審	福岡地裁	ピンホール説	○	○	○	訴外	訴外
1978.03.10	統一民事 第1陣第1審	福岡地裁 小倉支部	ピンホール説	○	○	○	×	×
1982.03.29	統一民事 第2陣第1審	福岡地裁 小倉支部	明言せず	○	○	○	×	×
1984.03.16	統一民事 第1陣第2審	福岡地裁	ピンホール説	○	×	○	○	×
1984.03.16	福岡民事 第2審	福岡地裁	ピンホール説	○	○	○	訴外	訴外
1985.02.13	統一民事 第3陣第1審	福岡地裁 小倉支部	工作ミス説	○	○	○	○	×
1986.05.15	統一民事 第2陣第2審	福岡地裁	工作ミス説	○	○	×	×	×

出典：吉野（2010）を一部改変。

○：原告勝訴（被告に賠償責任あり）
×：原告敗訴（被告に賠償責任なし）

これを見ると、1977年の「カネミ福岡民事訴訟」(以下、福岡民事）第1審および78年の「カネミ油症全国統一民事訴訟」(以下、統一民事）第1陣第1審の判決においてはピンホール説が採用されている。統一民事でフランジ説の主張を否定された鐘化は、これ以降、工作ミス説を主張するようになった(吉野 2010: 100)。しかし、その後82年に下された統一民事第2陣第1審判決は、原因説をどちらとも明言していない。続いて84年に出た2判決でも、工作ミス説ではなくピンホール説が採用された。裁判所はそれまでと同じ証拠を用いて、ピンホール説を裏付ける九大鑑定への信頼、工作ミス説を裏付ける関係者の証言が入った録音テープが証拠品として信憑性に欠けること、さらにパイプの溶接痕が見つからなかったことなどから、工作ミス説を棄却してピンホール説を採用したのである。こうしてピンホール説は堅持されたかに見えた。

ところが85年の統一民事第3陣第1審判決および86年の統一民事第2陣第2審判決では、工作ミス説が原因説として採用された。その理由は、KC-400が油に混入したと思われる68年2月を中心に、カネミ倉庫が「異常ともいえるほど多量のカネクロールを仕入れている」(深田 1970: 53）ことや、先述の録音テープのなかで鐘化の総務部長らとカネミ倉庫の元脱臭係長が工作ミスについて話し合っていたことから、カネミ倉庫がKC-400の漏出に気がつかなかったはずがなく、したがってピンホールからの漏出とは考えにくいと結論づけられたからである（福岡高裁 1986; 福岡地裁小倉支部 1985)。さらに、それまで不可能だったPCBの定量化法が開発されたことによって、油症事件におけるKC-400の漏出量が算出可能になり、工作ミス説の正当性は科学的にも補強された（宮田 1999: 48)。

一連の裁判が終結してからも、原因説論争に明確な決着はついていない。たとえばKC-400の漏出量を算出した宮田秀明は、もはやピンホール説はくつがえされたと明言している（宮田 1999: 53)。また、油症研究班の倉恒匡徳は、原因説に関する論争は「完全に消滅している」とし、事実は工作ミス説が「真実であることを示しているように思われる」と結論づけた（倉恒 2000b: 41)。その一方で、統一民事において原告弁護団事務局を務めた吉野高幸は、工作ミス説を裏付ける物的証拠は全くないのであり、「刑事事件の捜査関係者やピンホールを発見した九大鑑定団のメンバーからも疑問が呈されていた」と、工作ミス説の正当性を認めていない（吉野 2010: 101-102）[6]。また、YSC は、工作ミス説でなければ大量の PCB 混入は説明できないと認めながらも、「1968年の事件以前にもカネミ米ぬか油を食して油症を発症している人が何人もいること」（カネミ油症被害者支援センター 2006a: 17）から、ピンホール説も否定できないとして両方の説を採用する立場を取っている。以上のように PCB の混入経路は概略的には明らかになったものの、その細部については論争を残したままである[7]。

1.3　ダイオキシン類

1968年11月にライスオイル中の汚染物質はPCBであるという発表がなされてから、長らく油症は PCB のみの単独汚染と考えられてきた。ところが、海外の研究者から疑問の声が寄せられ、また発生から長い年月が経っても通常の PCB 汚染のように症状が回復しないことから、病因物質の分析が改めて行われるようになった[8]。75年には九州大学の長山淳哉が問題のライスオイルからポリ塩化ジベンゾフラン（以下、PCDF）を検出し、油症の主原因が PCDF およびコプラナー PCB であることを明らかにした（長山 2010a）。

油症の主原因である PCDF およびコプラナー PCB は、ともにダイオキシン類の一種である。これら二つにポリ塩化ジベンゾパラジオキシン（PCDD）を加えた3種の化合物群を併せて「ダイオキシン類」と呼ぶ。これらの物質がダイオキシン類とまとめられるのは、相互に類似した物理化学的性質と生物学的作用をもつことに加えて、世界規模で共存して環境や生体を汚染しているからである（宮田 1999: 3）。

図3-5に見るとおり、PCDF はPCBの亀の甲の部分が酸素を介して結合すると生成されるもので、PCBとよく似た構造式をもっている。PCDFには塩素に置換可能な水素が8箇所あり、置換する塩素原子の数と位置によって理論上は75種の異性体が存在する。そのうち40種は過去に合成されたり同定されたりしたことがある（彼谷 2004: 85）。その致死力はPCBよりもはるかに

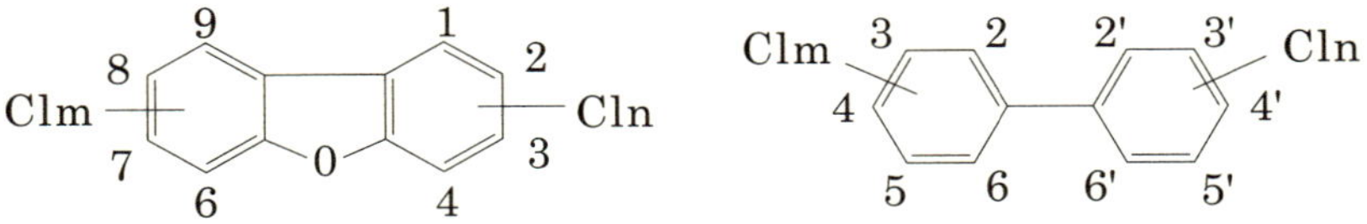

図3-5　PCDF および PCB の構造式

出典：磯野（1975: 75）を一部改変

強く、生物学的影響の現れ方も異なる（磯野 1975）。また、コプラナー PCB は PCB のなかでも毒性の高いもので、PCB の構造式における 2, 3, 4, 5 の水素が塩素と置換されたものを指す。ライスオイルの製造工程ではPCDFもコプラナー PCB も使われていなかったが、脱臭工程で熱媒体として使用されていた KC-400が加熱によって熱変性を起こし、これらを生成することとなった（宮田 1999: 52）。

ダイオキシン類に人間が曝露した場合、急性毒性として塩素ざそうの前段階皮膚炎、多発性神経症、眼球震とう症、肝臓肥大を伴う肝機能不全が現れ、発がん促進作用を示す。また、慢性毒性の特徴的な症状は、塩素ざそうと晩発性皮膚ポルフィリン症[9]、催奇形性[10]、発がん性である（彼谷 2004: 102-104）[11]。油症のほかにダイオキシン類が原因で深刻な被害が生じた事例には、1960年代初頭から75年までに繰り広げられたベトナム戦争における枯葉剤の大量散布、76年のイタリアのセベソにおける化学工場事故によるダイオキシンの漏出、アメリカのオレゴン州における継続的な除草剤の散布などがある（彼谷 2004: 96-101）。

さらにダイオキシン類のおよぼす悪影響として見逃すことのできないものとして、内分泌攪乱作用、いわゆる「環境ホルモン」の作用がある。環境ホルモンとは、96年にシーア・コルボーン、ダイアン・ダマノスキ、ジョン・P. マイヤーズによって書かれた『奪われし未来』において、合成化学物質がホルモン分泌系の繊細な作用を攪乱し野生生物およびヒトの性発達を妨げているとして問題化された物質である（Collborn et al. 1997［1996］=2001）。本書は PCB による地球規模の汚染の発生や、食物連鎖の過程における PCB の生態濃縮を描いたほか、環境ホルモンによって、精子数の減少、不妊症、生殖器異常、乳がんや前立腺がんなどのホルモンに誘発されるがん、多動症や注意散漫といった子どもに見られる神経障害、そして野生生物の発達および生殖異常などが引き起こされていることを指摘した（Collborn et al. 1997［1996］=2001)。また、環境庁の定義によると、環境ホルモンとは「動物の生体内に取り込まれた場合に、本来、その生体内で営まれている正常なホルモン作用に影響を与える」物質であり、98年に同庁が公表した「環境ホルモン戦略計画 SPEED '98」において、PCB とダイオキシンはいずれも環境ホルモンと疑われる物質のリストに挙げられている（環境庁 2000［1998］)。

医師の白木博次は、当時は知られていなかった環境ホルモン問題を視野に入れた上で病気を再検討すべきだとして、スモン、水俣病、カネミ油症を医学的・生物学的に改めて分析している（白木 2001)。白木の試みが象徴するように、油症の主原因がダイオキシン類であり、油症が環境ホルモンの問題であると明らかになったことは、油症の医学的研究の進展に寄与したばかりでなく、油症問題を世界的に注目すべき深刻な世代間汚染の代表的事例として改めて俎上に載せる役割を果たした。

2　油症の認定

2.1　油症患者とは誰か

油症患者を日常用語で単純に定義すると、「カネミ倉庫が製造した汚染油を食すか、親からその汚染を引き継ぐかして、死亡するかさまざまな体調不良を起こしている者」である。これを食中毒に関する疫学用語で定義し直すと、「汚染された米ぬか油に曝露したことによって中毒症状を発した人数」つまり観察値と、「米ぬか油に曝露して中毒症状を発したが、たとえ曝露しなかったとしても同様の症状を発したであろう人」つまり期待値の総体が患者となる（津田 2004）[12]。通常の食中毒事件処理では、観察値に対する期待値の割合はごく少数であるため、期待値も含めた曝露有症者を食中毒患者として数える。要するに、現れた症状が本当に原因食品の影響によるものかどうかは問われず、原因食品を食べて症状が出ているということだけが患者の条件となる。この中毒者認定の考え方を油症に適用すると、保健所へ被害を届け出た者のうち、なんらかの症状を、より限定するならば疾病集積率の高い症状を有している者は、すべて油症患者と呼ぶことができる（津田 2004）。

ところが実際には、このような中毒者の認定ではなく、油症研究班が定めた診断基準にもとづき、都道府県知事によって患者の認定が行われている。このような独特な認定が行われるようになった経緯や、制度の特異性については9章で改めて検討するので、ここでは医学的に油症と認められ、公的に患者として認定される「制度化された油症」がいかなる病像であるかを確認する。

2.2　研究班の所見

まず、油症研究班の組織編制を確認しよう。研究班は「全国油症治療研究班」の下位組織の一つである。全国油症治療研究班とは、油症発生当時に原因究明のために組織された「油症研究班」を厚生省が1984年に再編したもので、九州大学油症治療研究班および長崎油症研究班らの研究班と、11府県の追跡調査班[13]から成る（全国油症治療研究班・追跡調査班 2005）。研究班は厚生労働科学研究費補助金の助成を受けて研究を行い、11府県自治体は油症検診の運営や広報、患者への連絡を行っている。研究班は国内で油症を研究している専門家組織として唯一のものと言ってよいが、構成メンバーは九大や長崎大、他大学の教授、医院の医師、シンクタンクの研究員の兼任であり、研究班のみに専従する者はいない。

研究班は、96年に『YUSHO』（Kuratsune et al. 1996）を発表したのち、2000年にその日本語訳である『油症研究: 30年のあゆみ』を上梓した（小栗ほか編 2000）。『油症研究』は全10章から成り、油症ならびに油症研究の概要（第1章）、「奇病」が発生してから原因が究明されるまでの経過（第2-3章）、油症の病因物質の解明ならびに毒性研究（第4-5章）、油症の生化学的研究（第6章）、油症の臨床的特徴と処置（第7章）、患者の追跡検診（第8章）、PCBおよびPCDFの排泄促進（第9章）、患者の生存分析（第10章）について書かれている。この報告から10年後の2010年に、研究班は『油症研究Ⅱ: 治療と研究の最前線』を出版し、生体濃度、臨床、基礎研究、治療の4部構成において研究成果をまとめた（古江ほか編 2010）。これらの成果をもとに、制度化された油症の病像の理解を試みる。まず、2000年までに観察されてきた油症の臨床症状を、少し長くなるが引用しよう[14]。

1. 多くの患者が様々な自覚症状を訴えるとともに、いくつかの特異な臨床所見を表した。例えば眼瞼浮腫だとか、マイボーム腺が肥大し大量のチーズ様物質を分泌するとか、アクネ様皮疹とか、角膜輪部、眼瞼結膜、皮膚、爪、口唇、歯肉、口腔粘膜などの色素沈着等である。時間の経過とともに、これらの症状や所見は徐々に良くなってきており、消失してしまった人もいるが、なかには30年経っても依然として認められる人もいる。

〈中略〉

5. 多くの患者が頑固な自覚的神経症状をかなり長い間訴えた。すなわち四肢のジンジン感、頭痛および頭重感、関節痛、四肢の感覚低下等々である。しかし、小脳や脊髄、あるいは頭蓋内神経に関わる症状や所見は認められなかった。知覚神経の刺激伝導速度の低下が中毒初期の患者の一部に認められたが、運動神経の刺激伝達速度は正常範囲内にあった。

〈中略〉

8. 月経異常等、女性の性機能の異常が中毒初期の婦人の過半数に認められた。〈…中略…〉
9. 中毒した母親から皮膚の黒い乳児が生まれた。これらの乳児では、皮膚の落屑や、粘膜の暗褐色の色素沈着、結膜からの分泌増加、出産時にすでに歯が萌出していることなどが認められた。しかし、座瘡様皮疹は認められなかった。なお色素沈着は数カ月以内で消褪した。これらの乳児の多くは、SGA（small-for-gestational-age）であった。また、油症の母親の母乳を飲んで油症になったと判断される乳児が一人認められた。

10. 中毒した子供たちも大人と同じような臨床所見を示した。

11. 歯肉や頬粘膜の色素沈着はほとんどの患者に認められ、きわめて徐々に褪色していった。この所見は患者の15%において、発病後20年以上たっても依然として認められた。色素沈着の認められる粘膜は高濃度のPCBsを含んでいた。また、そのような粘膜を外科的に除去しても、1年以内に色素沈着が再現した。このことは、口腔粘膜の現在の色素沈着は、昔の色素沈着の残留物ではなく、粘膜やその他の組織に現在も残留しているPCBsやPCDFsやその他の関連化合物によって作り出された新しい色素沈着であることを物語っている。すなわち、残留しているこれら有害物質は徐々に低濃度になってきているが、依然として生体に有害作用を与え続けていることが分かるのである。色素沈着以外に、永久歯の萌出遅延、歯の数や歯根の形の異常なども観察された。

12. 患者は、今もなお、血液や組織中のPCQsやPCDFsの濃度が、正常人に比して著しく高い。また、患者特に重症患者の、血液や組織中に残留するPCBsのガスクロマトグラフのパターンは正常人のそれとは明らかに異なっており、その特異性は長年にわたって殆ど変わっていない。従ってこれらの事実は、油症の鑑別診断に用いられている。(小栗ほか編 2000: 5-6)

以上が研究班による油症の臨床的特徴であり、この記述からは、アクネ様皮疹や色素沈着といった特徴的な症状に加えて手足のしびれや頭重感などに関する訴えが多く、いまだに症状がなくならない者がいること、血液中の有害物質の濃度は下がってはいるものの一般の者よりは高いこと、患者である母親から「黒い赤ちゃん」が生まれていることなどがわかる。

より一般向けの内容としては、全国油症治療研究班・追跡調査班が発行したパンフレット『油症の検診と治療の手引き』があり、そこでは自覚症状として、全体倦怠感、食欲不振、頭重感、体重減少、しびれ感、関節痛、咳と痰、腹痛、下痢・便秘、月経異常が挙げられている(全国油症治療研究班・追跡調査班 2005)。これらはいずれも非特異的な、油症ではない病気にも見られる症状だが、「油症発症から継続してみられる症状に関しては、油症によるものと考えてよいでしょう」(全国油症治療研究班・追跡調査班 2005: 6) とある。

2.3　診断基準の変遷

時間の経過とともに油症の症状は徐々に変化し、それに伴い診断基準も改訂や追加を重ねられてきた。油症の診断基準が研究班によって初めて作成されたのは、油症が社会問題化してから9日後の1968年10月19日のことである。その後、改訂や補遺、追加を経て、2004年補遺が2012年8月現在まで使用されている。以下では診断基準の変遷を見ながら、油症の病像がいかに変化してきたか検討する。なお、とくに断りのない限り、以下の引用はすべて『油症研究 II』(古江ほか編 2010: 253-258) より行う。

(1)「『油症』診断基準と油症患者の暫定的治療指針」(1969)

1968年10月18日に油症外来が開設され、106人が受診して11人が油症と診断された。このときの判断基準が、翌19日に発表された診断基準である。冒頭では次のように診断基準の適用範囲が明示される。「本基準は、西日本地区を中心に米ぬか油使用に起因すると思われる特異な病像を呈して発症した特定疾患（いわゆる「油症」）に対してのみ適用される。したがって、食用油使用が発症要因の一部となりうるすべての皮膚疾患に適用されるものではない」。さらに発症参考状況として、1）米ぬか油を使用していること、2）家族発生が多くの場合認められること、3）発病は68年4月以降の場合が多いこと、4）米ぬか油を使用してから発病までには、若干の期間を要するものと思われる、とある。

診断基準の内容は、病状に「上眼瞼の浮腫、眼脂の増加、食思不振、爪の変色、脱毛、両肢の浮腫、嘔吐、四肢の脱力感、しびれ感を訴えるものが多い。特に、目脂の増加、爪の変色、座瘡様皮疹は、本症を疑わせる要因となりうる。また、病状に付随した視力の低下、体重減少等もしばしば認められる」。特殊検査にもとづかない一般的な所見も述べられており、眼所見、皮膚所見、全身所見の三つの項目が挙げられている。治療指針のなかには「二次感染の予防」「二次感染があれば化学療法を併せ行う」とあり、この頃には油症が感染病であるかのように考えられていたことがわかる。

(2) 1972年10月26日改訂

この改訂における大きな変化は、「油症はPCBの急性ないし亜急性の中毒と考えられる」と、病因物質が特定されていることである。病因物質の特定により、血中PCBの性状および濃度の検査も追加された。ただし、濃度の基準値に関する記述はない。また、発病条件における発症期間の限定が削られ、「全身症状」として自覚症状、他覚症状、血液検査等の検査成績が加えられた。治療指針としては、対症療法のほかに「PCBの排泄促進」として絶食や適当なPCB吸着剤の経口投与が挙げられているが、「PCBの特性上、適当な排泄促進剤はなお報告されていない」とある。

(3) 1976年6月14日補遺

この補遺は、基準を改定してから「その後の時間の経過とともに症状と所見の変化がみられる」ために行われた。ここで重要なのは、これまで発病条件において「家族発生が多くみられる」と書かれていたのが、「油症母親を介して児にPCBが移行する場合もある」というふうに二世患者の存在を明示するようになったことである。これまでは「新生児の全身性色素沈着」と書かれていた症状も、「いわゆる“ブラックベイビー”」と表現を変えられている。これらの変更からは、二世患者に対する認知の向上があったことが推測される。他方で、「全身症状」ということばは削除され、皮膚症状および血中PCBの性状と濃度が重要所見とされている。

(4) 1981年6月16日追加

ここでは、血液中のポリ塩化クアテルフェニル（以下、PCQ）の性状および濃度が重要な所見に加えられ、基準値が追加された。なぜなら81年に油症患者の血中からPCQが高濃度に検出されたことが明らかになったからである。PCQとはPCBの加熱によって生成された物質で、動物実験の結果によれば、それ自体の毒性は低い（蘆塚ほか2005）。しかし職業的に高濃度のPCBに曝露した人でも血中PCQは検出されないことから、この値は油症に罹患していることを示すのに特徴的な指標であると考えられた（古江ほか編2010: 99）。

⑸1986年6月6日　生活指針作成

この変更では、これまでの「治療指針」に新たに「生活指針」が加えられた。油症患者は「蛋白質やビタミンが豊富な、栄養的にバランスのとれた食事の摂取に特に心がけるとともに、喫煙や飲酒をできるだけひかえることが望ましい」とある。

⑹2004年9月29日補遺

この補遺では、⑶76年の補遺同様、時間の経過とともに症状と所見の変化があった。それに加えて、「分析技術の進歩に伴って」改訂が行われ、血液中PCDF（2, 3, 4, 7, 8-ペンタクロロディベンゾフラン）の濃度が検査項目に追加された。

すでに述べたとおり、油症の主な原因がダイオキシン類であるということは研究班によって75年には明らかにされていた。にもかかわらず、この新たな事実を診断基準に反映させるまでに29年の歳月がかかっている。その理由は、古江ほか（2010）によれば、90年代にはダイオキシン類の正確な測定が困難であり、しかも測定のためには30mlの採血と1検体30万円の費用が必要で、測定誤差も大きいという技術的な問題だった。しかし、「わずか5mlの血液サンプルから高精度にしかも再現性に優れた検出法が開発され」たことによって、検診における血中ダイオキシン類の測定が可能になったのである（古江ほか編2010: 100）。

以上のように、診断基準は時間の経過とともに症状が変化したことと、医学的な測定技術の進歩に伴って、改訂を重ねられてきた。重要な変化としては、第一に血中におけるPCB、PCQ、およびPCDFの性状と濃度が重要所見に取り入れられたこと、第二に母乳や胎盤を介した胎児や小児への影響が認められるようになったこと、第三に「全身症状」が76年の補遺で削除されたことである。これらの変化からは、研究の進展と技術の進歩によって血液検査が可能になったり、二世の被害が認められたりするようになった一方で、全身に非特異的な症状を抱えている患者の病状が見落とされていったことが読み取れる。このように研究班は油症の病像、すなわち「制度化された油症」を構築していったが、これに対して疑問を呈する人びとがいた。それは研究班に属さない医師やNPOである。

3　診断基準外の油症被害

研究班に属さない専門家やNPOは、研究班が作成した診断基準について次のような点を批判してきた（原田 2006; 石澤 2006; 津田 2004, 2006）。すなわち、診断基準には、そこで示された診断基準の各条件がすべて当てはまらなければならないのか、それとも一つでもよいのかの記載がない。また、診断基準は全身の症状を見落とし、油症の病像を捉えきっていない。認定には法的根拠がなく、食中毒対処の根拠法である食品衛生法の規定から外れる。同一家族のなかで認定と非認定が分かれるという認定のあり方は矛盾している、などである。このように、患者認定のあり方と診断基準の内容について、医学的・疫学的・社会的問題点が提示された。では、研究班以外の研究者が捉えた油症の病像とは、どのようなものか。

まず、水俣病研究において胎児性水俣病の存在を発見した原田正純による一連の調査研究がある（原田 2006, 2011; 原田ほか 1977, 1982, 2006, 2011）。原田は74年から、とくに油症の子どもたちに注目して長崎県五島を中心に検診を行ってきた。裁判において原告側の証人を務めたこともある原田は、一度は油症研究から離れるが、患者からの要請を受けて2000年頃からふたたび五島を訪れるようになった[15]。

原田ほか（2006）によれば、油症の症状は、頭痛、腰痛、四肢痛、関節痛、めまい・立ちくらみ、しびれ感、腹痛・下痢、不眠、いらいら、動悸、食欲不振、倦怠感といった自覚症状のほか、皮膚症状も完全には軽快しておらず、痤瘡、色素沈着、腫瘍・嚢胞、脂肪腫、毛根拡大、目脂、丘疹、乾皮症、浮腫などがある。そのほかに大きく分けて、皮膚系疾患、婦人科系疾患、男性比尿器生殖器疾患、内科系疾患、骨・関節系疾患、自律神経・神経系疾患、精神症状の八つに分類できる。一つ一つは非特異的な、油症でなくとも見られる疾患であるが、その発症の頻度は高く、油症の症状と考えるべきであるという。症状群の具体的な内容は次のとおりである。

1. 皮膚系疾患（痤瘡、色素沈着以外）:腫瘍、アレルギー性皮膚炎、脂肪腫、白斑、慢性湿疹、静脈炎・瘤、紫斑病、日光過敏症など。
2. 腫瘍系疾患:甲状腺腫、肺がん、子宮筋腫、胃・大腸ポリープ、卵巣腫瘍、声帯ポリープ、前立腺腫、乳がん、陰部ポリープ。
3. 婦人科系疾患:流産、子宮筋腫（がん）・卵巣腫瘍、乳がん、乳腺炎、月経困難症、子宮内膜炎など
4. 男性泌尿器生殖器疾患:前立腺肥大、前立腺がん、無精子症
5. 内科系疾患:気管支炎・肺炎、心障害、肝障害、胆嚢炎・胆石、糖尿病、膵臓炎、腎障害・腎石、脳梗塞、メニエル病、貧血・多血症、高血圧、低血圧
6. 骨・関節系疾患:腰痛、頸痛、四肢痛、関節痛、骨粗鬆症、骨折、リウマチ、骨変形、痛風など。
7. 自律神経・神経系疾患:めまい、立ちくらみ、頭痛、起立性低血圧など起立性調節障害のクライテリアを満たすと考えられるものが多い。すなわち、自律神経系の障害が著明である。めまいだけ、頭痛だけの例もある。顔面神経不全麻痺、半身の不全麻痺、多発神経炎疑い。神経症状は著明ではない。
8. 精神症状:抑うつ状態、不眠、不安・イライラが多い、神経症、失神発作。（原田ほか 2006: 21-22. 症状の件数は省略）

以上のように症状が多岐にわたることから、油症の特徴は「特徴のないのが特徴」であり、油症を「全身病」、何でも揃えているという意味で「病気のデパート」と呼ぶことができる（原田ほか2011: 25)。原田は多様な症状の集合である油症について「症状をばらばらにしてしまえば油症は見えなくなってしまう」（原田ほか2011: 41）と認識し、研究班が定めた診断基準について、発生から40年以上経過してから血中濃度を診断根拠とするのは合理的でないと批判し、40年にわたる経過を見ることの重要性を強調した。また、身体的症状が収入の減少等のさまざまな負の影響を日常生活に及ぼすことや、子や孫への影響を心配する患者がいることから、「従来の被害の尺度（障害の程度）では計り知れない特殊な複合型の被害であることに注目すべきである」（原田ほか2011: 27）と述べた。

原田と同じく、「全身病」というキーワードで油症の病像を表現しているのが、白木博次である。白木はスモンや水俣病の裁判において医師として証言台に立ち、原告を勝訴に導いてきた。その後、白木はコルボーンらの発表した『奪われし未来』に衝撃を受け、環境ホルモンという視点から公害病を捉え直すにあたって、油症の被害が二世、三世にまで続いていることを知った（白木2001)。原田（2011）は「全身病」という表現を「全身に複合的な症状があらわれる病」として用いており、また白木（2001）は「決して脳を中心とする神経系だけのものではなく、とくに血液を中心とする免疫系、また脳下垂体を中心とする内分泌系、また随意・不随意両筋組織や肝臓その他の系との相関性が強く示唆される」と定義している（白木2001: 12)。いずれも、皮膚症状だけに症状が還元されてしまいがちだった油症や、脳の神経系だけの病気と思われがちだった水俣病の狭い病像理解に対抗する表現として「全身病」が用いられていることがわかる。

さらに白木は、油症の特徴として以下の4点を指摘している。第一に、油症も水俣病と同様、全身病的色彩が濃厚であること。第二に、「黒い赤ちゃん」が生まれたのは、脳の副腎系のホルモンが攪乱されたことで皮膚のメラニン色素の蓄積が狂い、色素が異常沈着したためであること。第三に、子どもと孫を超えて、ひ孫にまで影響が及んでいくとすれば、遺伝子異常の存在よりも、むしろ有機塩素化合物の脂肪組織への沈着および排泄機能の極度の低下減少と連結する可能性が高いかもしれないこと。第四に、油症は「医学的な意味での社会的疎外現象」に連結していったこと（白木 2001: 179）。この「医学的な意味での社会的疎外現象」の内容は詳しく書かれていないが、おそらく新奇な病気であるがゆえに医者の間でも認知度が低く、研究も少なく、患者が適切な診断や治療から疎外されがちであるということを指していると思われる。

これらの医師による研究のほかに、YSCによる調査研究がある。YSCは組織が発足する以前の99年から患者と接触し、女性・男性へのアンケート調査や歯と骨に関する健康調査を、長崎県、広島県、福島県等で実施してきた（石澤ほか 2006; カネミ油症被害者支援センター 2006b）。これらの調査において班長を務めたのは前述の原田正純であり、内容として重なるところがあるため、調査結果について詳細に記載することは避ける。YSCによる独自の成果としては、各々の病状を記した家系図を描くことによって油症患者の孫に当たる三世への影響が明らかにされており、見るべきものがある。この家系図から、たとえば三世患者のなかには、乳歯が2本不足、乳歯が抜けない、出生時アトピー、紫斑病、低身長、中耳炎、多動、気管支炎、肝臓が腫れ気味、背骨が曲がる、流産などの症状があることがわかる（カネミ油症被害者支援センター 2006b）。

以上の診断基準外の油症被害に関する研究の特徴は、次の5点にまとめられる。第一に、患者と対面することによって得られたデータをもとに行われていること。第二に、油症を全身病として個々の疾患ではなく総合的な健康破壊と捉えていること。第三に、他の環境ホルモンの事例から、内分泌系への影響を重く見ていること。第四に、三世の患者が存在することを明らかにしていること。第五に、油症を構成するのは医学的な異常だけでなく、社会的な損失や疎外も含まれるという視点を提示していることである。

4　治療法研究の到達点

現在も油症の治療法は明らかになっていないが、その研究の到達点を見てみよう。油症の根本的な治療とは、PCBとダイオキシン類という汚染物質を体外に排出することである。そのため初期には温泉治療や断食療法といった方法で解毒が試みられた。研究班が診断基準と併せて提示してきた治療指針には、絶食やPCB吸着剤の経口投与等が示されているが、「PCBの特性上、適当な排泄促進剤はなお報告されていない」(小栗ほか編 2000: 321) とある。また、近年では「ハイ・ゲンキ」なる玄米発酵食品や、コレステロールの低下薬として使われているコレスチラミンもしくはコレスチミド、米ぬか線維を患者に投与する臨床試験が行われ、ダイオキシン類の体外への排泄を有意に促進することが認められた (内ほか 2010; 長山 2010b)。しかし、これらの結果は治療指針には反映されておらず、その情報を患者が得るためには、医学論文や専門書を読むほかない。つまるところ、汚染物質の効果的な排泄方法は研究の途上にあり、患者が病院で受けられる治療はもっぱら対症療法に留まる。また、患者のなかには病院で処方される薬品を使用することでかえって体調を崩す者もいるため、漢方薬の服用や吸い玉療法[16]といった独自の治療法が探求されている[17]。

5　小　括

本章では、油症という病気がいかなるものか概観してきた。一度は「夢の工業薬品」と呼ばれたPCBは、加熱によってダイオキシン類へ変質し、実は「地球と人類に敵対する最悪の化学物質」(常石 2000: 183) であることが明らかとなった。そのような「最悪の化学物質」によって汚染されたライスオイルは、人体に入り込み、皮膚症状から内分泌の攪乱まで全身に悪影響を及ぼし、さらに次世代の子どもたちの身体まで汚染している。

患者の認定においては、通常の食中毒事件の中毒者認定とは異なる診断基準を用いた認定が行われている。この診断基準を作成している研究班の医師らは、皮膚や眼の異常のほか、油症には非特異的な症状が現れること、二世患者が存在すること、家族内の発症が多いことを認めている。また、検診においては、血中のPCB、PCQ、およびPCDFの濃度の測定を行い、患者の認定の際に重要なデータとして扱っている。

研究班の外部で独自に油症を研究する医師やNPOの見解によると、このような「制度内の油症」の病像は、全身病としての油症の症状や特徴を見落としている。診断基準における「全身症状」に関する記載は削除され、患者の認定／棄却を判断する際に全身症状の所見は無視される。また、汚染物質の血中濃度の測定は、患者を判定するための客観的な方法に見えるが、発症から40年以上経過した現在において、果たしてそれが有効かという疑問が投げかけられている。

さらに、診断基準は家族内の発症が多いことを認めてきたが、厚労省の調査によれば、同居家族の家族全員が認定されている患者は全認定患者の47.7%であり（厚生労働省2010）、それ以外の「家族内未認定」の患者は2012年の推進法制定に伴う診断基準の改訂まで、認定されることがなかった。このように、現在の診断基準は、外部の研究者やNPOから病像把握の妥当性を問われるとともに、今なお改訂の余地を残したものである。

それではなぜ現在のような認定が行われるようになったのか、企業はいかに責任を果たしてきたかについては、次章以降の歴史的経過の記述で確認しよう。

注

1　組織の細胞が一定数以上に増殖する状態を指す。
2　組織の細胞が通常では見られない形態になることを指す。
3　カネミ油症被害者支援センター（2006b）によると8月と記載されているが、加藤（1989［1985］）と川名（1989）の両文献において6月中旬と記されていたことから、後者と判断した。
4　KC-400が接合部（フランジ）のゆるみから漏れたという原因説。
5　民事訴訟の経過については5章と6章で詳しく述べる。
6　さらに一連の訴訟に参加していなかった被害者らが2008年に提訴した新認定裁判においても、原告側の弁護士は第一審の最終弁論でピンホール説を主張した（2012年8月30日、新認定裁判の最終弁論より）。

7　中島貴子は、脱臭工程より前の工程でつくられるはずのダーク油になぜPCBが混入したのかは「今なお明かされない謎である」（中島2003: 30）と述べているが、図3.2で確認できるように、ダーク油には脱酸過程で出される油滓に加えて、脱臭工程で出される飛沫油、あわ油、セパレータ油も配合されている。したがってダーク油にPCBが混入したことに不思議はない。

8　この経緯については5章で詳しく論じる。

9　日光に当たることで皮膚に水疱ができる。進行するとC型肝炎や肝硬変、がんを引き起こすこともある（彼谷2004）。

10　胎児の成長時に奇形を引き起こす性質のこと。

11　2003年に渡辺正と林俊郎によってダイオキシンの毒性の強さと人体への被害を否定する『ダイオキシン：神話の終焉』（日本評論社）が出版されたが、彼谷はこの論考に対し、ダイオキシン類による次世代への影響、生態系への影響、そして内分泌攪乱作用に関する考察がないことが「致命的である」と評価し、人類以外の感受性の高い動物に対するダイオキシン汚染を視野に入れて危険性を考えるべきだと反論している（彼谷2004: 115-117）。

12　たとえば、米ぬか油を食べたことによって吹き出ものが出た人数（観察値）と、米ぬか油を食べてはいるものの、米ぬか油を食べなかったとしても吹き出ものが出たであろう人数（期待値）を足したものが患者数になる。

13　11府県とは主に自治体ごとに区分された班のことで、関東以北班（東京、川崎、さいたま、茨城、長野、横浜、神奈川、栃木）、千葉県班、愛知県班（岐阜、静岡、愛知、三重）、大阪府班（滋賀、京都、大阪、兵庫、奈良、和歌山）、島根県班（島根、鳥取）、広島県班（広島、岡山）、山口県班、高知県班（愛媛、高知、香川）、福岡県班（福岡、大分、宮崎）、長崎県班（長崎、佐賀、熊本）、鹿児島県班（鹿児島、沖縄）を指す（全国油症治療研究班・追跡調査班2005）。

14　本来であれば、最新のデータである古江ほか編（2010）から臨床所見に関する記述を引用すべきであるが、本書に書かれた油症患者の病状はほとんどが病因物質の血液濃度に関するものであるため、包括的な記述がなされている小栗ほか編（2000）を引用する。

15　2007年5月28日、原田正純氏へのヒアリングより。

16　別名カッピング、バンキー療法。ガラス製のカップを皮膚に吸着させることで、血液中の毒素を排出し、かつ血液のめぐりをよくすることを目的とした健康療法である。

17　2007年2月28日、長崎県在住の認定患者C氏へのヒアリングより。

第Ⅱ部

油症問題の歴史

第４章　なぜ油症が起きたのか

――第１期：事件発生の前提条件（1881-1968）

本章から第6章にかけては、1881年から2007年までの油症の歴史を3期に分けて記述する。まず本章では、PCBが誕生してから油症事件が発生するまでの前史（1881-1968年）を振り返り、油症が発生する前提条件がどのように整えられていったかを明らかにする。次に5章では、油症の原因が解明され、被害者らの起こした訴訟が終結するまでの裁判闘争期（1968-1987年）について初期の被害構造と政策の対応関係を提示する。最後に6章では、訴訟の終結に伴って生じた仮払金返還問題の決着過程（1987-2007年）を分析し、この問題を一定の解決に導いた特例法がなぜ成立に至ったのかを分析する。

油症が奇病として新聞で報道され、社会に広く知られるところとなったのは1968年10月10日のことであるが、広い意味での油症の歴史は、それ以前からすでに始まっていた。というのも、油症事件が発生した背景には、病因物質であるPCBの用途拡大、食品衛生行政の監視における構造的欠陥、そして油症の予兆的事件であるダーク油事件への政策的対処の失敗といった歴史的経過があるからである。さらに広い目で見ると、食品の工業製品化という「食」をめぐる世界的な転換もまた、油症が発生した前提条件を成している。

そこで本章では、油症が起こる前の歴史的経過を整理し、油症が発生する前提条件がいかに整えられていったかを明らかにする。まず、PCBの誕生から労災の発生や鶏の斃死を経て油症被害が発覚するまでの事実経過を確認し（1節）、油症発覚の予兆が見過ごされてきた契機を指摘する（2節）。次に、油症被害が起きた広義の前提条件として、食品の工業化と食文化の変容を指摘する（3節）。これらをふまえて、油症が起こるべく整えられた諸条件を提示し（4節）、まとめを行う（5節）。

1　ダーク油事件から油症の被害発覚まで

1.1　労災、鶏の斃死、環境汚染

まず、油症の病因物質であるPCBが工業製品として使用されていった過程を見てみよう。PCBが世界に誕生したのは、ドイツの科学者であるシュミッツとシュルツがその合成に成功した1881年のことである（以下、PCBの製造から用途拡大については川名1989; カネミ油症被害者支援センター2006a）。PCBの有用性は半世紀近く気づかれることはなかったが、アメリカのスワン社が工業生産を開始した1929年以降、その特性である絶縁性、不燃性などを生かして、絶縁油、熱媒体、潤滑油、可塑剤、塗料・印刷インキ、複写紙など、幅広い用途で使用されるようになった。50年頃には日本にも輸入され、さらに国内における生産も始まって、53年には国内のPCB生産量は約200トン、輸入は約30トンにのぼった。翌54年には鐘化が国内で初めてPCBを生産し始めた。

カネミ倉庫の前身にあたる「九州精米」は1938年に設立され、精米業とともに製油業も営んでいた（長崎新聞, http://www.nagasaki-np.co.jp/press/kanemi/kikaku4/02.html, 2009.11.30閲覧）。しかし49年7月に火災で搾油機を焼失し、以後は製油業から撤退して倉庫業に特化した（以下、加藤1989[1985]）。終戦後、九州精米は「カネミ糧穀工業」へ改名し、さらに58年に「カネミ倉庫」とふたたび名を変えて、59年11月に搾油業を復活させた。カネミ倉庫は政府にとって模範的な工場であり、61年8月には農林省油脂行政20周年記念式典においてカネミ倉庫の創設者である加藤平太郎がこめ油工業開発貢献者の第1号として表彰されている。また64年には、北九州市の推薦を受けて、農林省の指定モデル工場として高松宮両殿下が視察に訪れた（加藤1989[1985]）。

PCBの普及とカネミ倉庫の発展のかげでは、国内外でPCBを原因とする労働災害が発生していた。1889年、塩素製造工場の労働者に特異な黒いにきびが出ることが発見され、ヘルクスハイマーがこれをクロルアクネ（塩素ざそう、塩素にきび）と呼ぶことを提唱した。さらに1931年から翌年にかけて、PCB製造工場の労働者に塩素ざそうや消化器障害などの症状が認められ、3人の死亡者例が報告された。

その後、国内でもPCBの危険性が専門家から指摘されるようになった。産業医学の専門家で、のちに水俣病研究班の一人となる野村茂は、53年に化成品工業協会安全衛生委員会に「有害な化学物質一覧表」を提出し、そのなかでPCBによって塩素にきびや肝臓障害が起きることを指摘している。また56年には、日本電気工業会と化成品工業協会の依頼を受けて、労働科学研究所がPCBの毒性テストを行うとともにPCB使用工場における職業別調査を実施し、従業員の定期的な健康診断や職場の空気中PCB濃度の測定が必要であることを報告した。

国内外におけるPCBの労災が発見された後、PCBの汚染は鶏にも及んだ。57年にはアメリカの東部と中西部において数百万羽の鶏が奇病で中毒死した。この奇病は「チック・エディマ・ディジーズ（chicken edema disease）」すなわち鶏のひなの浮腫病と呼ばれ、67年に有機塩素化合物が原因であることが明らかになった。また同じく60年代に、アメリカの畜産関係の専門書に鶏の水腫病が多数報告され、同国のカントレルらによって原因はヘキサクロロベンゾパラダイオキシンであると同定された（加藤1989［1985］; 川名1989）。さらに60年代半ばには、ヨーロッパ諸国やアメリカで自然環境のPCB汚染が起きていることが大きな問題となった。

この時期に油症の被害はまだ公式に発見されていないが、長山（2005）によれば、福岡県の認定患者のうち最も早いケースの者が1962年には発症していたという。また、最も早い発症例は61年であるという説もある（下田2007）。すなわち、油症が初めて報道された68年10月やPCBが油に混入したと考えられている同年春よりも早い時期から、被害の発生が少なくとも2事例確認されていたということである。よって、60年代の初頭から油症被害が生じていたという可能性は無視できない。

1.2　油症の予兆的事件――ダーク油事件

1968年2月、油症の発生を予兆する鶏の大量死である「ダーク油事件」が起きた。ダーク油とは米ぬかから油を抽出する過程で発生する副産物で、通常は廃棄・焼却処分されるか、鶏の飼料に配合されていた。カネミ倉庫が製造したライスオイルの副産物であるダーク油はライスオイルと同様に汚染されていたため、それを原料とする飼料を食べた多くの鶏を死に追いやることになった。鶏の大量死という被害のもとをたどれば、飼料に配合されたダーク油に行きつき、さらにダーク油の製造工程を見れば、同じ製造工程で作られたライスオイルの汚染にたどりつく。このような連関において、ダーク油事件は油症の予兆的事件であったと位置づけられる。

ダーク油事件は68年2月20日頃から鹿児島県日置郡のブロイラー養鶏団地をはじめとする九州・四国・中国地方など西日本16県317の養鶏場で発生した。鶏の奇病の発症数は推定190から210万羽で、斃死数は少なくとも40万羽と見られる。鹿児島県のブロイラー養鶏団地の飼い主から奇病発生の報告を受けた鹿児島県畜産課は、家畜保健衛生所九州支場（以下、家畜保健衛生所）に原因究明を依頼し、2月から3月にかけて調査が行われた。その結果、3月8日に「ブロイラー大量斃死の原因は中毒である」と報告書がまとめられ、これを受けた県畜産課は14日に農林省福岡肥飼料検査所（以下、肥飼料検査所）に事件を報告し、原因が配合飼料の「Sチック」「Sブロイラー」にあるらしいという疑いを伝えた。以後、ダーク油事件の対処には主に肥飼料検査所があたることになった。

当該飼料を製造していた業者は、東急エビス株式会社（以下、東急エビス）と林兼産業株式会社（以下、林兼産業）の2社である[1]。東急エビスは3月5日にカネミ倉庫を訪問してD工場長に面会し、9日には問題の配合飼料の生産と出荷を自主的に停止した。林兼産業もこれに続き、15日にカネミ倉庫を訪問したのち、配合飼料の生産と出荷を自粛した。さらに東急エビスは独自の原因究明として、18日に東急エビス中央研究所においてダーク油による動物実験を開始し、カネミ倉庫が同年2月7日と14日に出荷したダーク油にのみ毒性があることを突き止めた。

その頃、農林省の各組織においても飼料の回収と原因究明が進められた。肥飼料検査所は3月15日、事件を農林省畜産局流通飼料課（以下、流通飼料課）に報告し、16日には肥飼料検査所と家畜保健衛生所が東急エビスと林兼産業に飼料の回収を命じた。東急エビスが汚染ダーク油の出荷日を突き止めたことを4月に入るまで知ることのなかった肥飼料検査所は、まず関係企業への調査を開始した。3月19日には林兼産業に対して事件の顚末書を提出するよう求め、同飼料部製造課長に事情聴取を行い、さらに東急エビス九州工場に鑑定係長を派遣し、立ち入り検査をして関係品を収去した。また、流通飼料課のE課長は、鹿児島県畜産課の指示を受け、同日から20日までに関連養鶏場や販売店をまわった。肥飼料検査所はこれらの結果をまとめ、21日に農林省にダーク油事件の状況を報告した。

原因究明の過程では、ライスオイルの危険性にも目が向けられる瞬間があった。22日には流通飼料課のE課長と係員がカネミ倉庫の本社工場の立ち入り検査を行い、ダーク油の出荷状況、ライスオイルの製造工程、ダーク油の生成過程について社員から説明を受けた。ここで食用油とダーク油が同じ製造工程で作られることを知ったE飼料課長が、「ライスオイルは大丈夫なのか」という質問をしたところ、D工場長をはじめとする社員が「ライスオイルは大丈夫」「生でも飲める」と返答したのである。E飼料課長は、「カネミ倉庫側が食用油の工程をできるだけ見せたくないようなそぶりをしている」と感じたが、「あまりしつこくして今後調査を断られても困る」と考えて、それ以上は追求しなかった（矢幅証言）。

同月25日、肥飼料検査所は農林省の了解を得て、東急エビスと林兼産業に対してカネミ倉庫製のダーク油を使わないという条件でSチックとSブロイラーの生産再開を許可した。また農林省は、同省家畜衛生試験場（以下、家畜衛生試験場）に関係配合飼料とダーク油を添えて、再現試験によって原因物質を解明するよう指示した。

4月に入り2日、肥飼料検査所は農林省畜産局長宛てに、カネミ倉庫、林兼産業、東急エビスへの立入調書を提出した。また、東急エビスと林兼産業を招集して原因究明打ち合わせ会を開き、同年2月14日入荷のダーク油を配合した飼料によって事故が発生したことを知るに至った（加藤 1989［1985］）。

同月11日には地元朝日新聞がダーク油事件を取り上げ、問題の鶏は市場に出荷されていないこと、原因がダーク油と思われることを報道した。また、これ以前にも3月16日に九州版の新聞がダーク油事件について第一報を報じており、事件は少しずつ人びとに知られていった。その背後で、PCBの汚染は人体にまで及び始めていた。福岡県大牟田市のG家では、家族の身体中に吹き出ものができ、腰の痛みや手足のしびれが出てきた。また、福岡県田川郡のF家でも類似の症状が出るなど、原因不明の体調不良が人びとを苦しめていた（『朝日新聞』、1968.10.16）。

5月15日、肥飼料検査所はふたたび東急エビスと林兼産業を集めて事故究明会議を開き、再現試験の中間報告を行った。同月30日には林兼産業から肥飼料検査所長宛てに「二月米糠ダーク油受払明細書」を添付した『配合飼料に関する報告書』が提出された（加藤 1989［1985］）。こうしてダーク油事件の原因究明が続けられたが、どのような物質が、なぜダーク油を汚染していたのかを解明できないまま6月に入り、流通飼料課の技官は同省の栄養部長にダーク油事件の原因究明をどうすればよいかと相談をもちかけている（森本証言）。

1.3　人間への被害の顕在化

1968年6月に入ってから、福岡県や長崎県を中心に特異な皮膚症状を訴える患者が多数発生した（加藤 1989［1985］）。先述のG家でも妻の手足の爪が黒く変色し、夫の視力が一晩で1.0から0.2に低下するなどの奇異な症状が続いており（『朝日新聞』、1968.10.16）、またF家でも家族全員の病状が悪化し、身体はやせ、吹き出ものが全身に現れた（カネミ油症被害者支援センター 2006a）。7日には九州大学医学部付属病院（以下、九大病院）の皮膚科で、福岡県在住の女児3歳がざそう様皮疹と診断されている（長山 2005）。もちろん当時は「油症」という認識はなかったため、被害者は同じ病状に苦しむ者が存在することも知らず、原因不明の奇病に不安を抱えるばかりであった。

ダーク油事件の原因究明を続けていた家畜衛生試験場は、14日に肥飼料検査所に対して報告書を送付し、事故の原因は「ダーク油の原料である油脂の変質による中毒」であると回答した（加藤 1989［1985］）。これを受けた農林省畜産局は26日、都道府県に対して管下の飼料製造会社に配合飼料の品質管理を徹底するよう通達を行った。その後、7月15日に日本こめ油工業会中央技術委員会に農林省の技官、小華和博士、食品油脂課長補佐らが出席し、事件の原因について討論を行ったが、ここでもダーク油変質の原因は解明できなかった。

8月に入り、非公式の組織である「油脂研究会」として、農林省畜産局内で専門家を交えた会議が開かれた。この会議の目的は、ダーク油事件の原因究明と、油脂を使った飼料の品質規格の制定である。第1回会議では、ダーク油の毒性検討を家畜衛生試験場で行うことが決定された（森本証言）。前述のとおり、家畜衛生試験場は6月14日にダーク油の原因について「油の変質」と回答していたが、ほかの可能性があると考えた油脂研究会は、再度の調査を依頼することにしたのである。

ダーク油事件の原因究明が進められる一方で、油症の被害は深刻化し、皮膚症状に悩む患者が九大病院の皮膚科を次々と訪れた。九大のＩ医師は、これは集団食中毒で米ぬか油が原因であると診断したが保健所へは届け出なかった。同時期にＧ家も九大皮膚科で診察を受けたが、原因不明と診断され（『朝日新聞』、1968.10.16）、患者に対しても食中毒に関する情報は伝えられていなかった。

9月9日になると、北九州市の女性が長男を連れて九大病院で診察を受けた際、看護師から米ぬか油の摂食を止められており、この頃には九大内部で米ぬか油による食中毒発生という認識が共有されていたと考えられる。しかし、油症が社会問題化するまで、九大が保健所に食中毒の届け出をすることはなかった。

先述のＧ氏は九大皮膚科を受診した際、自分と同じような患者が多数いることに気がついた。しかも似た症状の患者と話をすると、「原因はライスオイルではないかと思います」と言われたのである（長山 2005）。これを聞いたG氏は9月12日から月末にかけて、転勤前に在住していた福岡市の社宅で当時油を分け合っていた社宅居住者の現住所を調べて訪ね歩いた。その結果、多くの者が同様に発症しており、G氏は奇病の原因がライスオイルであることを確信する（カネミ油症被害者支援センター 2006a）。そこでG氏はライスオイルの使用をやめ、その一部を九大病院に持参して分析を依頼したが、九大から返事が来ることはなかった。

同じ頃、厚生省の内部では、被害の発生を予見して警告を発していた専門家がいた。厚生省の機関である国立予防衛生研究所（以下、国立予防研）のH主任研究官である。H氏は9月19日、流通飼料課に電話で「人体被害の恐れもあるから、厚生省でもダーク油を検査してみたい」とダーク油を分けるよう依頼した。ところが、農林省内で油脂研究会が開かれ、原因究明が続けられていたにもかかわらず、「事件は解決した」「ダーク油は廃棄した」「もうダーク油が無いから分与できない」と断られてしまった（俣野証言）。そこでH主任研究官は、同日中に厚生省環境衛生局食品衛生課を訪れ、課長補佐にもダーク油事件の被害を報告し、省庁間を通じてダーク油が入手できないか頼んだが、またしても却下された。さらにH主任研究官は食用油でも事件が起きる可能性があることを伝え、食用油の監視および検査の実施を提案したが、課長補佐はこれを「油の精製までは農林省の管轄で、食用油で事故が起きればそこで初めて厚生省の管轄となる」、事故が起きなければ収去もできないと拒否した。国立予防研には収去の権限がなかったため、結局H主任研究官はダーク油を入手することができなかった（俣野証言）。

H氏の依頼を断った流通飼料課は、9月初めに開かれた第2回油脂研究会に出席し、アメリカにおける鶏の斃死とチック・エディマ・ディジーズに関する講演を耳にした（森本証言）。当時、チック・エディマ・ディジーズの原因は有機塩素系化合物と考えられていたので、ここで研究会は真相に近づいているのだが、結局10月の初旬まで「原因不明の油脂の変質」という原因説が保持された。

こうして患者による被害の訴えや専門家による警告は無に帰し、ダーク油事件の原因も解明されることなく、人体への被害はますます広がり深刻化していった。このような状況を打破したのは、患者自身による再度の訴えだった。

自宅にあったライスオイルを九大医学部に持参するも無視されたG氏は、10月3日、今度はライスオイルを大牟田の保健所に持参し、中毒症状について申し出た。保健所はこれが食中毒事件であるとの疑いをもち、4日には福岡県衛生部へ中毒症状の申し出があったことと、保健所による調査結果を後日報告することを伝えた（以下、福岡県衛生部の動きは、赤城 1973）。この連絡によって、油症は初めて県レベルの行政組織に認識されることになった。

同月8日、大牟田保健所から福岡県衛生部にライスオイルが届けられた（長山 2005）。さらに保健所の職員は、G氏が「九大皮膚科にもライスオイルが原因と推定される患者が来ていた」と話していたことも県に報告した。これを受けて県衛生部は、福岡市衛生局にはG氏の住んでいた社宅の住民について病状調査を行うよう指示し、またカネミ倉庫の所在地である北九州市の衛生局にはカネミ倉庫の製油過程の調査と、同社に対して同様の病状の訴えや苦情が寄せられていないか調査するよう依頼した。9日に北九州市はカネミ倉庫に係員を派遣して調査を開始し、また県衛生部の公衆衛生委員は九大病院のI医師を訪ねて状況聴取を行い、G氏と同様の症状を抱える患者が来院していることを確認した。

同日にはマスコミも動き出した。福岡市在住の朝日新聞西部本社記者の妻が、友人からカネミ・ライスオイルの摂食による奇病発生について耳にしたことをきっかけに、同社の事件記者がいっせいに取材を開始した。翌10日には「西日本一帯に原因不明の奇病発生」という記事が朝日新聞西部本社版の夕刊で初めて報道された（『朝日新聞』、1968.10.10）。この朝日新聞のスクープを追って、11日以降は新聞テレビ各社が連日のように奇病のニュースを報じるようになった。そこでは奇病とダーク油事件に関連があることも報道された。

県衛生部は、11日に厚生省食品衛生課へ食中毒の発生を報告した。これ以前に厚生省は油症を認識しておらず、厚生省環境衛生局のTT食品衛生課長は、のちの裁判において、課の全体で油症を認識したのは新聞報道のあった10月10日か「それ過ぎくらい」と振り返っている（野津証言）。G氏が保健所へ被害を届け出てから、その情報が厚生省に届くまでにおよそ1週間を要したということである。その後、11日のうちに県衛生部は県医師会長宛てに患者の届け出の協力を依頼し、北九州市衛生局と打ち合わせを行った。これにもとづき、北九州市衛生局と同市衛生研究所はカネミ倉庫に立ち入り調査し、そこで採取したサンプルの分析を九大に依頼した。さらにカネミ倉庫に対して原因がはっきりするまでは販売を中止するよう勧告したが、カネミ倉庫はこれを拒否した（カネミ油症被害者支援センター 2006a）。

報道によって油症が社会問題化したことで、病院の受診者数は増加し、12日までに福岡県下で60人が治療を受けた（『朝日新聞』、1968.10.12）。こうした状況を受けて、北九州市衛生局は市医師会にも患者の通報を要請した。また、同市衛生所ではライスオイルの検査が始まり、病因物質の究明がなされた。このように油症は社会問題化していった。

本章は油症が発生する前史を記述することを目的としているので、以降の行政組織の取り組みについては次の5章で論じ、ここではダーク油事件の顚末のみをまとめておこう。最終的にダーク油事件の原因が明らかになったのは、1969年のことであった。同年3月に農林省農業技術研究所がライスオイルとダーク油に関するガスクロマトグラフィー分析を行い、ダーク油事件の原因物質をPCBと断定したのである（加藤 1989 [1985]; 川名 1989）。

また、企業間の責任追及について言えば、飼料を製造した東急エビスはカネミ倉庫を裁判で訴えたが、訴訟は73年6月9日の第27回口頭弁論を最後に立ち消えとなった。その理由は、東急エビスが日本農産加工株式会社に吸収合併されるのと同時に、日本農産加工株式会社の役員たちがカネミ倉庫との示談交渉を開始したためと考えられる（加藤 1989 [1985]）。

さらに、被害を受けた鶏の行方については、75年に被害者のF氏が鶏の掘り起こし調査を求めたこともあり（『西日本新聞』、1976.3.30）、農林省が鶏の追跡調査を関係各県の畜産課に依頼した結果、東急エビスと林兼産業が補償を行った養鶏農家やブロイラー業者のリストアップと、一戸ずつの聞き取り調査が行われた（カネミ油症被害者支援センター 2006a）。76年2月25日には、農林省と福岡県による掘り起こし調査によって深江海岸に埋められた鶏の骨が採取され、財団法人日本食品分析センターで検体された（加藤 1989［1985］）。

2　予兆の軽視、看過、無視

2.1　ダーク油事件の原因究明努力の消散化

前節で確認してきた油症被害が顕在化するまでの過程において、行政組織や医師の取り組みにはどのような問題点があっただろうか。まず、ダーク油事件を担当した農林省の取り組みについて検討しよう。事件に対して農林省が行った取り組みは、原因究明、発病した鶏の処分、当該ダーク油の飼料への配合禁止、カネミ倉庫が製造したダーク油を使用しないという条件下における飼料製造業者に対する生産再開の許可である。食中毒事件の発生時において、原因がなにかを特定する前に、なにが今必要かを考えて対処すべきだという「ブレイクスルー思考」（西村 2002）が示すように、中毒の発生時には病因物質の解明よりも原因食品の販売や摂取の禁止がまず必要になる。この文脈において、農林省の取り組みは決して間違ったものではなかっただろう。しかし、かりにダーク油事件の原因究明の段階で鶏の被害と人体の被害とが関連づけられていれば、ライスオイルの製造販売、摂取をより早く禁じることが可能となり、被害の拡大と深刻化を防げたはずである。実際の原因究明過程においては、次のような失敗の積み重ねがあった。

第一に、流通飼料課が1968年3月22日にカネミ倉庫の工場を立ち入り検査した際、「ライスオイルは大丈夫」という社員の説明をそのまま信じ、それ以上の追求や調査をしなかったことである。すでに見たとおり、立ち入りを担当したE飼料課長は一応ライスオイルにも疑いをもっていたものの、カネミ倉庫の態度から詮索を避けた。E氏はカネミ倉庫に拒否されれば今後の立ち入り検査ができなくなると考えたと述べているが、すでにカネミ倉庫はダーク油事件を起こしていたのだから、ライスオイルの検査を避けたがることはあっても、ダーク油に関する立ち入り検査自体を断ることはできなかったはずである。ここでは、E氏が問題を大局的に判断するよりも、むしろ短期的なカネミ倉庫との関係のみを重視していたことが窺える。

第二に、農林省がダーク油事件の原因究明のために人員と予算を動員せず、公式の対策組織を結成しなかったことである。このことは、ダーク油事件が農林省にとって周辺的な課題と見られていたことを示している。また、ダーク油事件を扱う主体として農林省畜産局内に非公式に組織された油脂研究会は、その決定や事実の発見が政策転換に結びつくような影響力をもっていなかった。こうした取り組み状況から考えると、ダーク油事件の原因は、油症事件が起きなければほとんど解明されないままだっただろう。

第三に、農林省には原因究明に緊急性をもって取り組んだ主体がいなかったことである。唯一の対策組織であった油脂研究会は有志として結成されたこともあり、68年8月に第1回、9月に第2回、10月に第3回と、月に一度のゆるやかなペースで開催された。また、研究会はダーク油事件に特化した原因究明の検討会と言うよりは、油脂配合飼料の品質規格制定に関する知識を得るための勉強会という性格のものだった。そのため、研究会でダーク油と同じ製造工程でつくられるライスオイルについて話が出ることはなく、メンバーは東急エビスの社員の書いたダーク油の毒性研究論文の存在を知らず（森本証言）、油症の発覚以後には活動がほとんど消散してしまった。さらに毒性検討の段階では、家畜衛生試験場からの「油の変質」という返答に対して「それ以外の原因があるのではないか」と話し合いながらも、結局は同試験場へ再試験を依頼するに留まり、他の機関へ試験を依頼することはなかった。こうしたゆるやかな取り組み姿勢には、非公式の組織ゆえに予算や時間が十分に保証されていないという組織的制約が影響していると考えられる。

このように、流通飼料課の検査不足、農林省によるダーク油事件の軽視、原因究明の緊急性の欠如がダーク油事件の解明を遅らせ、結果として油症の被害発生を予期することを妨げた。

2.2　日常的食品衛生監視のあり方

前項では農林省の取り組みにおける問題点を指摘したが、ここでは厚生省の食品の安全管理における問題点を検討しよう。厚生省はダーク油事件には関与していないが、食品衛生行政の担い手としてライスオイルにPCBが混入したことに先立って気がつくことができたなら、油症事件、ひいてはダーク油事件の発生を阻止できたと考えられるためである。

食品営業施設は、各都道府県が業種ごとに条例で定めた施設基準を満たすことで営業許可を得ることができる。当時の福岡県では、保健所の食品衛生監視員が施設基準によって定められた回数にしたがって、施設の構造や製造工程を点検することになっていた。油脂製造業は他の業種と同様、年に2回以上の監視をすることが定められていた。ただし、カネミ倉庫はライスオイルを缶とびんに詰めて製造していたため、びん詰め製造業として年12回以上の監視が必要であった。

ところが、カネミ倉庫の監視を担当していた食品衛生監視員によると、事件発生当時、監視は年に2、3回しか行われていなかった（以下、別府証言）。なぜなら、食品衛生監視員の人数が対象施設に対して圧倒的に不足していたからである。当時、小倉保健所にいた監視員は係長を含めて6人だったのに対し、対象施設は約3,000施設であった。このような監視員の不足は小倉保健所に限ったことではなく全国的な問題であり、ある監視員は「正直いって、いまの10倍いたって多すぎはしない」（新井 1981b: 40）と述べる[2]。

監視員の人員不足に連動する時間不足は、監視の内容にも影響を及ぼした。監視員が施設をまわって実際に点検するのは、製造工程のなかでも給水および汚物処理、取り扱い方法、食品取扱者、びんの加熱・殺菌といったとくに注意すべき「重点監視項目」のみだった。PCBが混入した脱臭工程は、この重点監視項目には入っていない。重点監視項目はあくまでも「とくに注意を払うべき箇所」と指定されていたが、この項目にない部分は全く点検されないのが通例となっていた。

また、監視は基本的に肉眼で行われ、食品の色がおかしいとか、小動物が施設に入り込んでいたとか、目で見て明らかに異常のある場合のみ収去検査が行われた。すなわち脱臭工程を例外的に点検して、そこでライスオイルにPCBが混入していたとしても、肉眼でその異常を認めることはほとんど不可能だったということである。実際、ダーク油事件が起こる約1週間前の1968年2月13日に食品衛生監視員がカネミ倉庫を点検のために訪れていたが、そこで異常に気づくことはなかった。

2.3 専門家からの警告の無視

以上のように、農林省と厚生省はダーク油事件の原因究明と日常的な食品安全管理という二つの文脈において、それぞれ油症の被害発生を予見し、食い止める機会を逸してきた。その失敗の背後には、組織的制約や人員不足といった構造的な問題があったが、それとは別に、各省の職員が自覚的に問題を看過するという問題もあった。

その看過とは、第一に、流通飼料課は国立予防研のH主任研究官から人体にも被害が発生している恐れがあることを指摘されたが、これを無視した。第二に、同じく流通飼料課は、H主任研究官からダーク油を調べるために分配を依頼された際、自らも原因究明をしている段階であるにもかかわらず、事件は終わったと嘘をつき断った。第三に、厚生省環境衛生局食品衛生課は、H主任研究官からダーク油を入手するために農林省に働きかけてほしいと依頼されるが、これを拒否した。第四に、同食品衛生課は、H主任から食用油の被害が起きる可能性があることを明確に示唆されながら、監視も検査もしなかった。こうした態度は、H主任の発言を信用していなかったために取られたのではない。厚生省の課長補佐は、油症事件が発生したのち、H主任に対して「やはり（人にも）被害が出てきましたね」と語っているのである(保野証言、括弧内は筆者)。このように、農林省と厚生省はH主任による警告をことごとく自覚的に無視し、省庁間で連絡を取ることもなかった。

本来的には家畜である鶏の所管は農林省だが、それが食肉になった段階で厚生省の所管となり、両省の役割範囲は鶏について部分的に重なっていた。奇病にかかった鶏の出荷あるいは処分をどうするかといったことを相談するためにも、ダーク油事件の情報は両省において共有されるべきだった。このような論理から、たとえライスオイルとダーク油の製造工程の一部が同じであることを知らなかったとしても、農林省と厚生省が接点をもつことは必要であり、可能だったと言える。しかし、厚生省と農林省は警告を無視し、情報共有の機会を自ら潰してきた。

2.4　被害の訴えの無視

朝日新聞が油症の被害を報じる前から、被害者らは医師に症状を訴えていた。もし医師らがその訴えを生かすことができたならば、たとえ行政組織の内部で問題が看過されていたとしても、保健所を通じてより早い段階から調査が始まり、汚染油の回収や市民への警告もより早く行うことができただろう。ところが、医師らは次のように被害者の訴えを黙殺してきた。

第一に、九大病院のI医師は、1968年8月に患者たちの症状を食中毒と診断しておきながら、保健所へ届け出をしなかった。食品衛生法においては、医師が食中毒を発見した際には最寄りの保健所長へ届け出ることが義務づけられているが、それを行わなかったのである（食品衛生法第58条1項）。この段階で届け出がなされていれば、食品衛生法の規定にしたがって保健所による調査が始まり、保健所から都道府県へ、さらに厚生省まで情報が届き、各都道府県において早期の調査が可能になっただろう。I医師がのちに語るには、届け出をしなかったのは医師の間で食中毒という見解が一致しなかったからではなく、「学会に発表するまで控えていた」ためだった（原田2006）。I医師は11月6日に油症事件とダーク油事件の原因が同じであることを実験で証明し、「11月28日の学会で、奇病についてまとめて発表することにしていた」（川名2005: 91）。かりに10月10日の新聞報道がなされず、I医師の学会発表を待つしかなかった場合、油症の発覚は少なくとも49日遅れていたことになる。

第二に、九大の医師らは、ライスオイルを食べて類似の症状を発症した患者を多く診察していたが、患者に米ぬか油を食べないよう明確には知らせなかった。また九大内部で米ぬか油が原因の食中毒という見解がある程度共有されていたにもかかわらず、I医師と同じく、保健所に届け出をしなかった。

これらの医師の行為もまた、食品衛生法の規定に違反している。

第三に、九大医学部は、68年8月に患者のG氏よりライスオイルを提供され調査を依頼されたにもかかわらず、ここでも保健所に被害を届け出ず、G氏にも返答しなかった。このように九大医学部は患者の訴えを組織内に留め、然るべき機関へ届け出をせず、患者の訴えを無視した。

3　広義の前提条件

3.1　日本における食文化の変遷と食品の工業製品化

油症被害が地域的に拡散しているのは、その原因が市場を介して広く販売された食品だからである。一地域で製造された食品が広範に販売されるという食品の生産消費が行われるようになった背景には、食品の工業製品化がある。つまり油症のように市場を介して生じる汚染被害の前提条件として、食品の工業化は見落とすことのできないものである。まずはその前提となる食文化の変化から確認しよう。

柳田友道によれば、約200万年前に狩猟採集生活が営まれていた頃、原始人の遺骨には「飢餓線」が見られたという。これは、飢餓の折に栄養欠乏のために骨の発育が悪くなり、骨に線条が形成されたものである（柳田 1996: 2)。人びとにとって「食べること」とは、つねに不足する食糧の確保の問題であり、飢餓との闘いであった[3]。

1万年前には農耕技術が習得され、食糧入手が相対的に容易になり、食糧の供給は安定性を増したが、天災や戦争があれば飢餓に悩まされることも少なくなかった。そのため、干物や塩漬け、燻製といった備蓄食品の技術が発達した。紀元前17世紀には、変質した食物を食べて病気になることや、加工や保存に失敗すると食品は腐敗を起こすことが明らかになり、食中毒が忌避されるとともに発酵食品が誕生した。さらに、うま味、舌触り、歯触り、嗅覚といった要素が重んじられるようになり、ローマ人たちは東洋からハーブを買い求めるようになった。中国では紀元前10世紀に食事による健康管理が始まり、食事と薬が健康の維持と密接に関係するという医食同源の思想が世界各国で主張された（柳田 1996: 1-30）。

食べることの楽しさや健康維持の効果が重視されるようになってから、地域や宗教の違いによって食生活は分化していった。たとえば日本では仏教の伝来によって肉食が禁止され、中国大陸との交渉の増加によって乳製品を取り入れたが、第二次大戦後はアメリカの食文化の影響を受けた（柳田 1996: 47-56）。

日本で食料を商品として購入して消費するという生活様式が徐々に進展したのは、戦前期のことである。農村部では農産物の生産と加工は相当部分が家庭内で行われ、都市部では農産物の大半が購入されるとしてもその保存・加工工程のかなりの部分は家庭内に留まっていた。やがて、家庭内では不可能な保存・加工を必要とする食糧の需要が増大することによって、食品の保存・加工は市場における経済行為に変化した。たとえば日露戦争後は、砂糖、パン、菓子、ビールといった新興食品群の普及が始まり、その生産量を増加させていった（加瀬 2009a）。

さらに第一次大戦を契機とする好況期において食品の大量生産化はいちじるしく進行し、機械制大工場が増加した（笹間 1979）。1950年に全国市場は拡大過程に入り、食生活の様式も欧米パターンに変わり始め、55年頃からは「個人所得の上昇→栄養水準の上昇→動物性食品接種比率の増大→摂取食品の多様化」という高度化の傾向が本格的に緒についた（日本経済調査協議会編 1966: 2）。こうして「美味と簡便を求めた加工食品時代」（柳田 1996: 61）が到来し、食品添加物、甘味料、着色料、栄養強化剤が使用され、インスタント食品、レトルト食品、冷凍食品、魚肉ソーセージなどのコピー食品が流通するようになった。

しかし、添加物にはアレルギーや成人病の原因として否定できない危険性があり、かつさまざまな添加物が複数使用されていることから、複合的な作用が解明できないという問題があった。そこで68年には消費者保護基本法（現・消費者基本法）が制定され、食品による危害の防止が強調されるようになり、添加物の規制が強化された。同時に、農薬、工業製品による食品汚染の問題も浮上するようになった（柳田 1996）。

3.2　食品産業の特徴

食品産業の特徴は、地方的産業として各地に散在していることと、ほとんどの場合に経営規模が零細であることである。交通の不便な時代から長期の保存が困難な食品を切れ目なく供給していくためには、消費者の近くでこれを生産する必要があった。このような企業の地方分散性は規模の零細性と対応するものである。製糖業や製粉業といった特定の食品産業分野では大企業が存立しているが、中小規模の食品企業は地方に広く分布している（加瀬2009a）。また、もともと食品工業には大量生産に向かない少量多品種生産を必要とする業種があるため、国際的に見ても中小企業の比重が高い。とくに日本の場合、アメリカやヨーロッパ諸国と比べて業種内の企業寡占と経営規模の零細性が目立つ（日本経済調査協議会編1966）。

加瀬和俊によれば、食品産業を軸にした産業連関には、次のようなものがある。第一に、農業・漁業との関係である。第二に、食品企業と流通業者との関係である。生産者の地理的な集積に伴って生産者側の力が強まることで、問屋基軸の伝統的な流通形態は改変されていった。さらに戦間期における技術の進展によって、冷蔵・冷凍設備が普及し、水産物等の流通・生産のあり方を大きく変えた。たとえば魚市場は中央卸売市場網として全国提携して組織された。第三に、食品産業連関の資材産業の発達である。例として日露戦争後、びん詰め用のびんが実用化されたことで、酒類・牛乳等の量り売りはびん詰めによる定量販売に変化し、さらにビールや清涼飲料水の流通も容易になった。こうしてメーカーが最終消費形態を確定することが可能になり、問屋層の役割を奪うことにつながった（加瀬2009a）。このように、技術の進歩に伴って食品供給の流通網が全国に展開し、さらに資材産業の発達によってメーカーが希望するかたちで消費者へ食品を提供することが可能になった。

こうした食品産業の発展は行政の支援がなければ成立しえないものであったが、日本経済調査協議会編によると、一次産業と二次産業の間に位置する食品工業は「政策的にはエアーポケットの中に埋没していた」（日本経済調査協議会編 1966: 3)。その理由は3点あり、まず農林省の政策は農政に重点がおかれていたこと、次に所管官庁が分立していたこと、最後に構造的に中小企業が多いため、経済合理性に立脚した政策が実施しにくかったことである。加瀬（2009b）もまた、食品工業に対する政策について「産業政策としては大きな限界を持っていたといわなければならない」(加瀬 2009b: 7）と指摘している。加瀬（2009a）によれば、食品産業に対する行政的対応は食品産業の発達を目指す独自の政策と言うよりは異なる目的をもつ施策の混合物という性格が強く、いくつかの間接的な政策が付加的に提示されるというものだった。なぜなら第一に、産業政策を制約する衛生行政が食品産業全体を強く規定していたからである。内務省衛生局の食品衛生基準の改定は、食品産業全体のあり方に大きく影響した。第二に、食品産業政策と言える領域が存在しなかったからである。たとえば商工省に食品産業各分野を担当する部署はなかった。第三に、農業部門に対する農林省の施策が、往々にして食品産業の展開を制約する役割を果たしていたからである。要するに、食品産業政策は断片的にしか存在していなかった（加瀬 2009a)。

3.3　食用油製造業の発展

食用油製造業はどのように生まれ、発展してきたか。ここでは笹間愛史がまとめた『日本食品工業史』(笹間 1979）のなかから、製油業に関する記述を引用し、食用油産業の歴史を振り返る。

明治時代はじめ、在来の製油機の進歩がはかられ、先進国の製油機が用いられるようになったことで、食油を大規模に製造する製油業が確立した。1892年に主に生産されていた食用油は菜種油で、ごくわずかに胡麻油も製造されていた。1908年には近代的設備をもつ摂津製油や四日市製油、桑名屋製油といった企業が主要な製油企業となるものの、原料面での制約、副業的搾油業者との競合、流通的条件などの障害によって大きく発展することはなかった。ただし、同年に油の精製法として苛性ソーダ処理法が開発されたことで精製技術は大きく進歩した（笹間 1979: 52-53)。

大正期に製油業は飲食品工業に分類されていなかったが、抽出法の本格的採用によって大豆油・粕製造が大規模に行われ、食用油への志向が見られるようになった。このような食用油への志向には、大戦時に大連経由の南満大豆よりも安価だったウラジオストック経由の北満大豆の対ヨーロッパ輸出がとだえたため、日本に輸入される大豆が低廉豊富となったことも影響している。22年には日清製油がすでに販売していた大豆油を美人印のフライ油・天ぷら油として、びん詰めにして食料品店に卸し、大豆油食用化の先鞭をつけた。明治期には、販売される油の大部分は業務用または食品加工業用ので、ときには混和や偽和された食用油が販売されていた。そのため油商の役割は大きく、製油業者の主導性を確立することは困難だったが、1900年頃に大豆などの輸入原料による大規模な搾油が盛んになると取引関係が変化し、第一次大戦後には主要大豆油製造企業などの独自の販路形式の志向が強まった（笹間 1969: 221-297）。圧搾法による大豆油の有力メーカーである日清製油は、大豆油のなかにたんぱく質が多く出てしまうことと大豆臭があることから、特別の精製を行うために、ドイツ製の新鋭精製機を輸入した。また、抽出法による大豆油のトップメーカーである豊年製油でも、食用油にするには溶剤であるベンジンの残臭と精製度に問題があったため、苛性ソーダ法を学ぶとともに、独自の技術の確立をはかった。こうして大豆油の食用化がすすめられ、日清製油は百貨店と契約を結び、全国的な販売体制を確立した。

昭和に入り、アメリカとの戦争で原料の入手が窮迫することによって、油脂類の生産量は激減する。この頃に作られていた食用油は、菜種油、胡麻油、落花生油、ヤシ油、そして新興の米ぬか油であった。敗戦は中国、満州など外地における経営を失わせ、さらに食用油製造業に深い痛手を負わせたが、戦争中において連続式抽出装置の考案など新しい技術水準向上の動きもあり、戦後の技術に寄与するところがあった（笹間1969: 566-568）。

油症が発生する2年前である1966年の製油業における販売競争は、大企業と中小企業、輸入原料製の大豆油と国産原料製の米ぬか油および菜種油の間で行われていた。また、販売形態は前時代的なもので、業務用と家庭用に分かれる流通経路のうち家庭用については油専門の特約店、卸売、小売と分かれており、スーパーマーケットのような販売路を除けば複雑な販売体系だった（日本経済調査協議会編 1966）。

以上のように食用油製造業は、他国との関係、原料の入手状況、油の精製技術の革新、企業間の競争、広告戦略、流通的条件の影響を受けながら発展してきた。輸入原料が安価に入手できるようになったり、精製技術が進展したりすることで、菜種油だけでなく大豆油や米ぬか油も生産消費されるようになった。油商に代わって製油企業が独自の販路を開拓するようになってからも、販売体系は複雑なものだった。

3.4 油症との関連

これらの食文化の変化と食品の工業製品化、食品産業の特徴、食用油製造業の発展は、どのような意味で油症の前提条件と言えるだろうか。

そもそも人びとは飢餓を避けるために食糧の安定供給を目指し、食糧保存のために加工技術を発展させてきた。日本では戦前期に家庭では行えない保存のための加工が必要とされたことから、食品の保存・加工の主要な場が家庭から企業に移された。さらに第一次大戦中に食品の大量生産化が進み、機械制大工場が増加した。消費者が美味と簡便さを求めることから添加物を使用した食品加工が普及し、食品は工業製品と化したが、同時にその安全性が問われるようになった。このように食品が産業化し、さらに工業製品と化すことで、近代的設備をもった工場で生産された食品を市場で購入するという行為が一般化した。すなわち、自らの手で自然環境から食糧を入手するのとは別の入手経路が確立されたのである。

食品産業の特徴は、中小企業が多く、各地に散在しており、経営規模の零細性がめだつことである。カネミ倉庫も中小企業の一つであり、損害賠償金の未払いや、被害者へ十分な経済的補償を行わないことの理由として、しばしば中小企業ゆえに現在以上の補償をすれば倒産してしまうと述べている。油症被害者が責任企業から十分な補償を得られないのは、偶発的にカネミ倉庫が資力をもたない企業だったからではなく、そもそもほとんどの食品製造企業が中小企業なのである。もし他の企業が食品事故を起こしたとしても、それが大企業でない限り、被害者が責任企業から十分な補償を受け取ることは困難であろう。

また、油症は公害でも典型的食中毒でもない問題として制度間の狭間におかれてきたが、これも油症に特有の事象ではなく、そもそも食品工業政策は断片的にしか存在しておらず、食品工業全体が政策的エアーポケットに入っていたのである。

さらに食用油製造業の発展過程において、大豆油の食用化にあたって大豆臭を消すことが課題とされたように、油を食用化するためには原料の臭いをとることが不可欠だった。臭いの除去が可能な精製法が輸入ないし開発されると、それまでは食用とされなかった大豆油や米ぬか油も食用化されるようになった。技術革新による食用化の進行は食糧の安定供給という観点からは望ましいことであったが、臭いがあって食用に向かなかった原料を食用化するということは、それだけ加工が必要になるということでもある。油症事件が脱臭工程において PCB が油に混入することで起こったように、製造工程で採用する加工技術に問題がある場合には、深刻な事故を引き起こす。また、食用油の複雑な販売体系によって、誰がライスオイルを販売し、誰が買ったのかという追跡は困難だったことがわかる。

4　油症事件が起こるべく整えられた諸条件

4.1　PCB の使用における産業界と政府の責任

これまでの事実経過の概観と広義の前提条件の指摘をふまえ、油症事件が起こるべく整えられてきた諸条件を整理する。本章1節ではPCBの誕生から油症が起きるまでの歴史を見てきたが、油症が発生した段階から振り返ると、そこにはどのような問題があるだろうか。ここで問題となるのは、KC-400の製造を開始した鐘化が PCB の危険性をどの程度調査して周知徹底していたかということである。加藤邦興は、鐘化が PCB の危険性を十分に調査していなかったことや、KC-400の不適当な用途への使用を促進させたこと、カタログにおける記載が不適切であったことを指摘している（加藤 1974）。

加藤によれば、KC-400のカタログにおける熱安定性の値は「すべてアメリカのモンサント・ケミカル社の技術者が発表した数値の丸映し」であり、さらに「取り扱い上の注意の記載は精粗さまざまとなっており、後のものはきわめて簡略」（加藤 1974: 42）であった。さらに、鐘化の売り込みの成功によってKC-400は「ノーカーボン紙という環境汚染に関しては最悪の用途にまで進出した」（加藤 1974: 42）という。3章で見たとおり、KC-400がパイプから漏れた原因は明らかになっていないが、それでもカネミ倉庫への安全性の説明やPCBの用途拡大においては鐘化に少なからぬ責任があるだろう。また、国内外でPCBの危険性が指摘され、PCBの製造工場で労災被害が出ていたにもかかわらず、こうした用途の拡大を止めなかったという点において、旧通産省にも油症発生への間接的責任があると言える。

4.2　食品衛生行政の欠陥

次に、本章2節で見た日常的食品監視行政について検討しよう。食品監視行政のあり方を見ると、米ぬか油の製造工程は十分に監視されていたとは言えない状態にあった。食品衛生監視員は本来であればカネミ倉庫の施設を年に12回チェックをするべきところを2、3回しか行っておらず、重点項目以外の項目については点検しなかった。こうした監視のあり方には、人員資源の分配における失敗と、行政裁量の不適切な拡大の問題が見られる。しかし、どんなに監視員が脱臭工程を重点的に点検したとしても、PCBの混入を発見することは不可能であったし、やみくもに収去検査を行うにも資源の限界があった。このような状況ですべての事故を予防することは不可能であり、この監視システムそのものと食品衛生法という制度自体に抜け穴があったと言える[4]。

また、食品添加物管理の問題として考えてみても、当時の添加物の主管は食品化学課であり、食品衛生課が対象とする化学物質は食品由来の青酸などに限られ、厚生省の中にはPCBを監視するような担当課がそもそも存在していなかった（野津証言）。このように、食品安全管理の基盤は脆弱なものであった。

4.3　医師の法律違反と非倫理的行為

続いて、同じく本章2節で見た医師の行為について検討しよう。油症の被害が拡大し、保健所による取り組みが遅れた原因には、医師の専門家役割への無自覚さがある。九大病院の医師らは患者を診察し、患者から症状の訴えを聞き、実際に中毒の原因と思われる油を受け取っているにもかかわらず、これらを二重の意味で黙殺した。一つめに、患者本人に食中毒の被害者であることや、ライスオイルが原因と思われることを教えなかった。この黙殺によって、すでに中毒になっている患者とその家族はライスオイルの摂食を続けてしまい、症状を悪化させたと言える。二つめに、食品衛生法の規定にしたがい、保健所に中毒の発生を届け出なかった。この黙殺によって、食中毒の発生は周知されず、保健所や自治体における被害の認知と対処が遅れた。つまり、医師らの二重の黙殺は、すでに被害を受けた患者の被害の深刻化と、情報さえあれば防ぎえたはずの被害の拡大を招いたのである。

このうち保健所へ中毒の届け出を行わなかったことが食品衛生法違反であることはすでに述べたが、医師らの行為は法律違反だけでなく、職業倫理上の違反とも言える。日本医師会が発行する「医師の職業倫理指針」では、患者とその家族に病名・症状を説明することは患者に対する責務であり、医療における医師・患者関係の基本であると述べられている（日本医師会会員の倫理・資質向上委員会 2008: 2-4）。また、公衆衛生活動への協力という観点から「医師は、医療の公共性を重んじ、医療を通じて社会の発展に尽くすとともに、個々の患者に対する診療行為にとどまらず、医学および医療の専門知識を有する者として、地域住民全体の健康、地域における公衆衛生の向上および増進に協力し、もって国民の健康な生活を確保するという社会に対する重い責任を負っている」（日本医師会会員の倫理・資質向上委員会 2008: 32）。患者とその家族に中毒であることや原因食品を説明せず、また地域住民の健康を守ることよりも学会報告を重視した九大の医師らの行為は、医師の職業倫理にもとるものであった。

4.4　食品の工業製品化と負の随伴的帰結

本章3節では、油症被害を発生させた広義の前提条件として食品の産業化および工業製品化、食品産業の本質的特徴、油の食用化における技術革新、販売体系の複雑さを検討した。人びとが飢餓の問題を解消し、美味で簡便な食品を安定的に入手するために食品の産業化と工業化は進んだ。しかし、この進展に随伴する負の帰結として、添加物の安全性の問題、農薬や化学物質の残留問題が浮上した。油症は、その負の帰結が顕著に表れた事例である。

そもそも食品の一義的な機能は栄養である（柳田 1996: 120）。すべての生命体は生きるためにものを食べるのであり、食品の機能とは、まずなによりも生命の維持にある。おいしさや健康状態の向上の補助、精神的満足がそれに次ぐ。ところが食品が工業製品化され、それが有害化した場合、食品は逆機能をもつものに変化する。すなわち、それを食べた者の健康を破壊し、生命体を死に近づけてしまうのである。

このような食品の逆機能は、もとから毒のある食べ物や腐敗した食品には元来備わっているものである。また、食べる側が特定の食品へのアレルギーをもっていることもある。その意味では、食品の逆機能それ自体は工業製品化された食品に固有の性質ではない。しかし、中毒が広域的に発生したり他者の責任のもとで起きたりすることは、工業製品化された食品に固有の負の帰結である。さらに自然毒が原因の食中毒でも死に至ることはあるが、多くの食中毒は急性かつ短期間で軽快するのに対し、工業製品化された食品が引き起こす化学性の中毒は難治性で、次世代の生命まで脅かす。つまり、われわれは食糧危機を回避するために食品を産業化し、美味と簡便さのために工業製品化を進めてきたが、その負の随伴帰結は食糧危機と同様に生命体を死に至らしめかねないものなのである。

5　小　括

本章は油症事件が起きた前提条件について論じてきた。ダーク油事件においては、農林省において事件そのものがそれほど重く受け止められず、人的にも予算的にも資源が投入されなかったため、原因究明が捗らなかった。油症の発生初期においては、患者らの訴えが病院内で留められ、医師が食中毒の可能性を患者や保健所に告げなかったため、保健所や各地域において情報が共有されなかった。またダーク油事件と油症事件の関連を警告した専門家の声も無視され、被害を早期に認知し、拡大を防止する機会は失われた。さらに日常的な食品監視行政においては監視制度そのものに抜け穴があったほか、人員資源の分配の失敗等があり、十分な監視がされていなかった上に、予防的監視それ自体に限界があった。このように一つ一つの行政職員の判断の誤りが、後に発生した被害から見ると痛恨のミスの積み重ねの過程として浮かび上がってくる。さらに、広義の前提条件としては食品の工業製品化に随伴する負の帰結があった。

これらの検討を通じて言えることは、油症は突如として未知の問題が降りかかってきたために「防げなかった」と言うよりも、発生の条件が整えられ、阻止の機会をことごとく逃してきたために「起きるべくして起きた」問題だということである。

注

1　矢幅証言によれば、この2社のほかにも長崎県の「フクリ産業」という飼料メーカーもダーク油を使用していたが、同社からは事故報告がなかったそうである。

2　人数不足に加えて、待遇の点でも劣悪な為、優秀な技術吏員の採用が十分になしえないことが指摘されている（青山 1977）。

3　柳田（1996）によると、日本では弥生時代から現代までに300回以上の飢饉があった。飢饉が発生する要因には、干ばつや水害などの自然災害が60％、戦争や内乱といった政治的問題が20％、それ以外に食糧投機、恐慌などの経済的混乱がある。

4　食品製造業が自ら食品中の危害を分析し、それを除去できる工程を管理するHACCP（危害要因分析必須管理点）の試みは、このような抜け穴を埋める一助である。

第5章　なぜ被害者は訴訟を取り下げたか

――第2期：裁判闘争（1968-1987）

本章では、奇病と思われていた油症の原因が徐々に明らかになり、被害者らが運動の一環として訴訟を提訴し、最終的に訴えを取り下げるまでの事実経過を確認しながら、当時の政策と被害がいかに対応していたかを検討する。まず原因究明期における政府、自治体、企業の動きを追い（1節）、次に同時期から訴訟提訴に至るまでの被害者の動きを記述する（2節）。続いて各主体の動きが交錯する訴訟の経過を確認し、被害者が訴えを取り下げざるをえなかった状況を明らかにする（3節）。最後に政策過程と被害を比較し、当時の政策が被害者の必要としていた救済策に対応するものではなかったことを指摘する（4節）。

1　政府、自治体、企業の動き

1.1　カネミ・ライスオイルの販売停止

1968年10月10日に奇病の発生が報じられて以来、政府、自治体、企業はどのような対応をしてきたか。まず課題となったのは、原因食品の特定と病因物質の解明である。すなわち、カネミ倉庫が製造したライスオイルのうち、いつ製造されたものが汚染されているのか、その油がなにによって汚染されているのかが問題となった。

福岡県衛生部は同月14日に北九州市衛生局と合同で「福岡県油症対策会議」を開き、製造番号020330の缶入り油330缶の出荷先を調べ、回収することを決定した。この製造番号は北九州市の患者G氏より提供された缶入り油の番号から割り出されたものである。さらに同会議では、油症の調査研究のために九大医学部、同大薬学部、久留米大学医学部、福岡県衛生部の四者合同編成による油症研究班（勝木司馬之進班長）が組織された。研究班が同日に開いた第一回会合では、久留米大の山口正哉が「ヒ素中毒説」を提起した。そこで研究班は、ヒ素中毒説を慎重な立場から追求しつつ、患者の治療法をヒ素中毒対策に切り替えるという方針を発表した（『朝日新聞』、1968.10.15）。これに対してカネミ倉庫代表取締役である加藤三之輔は同日夜に記者会見を開き、製造過程の化学処理では食品衛生法で定められた化学薬品しか使用しておらず、ヒ素化合物などは使っていないと述べた（『毎日新聞』1968.10.15）。さらに17日には研究班の勝木班長によって検体からヒ素が検出されなかったことが報告され、ヒ素中毒説は科学的にも否定された。その一方で、福岡県衛生部はカネミ倉庫で使用されているリン酸ソーダに注目していたが、検証の途上にあり、病因物質に関してはさまざまな見方が錯綜していた。

たとえ病因物質が明らかになっていなかったとしても、被害の拡大を防ぐためには原因食品の販売を停止し、すでに販売された分を回収しなければならない。福岡県衛生部衛生局から14日に汚染油を受け取った厚生省は、16日から具体的な取り組みを始めた。まず都道府県および指定都市に対してカネミ倉庫製ライスオイルの販売停止と移動禁止の措置をとり、さらに人数と病状の報告、同種製品の収去検査をするよう指示した。また同日中にカネミ倉庫を調査し、翌17日には油症対策関係各府県市と打ち合わせ会議を行った。福岡県と北九州市は「油症対策連絡協議会」と「米ぬか油事件調査本部」をそれぞれ組織し、販売業者にカネミ油の販売停止を命じるとともに、一般家庭で使用しないよう周知することを求めた。他の関係自治体も同様にカネミ油の販売と移動を禁止した（『大分合同新聞』、1968.10.15）。

一度は020330ナンバーの缶入り油を回収することが決定したものの、原因油の特定は難航した。北九州市の米ぬか油事件調査本部による調査の結果、回収を決定した020330ナンバーの缶はG氏から提供された1缶のみであり、その製造日である2月5日に製造された油はほかに187缶あり、別のナンバーが付いていることが明らかになったのである。そこで、米ぬか油事件調査本部は残り187缶の販売ルートの調査を進めたが、福岡県衛生局の調べによって、缶だけでなくびん詰め油からも中毒が起きていることが判明した。結局、詳細な製造月日を特定することはできず、大まかに1968年2月前半に製造された油が原因食品だと考えられるようになった[1]。

同月16日までに油を食べたとして保健所に届け出た者の累計は1,639人で、19日には8,601人、月末には1万2,270人に達した（カネミ油症被害者支援センター 2006a）。被害者が増え続ける状況において油一般のイメージが悪化することを恐れ、九州に販路をもつ大手製油メーカーと九州の地場メーカーが組織する「九州油脂懇談会」は、食用油の信頼回復のために宣伝に乗り出すことを決めた。この懇談会においては、ライスオイルの汚染が起きたのは製造工程それ自体のせいではなく、製造中にミスがあった以外に考えられないという意見が大勢を占めた。市民の不安は油の販売店や米屋の営業にも影響し、福岡市のある飲食店は「当店ではカネミ油は絶対使用していません」という表示を貼りだした。病院には油症にかかったのではないかと心配する市民からの電話や受診が絶えず、福岡県の医師は過熱する不安を指して「ライスオイル・ノイローゼ」と呼んだ（『朝日新聞』、1968.10.16）。

1.2　原因究明

九大医学部には18日に油症外来が開設され、同日中に油症外来で診察を受けた106人のうち11人が油症と診断された（長山 2005）。ここで95人が患者であることを否定されたように、油症の疑いをもって受診しても油症ではないと診断されることが少なくなかった。たとえば同時期に長崎県玉之浦町の中学校教諭が吹き出もののある生徒18人に玉之浦診療所で検診を受けさせた際、医師は生徒たちが油症であると確信して保健所に届け出たが、保健所長は記者会見で「誤診」であると発表した（カネミ油症被害者支援センター 2006a）。また、大分県の50歳女性が大分市市浜の医師にカネミ製ライスオイルを使っており目のかすみがあることを相談するが、油症ではなく中心性網膜炎であると診断されている（『大分合同新聞』、1968.10.15）。

研究班は、油症外来が開設された翌19日に診断基準を作成した[2]。当時の厚生省職員によれば、この診断基準は潜在患者が内容を聞いて自分も油症であると気がつくことができるよう、患者発掘のために作られたものだった（野津証言I）。しかし、その内容は油症の疑いをもった106人のうち11人しか患者と認めないような限定的な病像を示したものであり、患者を発掘するための目印というよりは、むしろ患者を認定／棄却に振り分けるための基準として用いられた[3]。

さらに行政組織による病因物質の解明も進められた。厚生省は同19日に「米ぬか油中毒対策本部」（以下、対策本部）を設置し、同日に開かれた第1回会議では有機塩素化合物を病因物質として検討し、続いて28日に開かれた第2回会議では油症は塩素中毒ではないかと議論を行った。この第2回以降は、農林省の専門家も対策本部に参加するようになった。というのも、18日に省内で行われた会議で予防研究所のH氏からダーク油事件と油症の関連を改めて指摘され、農林省など関係部局の専門家も入れて問題に取り組むよう提案されたためである。また、22日には高知県衛生研究所からライスオイルより有機塩素系化合物を検出したという報告があり、厚生省は研究班と国立衛生試験所に同様の検査をするよう求めた。

研究班は同日、油症患者から「黒い赤ちゃん」が生まれた原因について、PCBが母親の胎盤を通して胎児にまで及んだためであると断定した。さらに研究班の分析専門部会は24日、北九州市の油症患者が死産した黒い赤ちゃんの皮下脂肪と福岡県田川市の母親の胎盤からPCBを検出することに成功した（カネミ油症被害者支援センター 2006a）。続いて27日には国立衛生研究所も当該ライスオイルから有機塩素化合物を検出し、29日には北九州市衛生局によるカネミ倉庫の立ち入り調査に随行して油をもち帰った研究班の稲上馨も、その油からPCBを検出した。さらにダーク油事件の原因飼料を製造していた東急エビスも、ダーク油からPCBと思われる物質を検出したことを流通飼料課に報告している。これらの成果を受けて、研究班の勝木班長は11月1日に記者会見を開き、ライスオイルからPCBが検出されたこと、原因は脱臭工程でKC-400が混入したと見られること、そして動物実験を始めて分析専門部会で検討することを発表した。このようにPCBが病因物質であることがほぼ確定したので、厚生省は中毒症状の認定機関を作り、中毒患者の最終的な判断を一元的に行うことを決めた。とはいえ、実際には認定機関が新たに設置されることはなく、研究班が従来の診断基準を用いてその役割を担っていくこととなった。

PCBが油症の原因らしいと発表されたことに対して、カネミ倉庫製油部のD工場長は翌2日、北九州市の油症対策本部に対しパイプの故障はありえないとしてカネクロール混入説を否定した。しかし、すでに前日に厚生省へKC-400のカタログの写しを送付し、カネクロールが原因ではないかと疑っていた北九州市は、4日までにカネミ倉庫の脱臭缶の機能調査、精製日誌と営繕日誌による修理状況の調査、カネクロールの製造元・性状・使用方法の調査、カネミ倉庫からのカネクロール収去、脱臭缶の修繕内容と脱臭精製量に関するカネミ倉庫への事情聴取、修理箇所の確認、脱臭缶修繕の状態の確認を行い、カネクロールがなぜ油に混入したのか調べていった。

この間の議会の動きとしては、社会・民主・共産各党の調査団や議員団が北九州市で被害状況などの調査を行っている。また、衆議院物価問題特別委員会において自民党の砂田重民議員が油症およびダーク油事件について政府の対応を追求し、園田直厚生大臣は研究費の支出や組織の編成を要望すると答えた。その結果、鍋島直紹科学技術庁長官が原因究明のために特別研究調査費を支出することを同月25日に閣議に諮り、国が油症研究の費用を負担することになった。また、北九州市では届け出患者の無料検診が開始された。

1.3　カネミ倉庫の責任の明確化

カネミ倉庫はヒ素原因説やカネクロール混入説が原因説として提唱されるたびに否定をくり返し、被害者に対して沈黙を守ってきた。11月5日には園田厚生大臣が「カネミ倉庫の責任とわかれば、会社が補償するのは当然だ」(『毎日新聞』、1976.6.13）と発言しているが、加藤三之輔代表取締役は、10日にカネミ倉庫と交渉に臨もうとした被害者組織「福岡地区カネミライスオイル被害者の会」に対して「調査結果がはっきりするまでは……（交渉に応じられない)」(川名 1989: 32, 括弧内は筆者）として、その場に現れなかった。

「調査結果」は間もなく明らかになった。北九州市と研究班が16日に行った二度目の脱臭缶調査で6号脱臭缶に張りめぐらされたステンレスのパイプに3ヶ所のピンホールが空いているのが発見され、その日のうちに「ピンホール発見」として報道されたのである（加藤 1989［1985］）。福岡県と北九州市は同月18日、カネミ倉庫に対する告発と米ぬか油の処置について協議し、北九州市は加藤三之輔代表取締役を呼び出して患者訪問と陳謝の意の表明、治療費の負担に努力するよう指導した。ところが加藤代表取締役は、20日に被害者のF氏らと会談した際、なおも責任を回避し、ない袖はふれぬと要求を受け入れなかった（宇井 1974）。

カネミ倉庫が責任を否定する背後では事故調査が進められていった。研究班は、同18日にこれまでの原因究明作業の経緯と結論を中間報告のかたちで公表した。また、同日から翌日にかけて、北九州市は研究班とともにカネミ倉庫で脱臭缶のパイプの空気漏れテスト準備に立ち会っていた。こうしてカネミ倉庫の責任が明確化されつつあるなかで、加藤代表取締役は21日夜に行われた福岡地区カネミライスオイル被害者の会との交渉の席で態度を一変させ、患者名簿を整備して会社側の補償交渉委員会を決めることや補償交渉は示談にしたいことなどを語り、何度も詫びた（川名 1989）。

厚生省の対策本部では、25日にピンホール説の追試的実験を行っていくという方針が決められ、今後の分析や毒性研究について役割が分担された（俣野証言）。翌26日の会議ではピンホール説が追認され、原因食品をライスオイルと断定したという中間結論が発表された（長山 2005）。また、研究班も第3回本部会議において、原因食品はカネミ倉庫のライスオイルであり、中毒の原因はPCBである公算が最も大きいが、なお検討を要するとの結論を発表している。このように、PCB中毒説は「中間報告」「中間結論」であるとして断定は慎重に避けられたものの、これ以後、行政組織による原因究明は中断され、実質的にPCB中毒説が支持されることになった。

事件の原因がほぼ確定し、カネミ倉庫の食品衛生法違反や業務上過失傷害の告発が相次いだ。29日に小倉警察署がカネミ倉庫を告発したのを皮切りに、30日には北九州市衛生局長がカネミ倉庫加藤代表取締役を告発、12月

3日には警察がカネミ倉庫の脱臭缶6基、製造原料、KC-400、ダーク油などの差し押さえ、11日には福岡地区カネミライスオイル被害者の会によるカネミ倉庫と加藤代表取締役の福岡県警への告訴が行われた。最終的には福岡県警が69年8月25日に加藤三之輔代表取締役、D工場長、脱臭係長を業務上過失傷害罪で福岡地検に書類送検し、78年3月24日に加藤三之輔代表取締役は製造工程に直接関与していないとして無罪が確定、82年1月25日には製造工程を管理していたD工場長に業務上過失致死罪として禁固1年6ヶ月の有罪判決が確定した（川名 1989）。

1.4　カネミ倉庫による治療費負担

カネミ倉庫の責任が問われていくと同時に、カネミ製品の販売停止措置は徐々に解除されていった。68年11月28日、厚生省の対策本部が中間結論を各都府県市に通知した。その内容は、カネミ製品の移動禁止と、各都府県市でカネミ倉庫の原油を検査し、異常がなければ販売停止と移動禁止の措置を解くことを命じていた。この通知を受けて北九州市は12月9日にカネミ倉庫に対し原油の販売停止命令を解除し、また26日には脱臭工程で熱媒体が油に混入しないよう施設の改善を求め、製造機械の点検を定期的に実施し記録を保存するよう指示した。カネミ倉庫がこれにしたがったため、翌69年1月14日に北九州市はカネミ倉庫の脱臭工程までの営業停止処分を一時解除した。続いて31日には厚生省が北九州市と協議の末、関係府県市に対して68年2月から4月までに製造された製品および製造年月日不明の製品をカネミ倉庫に回収させ、廃棄または食用以外の用途に転用すること、また5月以降に製造された製品はカネミ倉庫の自主的回収の上で精製し、北九州市でロットごとに検査した上で業務用に出荷するよう通知した。このようにカネミ倉庫の営業は徐々に再開され、汚染された可能性の高い製品が処分されていった。

さらにこの時期、カネミ倉庫による治療費負担に関する枠組みが決定された。すでに見たとおり、カネミ倉庫の責任が明確化されるにつれて加藤三之輔代表取締役は態度を変化させ、補償を行うことを患者に約束している。厚生大臣や福岡県、北九州市から補償と治療費の負担を勧められていたカネミ倉庫は、68年12月10日に「油症患者の治療費負担についての御願書」を福岡県知事宛てに提出した。翌11日に福岡県はカネミ倉庫と各関係機関と打ち合わせを行い、また厚生省は23日に25関係府県市を招集し、米ぬか油食中毒事件打ち合わせ会議でカネミ倉庫による治療費負担に関する取り決めを行った。この結果が患者のもとに届いたのは25日のことで、カネミ倉庫から油症の皮膚症状がはっきりしている患者に対して受診券が配布された（川名 1989）。69年1月11日には、厚生省から関係都府県市に油症患者の治療費をカネミ倉庫が負担することに関して内覧が出された。このほかにも、カネミ倉庫は68年12月3日に油症患者200人に対して見舞金を支払うなど（川名 1989）、一部の患者に示談金・見舞金を支払った。また、福岡県知事と北九州市長によって同県市の患者に見舞品が贈呈され、生活資金の貸し付けが行われた。

1.5　新たな病因物質の判明

「当時、PCBは物理的・化学的に安定で、熱媒体として長期間使用されても変質しないと考えられていたので、油症原因油中に含まれている物質に関して詳細な検討もなされないまま、油症はPCBそのものの摂取による人体中毒症と結論された」（宮田 1999: 45-46）。このようにPCBの化学的な特性から油症の病因物質はPCBのみであると考えられ、一度は病因物質の解明に決着がついたかのように思われていた。ところが1971年になって、カリフォルニア大学海洋資源研究所のロバート・W. ライズブロー博士が研究班のメンバーである倉恒匡徳に手紙で疑問を投げかけた。それは、油症はPCB単独で引き起こされたものか、それともKC-400に含まれているかもしれないPCDFあるいはポリクロロジベンゾダイオキシン（PCDD）との共同作用で引き起こされたものか、という質問であった（倉恒 2000b: 37）。ライズブロー博士からの指摘のほかにも、油症の発生から時間が経過してみると、患者の体内に残留するPCB組成が一般健常者や職業的PCB汚染者と比べて特異的であることや、職業的PCB汚染者はPCBの取り扱いを中止したのち、症状がすみやかに回復するのに対して、油症患者では発病後8年目でも症状が続き、PCBのみの単独汚染にしては症状が重すぎること、汚染油中のPCBはKC-400に比べて2倍以上の毒性があることが疑問点として浮上してきた（宮田 1999: 47）。

このような疑問から研究班ではさらなる分析が進められ、75年4月、九大大学院生の長山淳哉が汚染油からPCDFを検出し、同年10月には研究班の倉恒らの研究グループによって、油症の主原因がPCDFであることが日本公衆衛生学会で報告された（長山 2005; 川名 1989）。さらに87年には摂南大学の宮田秀明らが、油症の発症因子としての役割はPCDFが85%、コプラナーPCBが15%で、コプラナーPCB以外のPCB成分は発症にはほとんど関与していないと結論づけた（宮田 1999: 54）。こうして油症はPCBによる単独汚染ではなく、ダイオキシン類を主な原因とする複合汚染であることが明らかになった。しかし、この新たな科学的事実の判明が政策や診断基準に直ちに反映されることはなかった。

2　被害者の動き

2.1　初期の油症の被害構造

同時期に、被害者はどのような生活の変化を経験してきただろうか。それを知るためには、当時の油症被害について記録したルポルタージュや自伝、小説、被害者の追悼文集が参考になる（深田 1970; 林 1974; 紙野 1973; 佐々木 1976; 川名 1989, 2005; 明石 2002; 長山 2005; 矢野 1987; 矢野トヨコ追悼文集刊行会 2010）。これらが個別の経験や特定の地域で経験された被害に着目して書かれたものであるのに対し、本節では集合的な被害を記述することを目的に、飯島（1993［1984］）が被害構造論で示した被害の構造に則って、聞き取り調査において被害者が当時を振り返って語った被害の経験をまとめる。具体的には、聞き取り調査で得られたデータを、飯島（1993［1984］）が「身体的障害」から派生するとした「日常生活機能の低下」、「家族関係の悪化」、「労働能力の低下・喪失」、「支出の増大」、「余暇的・文化的行動機能の低下」、

「社会的疎外」、「周囲の無理解」、「精神的被害」、「生活設計の変更」、「生活水準の低下」という被害に対応させて記述する。ここで被害を記述することによって理解したいのは、科学者や行政職員らが油症の原因究明や患者の特定を進めていた頃に、被害者はどのような生活をし、いかなる救済を求めていたのかということである。

（1）身体的障害

３章で見たように、初期の油症の「身体的障害」は、皮膚症状、骨と歯の異常、身体のだるさなどが顕著に見られた。聞き取りのなかでも、ほとんどすべての患者が吹き出ものや目やに、原因不明の痛みやかゆみ、だるさに悩まされていたと証言している。そのうち出産経験のある女性患者で「出産時の異常」について語った者は少なくない。

たとえば3人の子どもを出産した長崎県在住のＪ氏は、「それまでの２人とは違い、３人目はつわりもひどかった。入退院をくり返して、あらゆる病気をした」上、「何度も危篤状態」になった。生まれた子どもは「ぶどうのような色をした」黒い赤ちゃんであり、医者も「初めて見た」と驚いたという。その子どもは小学校に入学するまで成長も遅れがちで、小学校低学年までは病気ばかりで学校にもあまり行くことができなかった[4]。

また、初産で黒い赤ちゃんを生んだ広島県在住のＢ氏は、子どもがなかなか生まれてこないので「陣痛誘発剤を何本も何本も打った」が、それでも陣痛が来ないので、医師が「膣を切って鉗子で（子どもを）引っ張り出した」。すると、生まれた子どもには「脂が眉毛とか髪の毛とかに、ぶつぶつ」と付着しており、「脂でねちゃねちゃになってた」ことに加え、「油臭い（と）いうか、強烈な匂いがした」。Ｂ氏は出血がひどく、意識がもうろうとしていたため、その場で医師に説明を求めることができなかった[5]。

出産時の異常のほかにも、さまざまな症状が経験されているが、その身体的障害は生活上の不便や人間関係における障害と結びつく。そこで、以下に述べる派生的被害の各類型を論じるなかで身体的障害についても併せて触れていくことにする。なお、それぞれの類型は、実態としては重なり合う部分をもつ。

(2) 日常生活機能の低下

まず「日常生活機能の低下」である。長崎県の五島出身で当時中学生だったＫ氏は、「小学生までは早熟で、なんでもクリアできたのに、中学校は本当にきつかった。歩くように（遅く）走って、今思えば油症の症状とは思わなかった。ただがんばるしかなかった。とにかくきついのが一番」と当時を振り返っている[6]。また前述のＢ氏は、身体が「つらくて寝てばかり」で、「友達に誘われても行かれない。買い物するものつらい」「寝込んでご飯を作らないと、夫婦がギクシャク。子どもも不満（を）もって、横着病で寝てると思って、にらみつけてきた。朝起きられない」と、ほとんど寝たきりの生活を強いられながらも、家族の理解を得られずにいた[7]。このように、油症は生活を送る上で欠かせない「起きる」「立つ」「歩く」といった当たり前の動作に困難を生じさせた。また、女性の場合は家事を担えなくなり、家族から責められることがあった。

(3) 家族関係の悪化

こうした責めとは別の理由からも、「家族関係の悪化」は生じていた。長崎市に住むＬ氏は、２人の娘たちに自分が油を食べさせてしまったことを悔やんでいる。とくに長女は「お母さん、私になにしてくれた？　毒ば食べさせただけやろ」と責めるので、「あんた１人が食べたんじゃない。家族みんなが食べたんよ」と弁解したり、「しょうがなかとよ。運命なんだから。大変なのはあんただけじゃない。もっと大変な人もおる」と説得したりしても、娘は泣いてしまうと言う[8]。

関係の悪化は、夫婦間でも生じた。広島市在住のＭ氏は、わが子が黒い赤ちゃんで生まれたことを「父として心配し、この子を救済する道は……検診しかない」と考え、妻に「お前、子どものために裸になれ（検診を受けろ）」と頼んだ。子どものためとはいえ、奇病である油症の検診を受けるということには「夫婦間のすごい葛藤があった」と述べている[9]。

（4）労働能力の低下・喪失

起きたり立ったりすることもままならない者がいる一方、家の外で働き続けた者もいた。それは簡単なことではなく、多くの者が「労働能力の低下・喪失」を経験した。北九州市在住のＮ氏は、慢性膵炎、すい臓、ストレス、慢性膀胱炎で入院し、退院後は「1年くらい休職した」。しかし、すぐにまた肝臓にポリープが見つかり、「復職するつもりだったけど退職した」と語る[10]。油症が原因で仕事を失ったのである。

また、仕事を続けられた者も、不調をおして働くことそれ自体や、周囲の無理解に苦労していた。広島県でバスの車掌をしていたＯ氏は、下痢が多く、体調もすぐれず休みがちになり、「突発休で、管理者からも『横着で休んだ』と思われていた」[11]。Ｏ氏が務めていた国鉄バスの営業所では、食堂でカネミ・ライスオイルを食べた者が多数おり、運転手だったＰ氏も「下痢がつらかった」「運行ルートのうち、トイレの場所はどこでも知っていた。生汗をかいてもトイレが（周辺に）ないこともあった」と振り返る。しかも、こうした症状は「その後20年続いた」[12]。

患者のなかには、自身や家族が差別されることを忌避して、油症のことを隠して働いていた者もいる。その1人であるＫ氏は、「病歴にも油症と書いたことがないので、大変なときでも通勤した」と述べ、油症であることを隠しとおすために無理を重ねたという[13]。仕事を失った者や、どうにか続けた者、油症ではないふりをして続けた者と、立場はさまざまであるが、いずれの場合にも油症にかかる前と同じように働くことは不可能であった。

（5）支出の増大

体調が悪いために仕事を続けることが難しく、収入が減少していくにもかかわらず、治療費も必要になるため、被害者世帯では「支出の増大」が生じた。患者に認定されればカネミ倉庫から一部の医療費を受け取ることができたが、そのことを知らない認定患者もいた。

また、医療費を受け取っていたとしても、広島市在住のＭ氏が「（領収証を）送った分だけ（医療費が）来ないときもあった。どうしてかはわからないけど、仕方ない」と述べているように、カネミ倉庫の一方的な支払い方針に左右され、患者は十分な医療費を受け取れずに諦めることがあった[14]。またカネミ倉庫が「交通費をくれない」ことは、大きな病院が遠くにしかない離島を住む患者にとって痛手であり、また「鍼はいいけど、マッサージは（医療費支給は）だめ」など医療費の支給内容が区別されていることは、近代医学に効果を感じられずにさまざまな民間療法に頼る患者にとって死活問題だった[15]。

さらに、未認定患者は経済的支援を受けることができないため、医療費負担の問題はより深刻だった。2004年になるまで夫が認定されずにいた長崎県在住のQ氏は、「当然、認定されていないのですもの、医療費は実費（自費）です」「生と死をさまよう、精神的にも物質的にも生き地獄でした」と振り返る[16]。

（6）余暇的・文化的行動機能の低下

油症は生活の細部にまで負の影響を及ぼし、「余暇的・文化的行動機能の低下」を生じさせた。酒を飲むことが趣味だった広島県在住の認定患者であるR氏は、油症にかかってから全身に湿疹とかゆみが出るようになり、かゆさで目が覚めてしまうほどになった。「メンソレータムを塗って、かゆみを抑えている間に眠るような生活」で、医者に「酒はやめたほうがいい」と言われ、飲酒を止めた。R氏は2009年になって久しぶりに酒を飲んだ際、「こんなにおいしいもの、もうどれだけ長くやめていたんだろう」と、自分がいかに楽しみを失ってきたのか思い知ったそうである[17]。また、同じく広島在住のS氏は、「長女は、あせもが頭のてっぺんまで出て、夜も眠れず、（それが）高校生まで続いた。今は40歳を超える女の子でありながら、一度も化粧したことがない。あせもがひどくなるから」と、生まれてから一度も化粧をできずにいる娘の苦しみを代弁している[18]。飲酒も化粧も、健康であれば当たり前に毎日続けることができるもので、人によってはそれが趣味にもなる。ところが油症は、そうした当たり前の楽しみを奪った。このほかにも、趣味だったテニスや山登り、旅行などを諦めざるをえなくなったという声が多数聞かれた。

(7) 社会的疎外

油症は他人との付き合いにも影響を及ぼした。被害者は、学校や職場、地域などで「社会的疎外」を経験している。とくに初期の劇烈な皮膚症状は人の目に触れやすく、被害者らを悩ませた。たとえば当時、五島市に住む小学生だったＴ氏は、「私は皮膚症状もひどかったんですけども、そのために学校でいじめにも遭いました。本当に、学校に行くのが本当につらくてですね、なんで自分だけが、なんで私だけが、という思いがいつもありました」と告白している[19]。Ｔ氏の場合、背中一面にできた吹き出ものがつぶれて出血し、その血がシャツを染める様子は周囲に一目瞭然であり、同級生から「汚いけん、どうにかしろ」「臭いから近寄るな」などのことばをぶつけられた。さらにＴ氏の妹も学校でいじめられ、五島内の別の島に転居したがったという。妹は「（検診会場にはメディアの）カメラがいるから、（もし映されれば）ますますいじめられるから、検診には行かない」と言って検診を受けず、のちに油症のことを相手に隠したまま結婚した。この姉妹が通っていた中学高校では、「油症がうつる」という噂が「すごく流行った」そうである[20]。子どもだけでなく大人だった者も、「皮膚にできものができているのを人は嫌がるから、こっちから避けるようにして」友人や知人との関わりを断つことがあった[21]。

他人に感知されやすい症状は、皮膚症状だけではなく、匂いもあった。「バスに夏乗って、汗をふいたら近所の人に臭いと言われた」という北九州市在住のＵ氏は、「バスが満員だったから」周囲の人に配慮して、目的地まで「1時間歩いて行ったこともある」[22]。広島市で亡くなった患者の遺族であるＶ氏も、吹き出ものがつぶれて膿みが出ることで「生臭いような匂い」がして、「とくに夏はひどかった」と語る[23]。

また、被害の救済を求める運動をめぐって周囲から誤解を受けることもあった。北九州市に住む認定患者のＡ氏は、自分が油症であることも、裁判に参加していることも、一部の友人には知らせていた。そのため、「裁判のことが公に出れば、（自分が）お金をもらったことを（まわりの人が）知ったというのは態度でわかる」と、被害者が裁判で勝訴した報道をきっかけに周囲の目が変わったことを感じたという。またA氏は、前述のとおり、カネミ倉庫からの賠償金を全額は受け取っていないにもかかわらず、周囲の人が「ニュースを最後まで聞いてくれればいいのに、（聞かないで）お金がいっぱいあると言われ」、嫌な思いをした[24]。

(8) 周囲の無理解

被害者は「周囲の無理解」によって、さらに苦しめられた。その無理解はさまざまな関係において見られるが、まず医療機関の無理解がある。自身も被害を受けながら、地域の多くの被害者を世話してきた長崎市在住のW氏は、カネミ倉庫が支給している受療券がいかに効力をもたないか、次のように述べている。「（病院の）窓口の方では全くそういうこと（受療券のことを）知らないもんですから、例えば『医者に、これは油症が原因だって証明してもらって来てください』とか（言って）、結局不利益を与えてしまうんですね、彼（被害者）に。そういうことで、結局は皆さん、油症券はもらってるけど使ったことはないっていうんですね。カネミも（領収書を）送れって（言って）くるんですけどね。だけども、そんなの非常に精神的に負担強いられるんですからね。もうわずらわしいから面倒だ、使わないんですね、皆ね」[25]。この発言からは、カネミ倉庫による医療費負担のシステムが病院に周知されていないために、被害者が精神的負担を強いられ、医療費請求を諦め、結果として経済的にもさらなる負担を抱え込んでいることがわかる。

また、医師に対する不満は多くの患者から聞かれるものである。医師が油症についてほとんどなにも知らないことは珍しくなく、「カネミってなんですか？」と聞かれた者[26]や、「かかりつけの先生が消極的」で、自分が油症患者だと言ったら「カネミと症状の因果関係を説明しろ」「どこからどこまでが油症なのか」と詰め寄られた者さえいる[27]。広島県に住むＰ氏は、「病院に行ってもしょうがない。県病院は詳しくないから。検診に行っても、（そこにいる医者が）詳しいこともないし……。なにかしら、ばからしい。病院には行きとうない」と、医師に対する不信を表明している[28]。

患者同士や近所の住民もまた、油症に理解がなかった。前述のW氏は、「やっぱり対外的に、理解されてなかったっていうんですかね。極端に言えば、『お前たちが好きに、好きで食べとってから何を言うか』っていうようなですね。そういった風潮もなきにしもあらずでしたから。そこらへんが運動の、あの、やりづらさとかですね。は、ありましたね」と、周囲の無理解によって被害者運動が妨げられる風潮があったと振り返る[29]。また、症状の表れ方が人によって違うため、広島のR氏は、「（ほかの患者とは違って）自分は顔には症状が出ないので、周りの人からは『Rはなんであんなにむきになってカネミ（油症の運動）をやっているのか』と言われる」と、他の患者から同じように被害者運動に取り組む患者として認められないと語る[30]。

裁判でカネミ倉庫側の代理人となった弁護士も、立場上は当然のこととはいえ、油症に理解がなかった。当時の裁判に参加したA氏によると「誰かが証言で『足痛い』と言ったら、（弁護士が）『ちゃんと歩いて入ってきたじゃないか』って」[31]被害の訴えを否定したという。このように被害者は、医療機関や周囲の人びと、ともに運動を担う被害者からも理解を得られず、疎外感を覚えることがあった。

(9) 精神的被害

すでにこれまでの記述において、被害者が「精神的苦痛」を被ってきたことがわかるが、ここでは「被害者であることで感じさせられるみじめさ」に注目してみよう。というのも、この感情が被害者に被害を隠させていたからである。

長崎市に住むL氏は、正当な理由があってカネミ倉庫が医療費を支払っているにもかかわらず、それが不正であるかのように扱われた思い出を次のように語っている。「病院の受付の人によっては、（油症受療）券を出すと変な目で見られる。（そこで請求書に）『カネミ払い』と書いて、次に（また病院に）行くと『お金払わんで帰った』と言われたりした。みじめな思いせんばいかん」[32]。また、油症であることを隠して、無理をして働き続けたK氏は、「自分が患者だと知られるのが嫌。その頃は考えが古かった。今だったらね、患者の意識はもっと強いけど、その頃はみじめだった」と述べる[33]。

L氏もK氏も、「みじめ」な思いをしたと振り返るように、被害者が正当に行使できるはずの医療費の請求権や、被害を受けたことになんら責任がない存在であるという「被害者であることの権利」はないがしろにされていた。

(10) 生活設計の変更

体調悪化による失業、入院による進学の断念など、油症が原因で「生活設計の変更」をせざるをえなかったケースは数多くあるが、なかでも結婚と出産に関する変更を強いられた例が目立つ。「黒い赤ちゃん」が世間を騒がせたことから、被害が次世代にまで続く可能性があるということは広く知られており、それゆえ他者から拒絶されたり、被害者自身が出産を諦めたりした。

長崎県のK氏は、発病から間もない高校生の頃に「子どもは生まない」と決意した。というのも、「恋人ができても、自分は油症だとは言えない。結婚も自分はできないと思ってた。(結婚) するってことは、全く考えなくなりました。高校のときは『障害のある子が生まれる』と強く思ってた。(結婚する相手に) 嘘をつくのもとんでもない」と考えたからである[34]。同じように結婚や出産を断念した女性や、「新聞で『被害が次世代にも続く』と書かれてしまったから、縁談をことごとく断られた」男性もいた[35]。

油症の被害は世代を超えて続くが、「生活設計の変更」もまた、世代を超えるものだった。油症患者である親たちは、二世患者である子どもたちの選択について次のように語る。長崎に住むL氏の娘は、「2人とも子どもは産みたくないと言って、今も生んでない」[36]。また、広島のM氏は、娘が「九州に嫁に行くときは、『絶対に子ども作るなよ』って (言って) 嫁に行かせた。そんなことを (言わなければならなかったのを) 情けなく思う」と明かした[37]。親である被害者が、子どもの縁談や出産のために自らの被害を隠すという構図は水俣病などの世代超越的な被害の事例においても見られたが、油症の場合は当時子どもだった者自身が次世代に被害を受け継ぐことを恐れて結婚や出産を諦めるというケースが見られる。

（11）生活水準の低下

収入が減少し、かつ支出が増大することで、被害者は「生活水準の低下」を経験した。しかし被害者が経験した「生活水準の低下」は、経済的困窮だけには還元されないものであった。当時五島市に在住していたZ氏は、油症が生活に及ぼした影響について「病気は生活レベルの質を落とした。経済的にも、下の下の生活してるが、そういうことでなくて、自分の気持ちとかの質が下がるということ」と表現している[38]。

以上11項目の被害の分類が示すように、被害構造論で提示された被害の派生および増幅過程は、油症被害においても見られるものであった。ただし、40年以上にわたって被害が継続するなかで、ある被害が軽減されたり、深刻化したり、新たに生まれたりして、その構造は変化している。そうした時間的・関係的変化を加味した被害については8章で述べるが、ここで確認した初期の被害経験については、4.2でまとめて当時の救済策と対比する。

2.2　被害者運動の組織

次に、被害者による運動について見ていこう。1968年10月半ばには福岡市を中心とした被害者組織である「福岡地区カネミライスオイル被害者の会」（村山博一会長、別名福岡九電グループ）が結成され、各地で被害者組織の結成が相次いだ。さらに69年2月1日には初めての民事訴訟として同会の45人が、カネミ倉庫、加藤三之輔代表取締役、鐘化の3者に8億7,700万円の損害賠償を請求した（カネミ油症福岡民事訴訟。以下、福岡民事）。福岡民事の提訴を皮切りに、福岡県田川市で初めて被害者が街頭に立って被害を訴え、13日には北九州と田川在住の患者たちが「カネミライスオイル被害者の会連絡協議会」を結成し、月末にはカネミ倉庫正門前でビラまきと座り込みを始めるなど、被害者らは救済を求めて立ち上がり始めた。3月12日には九州の患者らが上京し、衆参両院議員や厚生省へ補償と治療に協力するよう要請した。参議院社会労働委員会では18日に油症が取り上げられ、参考人として発生当時に患者を診察した医師、カネミ倉庫専務、被害者代表が発言した。

被害者運動が活発化する一方で、被害は深刻化していった。69年7月時点での全国の届け出被害者数は1万4,627人、このうち認定された患者は913人で、届け出者の6.2%しか認定されていなかった。届け出が多かった地域は、福岡、長崎、山口で、認定患者の多かった地域は福岡、長崎、広島と並んでいた（長山 2005）。これまでに黒い赤ちゃんは9人生まれ、うち2人は死産だった。7月8日には山口県で中学2年生の油症患者が心臓機能障害で亡くなり、さらに翌9日、福岡県でも認定患者が尿毒症で亡くなった。山口県と福岡県では初めての油症患者の死を受け、「カネミライスオイル被害者を守る会」では亡くなった2人を追悼し、7月15日に国、県、市、カネミ倉庫に抗議する市民集会を開き、斎藤昇厚生大臣に抗議することを決めた。被害者運動は、被害者の死と病気の進行に突き動かされ、否応なしに高まっていった。

研究班は、亡くなった中学生の解剖を行った山口大医学部の関係者を交えて検討を行った。8月には福岡県の油症患者365人を対象に再検診を行い、その結果、初期の皮膚症状から全身的なものへと中毒症状が変化していることがわかったが、これらの知見はすぐに診断基準の改訂には繋がらず、全身症状という項目が取り上げられるようになったのは3年後の72年のことだった。

9月に入り、山口県では6日に亡くなった中学生患者の父親が会長となって「山口県カネミライスオイル被害者の会」が結成された。各県の「ライスオイル被害者の会」の代表者50人が同月13日に集まり、現状の報告と統一要求を決定した。11月には西日本各地の被害者が長崎市に集まって「カネミ油症被害者全国連絡協議会」を結成するなど（『朝日新聞』、1976.6.18）、被害者運動の組織化が進んでいった。さらに翌70年5月に北九州市がカネミ倉庫に対してライスオイルの営業許可を再開したことを受けて、カネミライスオイル被害者を守る会が「カネミライスオイル被害者の会連絡協議会」に呼びかけ、これに抗議する市民集会を開催した。また、福岡県の田川地区などで「モルモットはいやだ」と一斉検診のボイコットが行われた（『西日本新聞』、1976.4.3）。このように、70年上旬までに被害者運動が勢いを増し、行政と研究班による既存の検診への抵抗が見られるようになった。

2.3　訴訟の提訴

被害者運動の一つの展開として、福岡訴訟に続いて次々に訴訟が提訴されていった（**表5-1**）。

70年11月16日には北九州市の原告300人が「カネミ油症全国統一民事訴訟」（以下、統一民事）を起こし、71年4月24日には広島市の原告51人が広島民事を提訴した。統一民事は、当初は福岡地裁小倉支部で争われたことから

表5-1　90年代の民事訴訟一覧

訴訟名	提訴日	裁判所	原告数	被告	備考
福岡民事	1969.02.01	福岡地裁	45	カネミ倉庫、カネミ倉庫社長、鐘化	
統一民事第1陣	1970.11.16	福岡地裁小倉支部	750	カネミ倉庫、カネミ倉庫社長、鐘化、国、北九州市	当初は鐘化を被告に含まなかったが1971.11.11に追加
広島民事	1971.04.24	広島地裁	51	カネミ倉庫、カネミ倉庫社長、鐘化、国、北九州市	1972.02.17に統一民事第1陣に併合
姫路民事	1971.10.06	神戸地裁姫路支部	1	カネミ倉庫	
統一民事第2陣	1976.10.08	福岡地裁小倉支部	363	同1陣	
統一民事第3陣	1981.10.12	福岡地裁小倉支部	73	同1陣	
統一民事第4陣	1985.07.29	福岡地裁小倉支部	17	同1陣	
統一民事第5陣	1985.11.29	福岡地裁小倉支部	75	同1陣	
油症福岡訴訟	1986.01.06	福岡地裁	576	カネミ倉庫、カネミ倉庫社長、鐘化	

出典：山田（1986）; 下田（2009）; 吉野（2010）より筆者作成。

「小倉民事」と呼ばれていたが、長崎県長崎市、長崎県五島、高知県などからも原告が加わり、さらに72年2月17日には広島民事が併合し、最終原告が約750人と油症関係では最大規模の民事訴訟となったことから「統一民事」と呼ばれるようになった。すでに提訴された福岡民事を除けば、これで認定患者の大半が統一されたと当時は考えられていた（宇井 1974）。

ところが、訴訟には加わらずに示談に応じる者たちもおり、認定患者は必ずしも統一されていなかった。71年2月14日、長崎県五島の玉之浦町の患者の会がカネミ倉庫との示談交渉を妥結すると決定し、約200人が示談に応じた。これに応じなかった者たちは訴訟に加わった。また、3月にはカネミ倉庫が五島の「奈留町患者の会」会長宛てに訴訟参加に踏み切ったことを恫喝する手紙を送るなど、訴訟の提訴に並行して、それを封じ込めたり患者同士を分裂させたりしようとする妨害的な動きが出てきたのである（『朝日新聞』、1976.6.17）。

訴訟派のなかでも、「北九州被害者の会」会長が9月に統一民事第1陣の慰謝料の計算が不当であるとして、これをやり直すことを被害者に告げるなど、訴訟に関する意志決定の過程で紛争が生じていた（長山 2005）。運動が活発化するだけ、これを沈静化しようとする動きが出てくる。また運動体内部での争いも生じるようになる。被害者同士でも意思の統一は困難であり、組織化の背後には分裂があった。

これまでの訴訟はすべて集団によって提訴されたが、姫路市では未認定患者1名による提訴が71年10月に行われた。この原告は代理人を立てずにカネミ倉庫のみを訴えた（『朝日新聞』、1976.6.18）。原告には油症に典型的な皮膚症状があったが、使用した油の製造時期が68年5月であったため、PCBが混入した証拠がないとされ、80年1月21日に原告敗訴となった。この判決について中島（2003）は、通説である68年2月以外にもPCBが混入していた疑いがあるにもかかわらず、カネミ倉庫の操業状態や被害者の実態に関する情報収集と分析が不足していたのではないかと指摘している。

その後も統一民事の第2陣から第5陣、企業のみを被告とした「油症福岡訴訟」の提訴が続き、90年代に計8件が提訴された[39]。この提訴数の多さは、時間が経っても症状が軽快しないどころか深刻化していくことや、それにもかかわらず被害が放置されていることのほかに、先述の地域集積性の低さと、それに伴う運動の分裂も影響していると考えられる。広範な地域に散在する油症患者が一つの組織として裁判を提訴するということは物理的に難しい。また長い裁判の過程で原告団と弁護団との信頼関係が崩れることがあり、分裂の結果、裁判闘争の場から姿を消した者もいる（川名 2005）。ほかにも、裁判が長期化する過程で原告団のリーダー的存在だった者が患者同士の揉め事で裁判を降りるように言われたり（長山 2005）、原告1号で同じくリーダー的存在だったF氏が訴訟から離脱したりと（『朝日新聞』、1976.6.16）分裂が激化し、運動を中心的に担う成員の負担が重かったことが窺える。

2.4　訴訟外の運動と組織の分裂

1972年に大阪府による母乳からのPCB検出が発表され、大石武一環境庁長官が全国的なPCB汚染状況の調査と対策を約束するなど、70年代初期にはPCBによる環境汚染が社会問題化した。その結果、3章で見たとおりPCBは73年に化審法の規制対象第1号に指定され、生産使用が禁止となった。

PCBによる環境汚染への危機意識が高まるなか、訴訟外の被害者・支援者運動も展開された。72年5月には「PCB追放政府・自治体の油症対策を追求する全国集会」が開催され、また同年6月にストックホルムで開催された世界初の人間環境会議に原告団代表の1人として油症被害者が参加し、さらに9月からは被害者と支援者がカネミ倉庫前で座り込みを始め[40]、12月には長崎市・奈留・玉之浦・広島の被害者代表によって北九州市の小倉で「懇親会」が結成された。翌73年には、6月27日に小倉北区で結成された「油症患者グループ」が新たに認定された患者へ平等な対応をするようカネミ倉庫に求めたり、未認定患者の一斉検診受診を認めるよう福岡県に要求したり、新認定問題と未認定患者の掘り起こしに取り組み始めた（矢野 1987）。また同年5月11日には北九州被害者の会会長が「カネミ油症新認定患者グループ」を発足させ、同月には東京大学で宇井純らが行っていた公害自主講座に油症患者が講師として招かれ、初めて油症が講座のトピックとして取り上げられるなど（宇井1974）油症患者が社会に被害を訴える機会が増えていった。

他方で、同年末には「カネミ油症被害者全国連絡協議会」が解散（『西日本新聞』、1976.3.31）、原告団におけるリーダーが訴訟を離脱、「油症患者グループ」の代表がグループを脱退するなど、組織の分裂も止まることはなかった。75年10月には、被害者の14団体と支援者の31団体によって「カネミ油症事件全国連絡会議」が結成されるが、翌月の11月には「奈留町患者の会」が三つに分裂し、その一派が新しい団体を結成している。

このように、この時期には運動体の組織化と解体が随所で見られた。その原因としては、事件の初期から認定されていた「認定患者」、検診を受けたが認定を棄却された「未認定患者」、そしてある程度の時間が経ってから新たに認定された患者間での分裂、さらに訴訟派、未訴訟派、示談派という補償を獲得するための手段における分裂など、被害者がさまざまな立場に分かれるために、運動の目的や着地点が一致しなくなったということが考えられる。そのほかに組織運営をめぐる対立も生じており、たとえば当時の運動について記録した前島（1976）は、「奈留町患者の会」の分裂の原因の一つに、リーダーシップを誰がとるかという問題があったことを述べている。

76年に入り、統一民事の「第2陣訴訟原告団準備会」が3月25日に開かれ（『西日本新聞』、1976.4.5）、10月8日には155人の原告がカネミ倉庫、加藤代表取締役、鐘化、国、北九州市を相手に請求額83億8,000万円で提訴した。同年6月25日の福岡民事の結審と8月20日の統一民事第1陣の結審を控えて、新聞3紙が油症に関する特集を連載するなど、集中的な報道がなされた（『西日本新聞』、1976.3.27.-4.5;『毎日新聞』、1976.6.6-6.20;『朝日新聞』、1976.6.15-6.21）。

以上のような運動の外では、自ら命を絶つ被害者もいた。同年9月9日に佐賀県の認定患者である26歳女性が長崎県西海岸から飛び降り自殺し、認定患者としては45人目の、自殺としては2人目の死亡者となった（『毎日新聞』、1976.12.3）。

3　訴訟の経過

3.1　企業と行政組織の反応

訴訟期における企業の反応はいかなるものであったか。カネミ倉庫の態度はすでに見たとおりであるが、福岡民事と統一民事において被告となった鐘化の態度は、一見揺らいでいるように見える。75年に大沢孝代表取締役は「人道的な立場から油症救済に協力する」(『朝日新聞』、1976.6.17)、「厚生省と相談して患者救済について考える」(『読売新聞』、1976.3.1) と被害者救済に前向きな姿勢を示している。ところが翌76年2月には幹部が「責任はない」とくり返し (『西日本新聞』、1976.4.2)、さらに事件の責任を否定して独自の救済案もとらないと発言して (『読売新聞』、1976.3.1)、一度は協力的だったはずの態度を翻したのである。このように態度は変化しているものの、内実はつねに加害責任を否定しているという点において一貫している。

では厚生労働省はどのような反応をしていたか。69年から76年までの係争期間における厚生大臣と官僚の発言を振り返ると、**表5-2**のようにまとめられる[41]。係争期間の初期に、斎藤昇厚生大臣と齋藤邦吉厚生大臣は特別立法の制定や難病指定などに前向きな姿勢を見せ、さらに石丸隆治環境衛生局長は「道義的責任は認める」と踏み込んだ発言をした。しかし75年以降、それまでの前向きな発言は消え去り、難病指定の拒否、企業に対する行政指導、関係者との接触に留まる関与など、公的な介入による解決からは後退した発言がくり返された。

結局、いくつかの前向きな発言のなかで実行できたものは一つもなかったが、これらの発言はどの程度の具体性をもってなされたものだったのだろうか。以下、国会会議録検索システム (http://kokkai.ndl.go.jp/cgi-bin/KENSAKU, 2013.1.12閲覧) を用いて取得したデータから、2人の厚生大臣の国会発言を確認しよう。

救済に積極的な姿勢を見せていた厚生大臣の1人である斎藤昇は、国家地方警察本部 (現・警察庁) 長官として警察制度を改革したのち、1955年から参議院議員として政界へ参入し、68年から厚生大臣を務めた。在任中の主

表5-2　裁判闘争期における厚生大臣と官僚の発言

年月日	発言者	発言内容
1969.3.6	斎藤昇厚生大臣	九大油症研究班の研究、医療体制は不充分であり、実情を調査中である。「総合的な体制をたてたい」。
1969.6.10	斎藤昇厚生大臣	補償問題は「知事、市長、厚生省が中に入ってやりたい」。
1969.9.1	斎藤昇厚生大臣	「企業に補償能力がなければ、最終的には国が面倒を見なければならないだろう」。
1969.12.2	斎藤昇厚生大臣	公害病に準じた医療救済のため、特別立法を次の通常国会に提出する予定で、内容は「公害被害救済法と似たものとなろう」。
1972.4.11	斎藤昇厚生大臣	油症は公害に準ずるものという考え方で、「必要のあるものには（治療の確立に）臨みたい」。
1973.7.18	斎藤邦吉厚生大臣	環境庁が油症を公害扱いしていないが、放置しておけないので、救済のための法律作成を考えている。
1973.10.22	斎藤邦吉厚生大臣	今年度中に油症を難病に指定し、専門治療研究班を組織する。
1973.12.11	斎藤邦吉厚生大臣	厚生省が患者とカネミ倉庫のあっせんをし、円満解決を図る。
1974.2.20	石丸厚生省環境局長	「国の道義的責任は認める」。未認定患者の確認に全力をあげる。
1975.2.25	田中正巳厚生大臣	患者、企業側から要請があれば補償のあっせんに乗り出すが「難病指定はしない」。
1976.2.19	松浦厚生省環境局長	カネミと鐘化に対し、救済策について今月中にも行政指導に乗り出したい。
1976.4.3	中村食品衛生課長	今年2月以来、厚生省は関係者と積極的に接触している。早急な解決に努力する。

出典：毎日新聞（1976.6.17）と加藤（1989［1985］）をもとに筆者作成。

たる施策は、健康保険法の改正を成し遂げたことである（斎藤昇先生追悼録刊行会編 1977）。斎藤は、大臣に就任してまもない69年3月6日の衆議院社会労働委員会3号で河野正議員より新大臣として油症の補償問題をどうするつもりかと尋ねられ、次のように答えている。

……こういった事故を起こしましたにつきましては、監督責任も非常に感じておりますが、会社当局にも、十分誠意を披瀝をしてこの事件に当たるように、前大臣のときから指導をいたしておったわけでございますが、私も同様の気持ちで対処をいたしておるわけでございます。

〈…中略…〉損害賠償等につきましても、会社当局に、できるだけ誠意をあらわすように指示をいたしておるわけでございますが、まだ十分な解決を見るに至っておらないのは残念に思っている次第でございます。（国会会議録検索システム、http://kokkai.ndl.go.jp/cgi-bin/KENSAKU, 2013.1.12閲覧）

この段階で齋藤は国の監督責任に言及しながらも、カネミ倉庫に「誠意をあらわすように指示」をするに留まったが、救済に向けた姿勢は徐々に積極的なものに変化していく。齋藤は患者団体の代表に3回面会し、さらに69年3月18日の社会労働委員会で参考人として集められたカネミ倉庫の関係者、医師、患者同盟の意見を聞き、同月20日の参議院予算委員会16号で、カネミ倉庫が現在支払っている約2万円の見舞金に加えてさらに2万円なり5万円なりを払えないかと発言している。また、医師らは油症の症状が今後落ち着いていくであろうと意見したが、油症が最終的によくなるにしても、それまでに悪化する時期があるかもしれず、今後の経過について予想ができないと判断し、「当座の事柄ということで」福岡県知事にカネミ倉庫と患者の間を斡旋してくれるよう依頼していると述べた。

それから約半年後の9月10日には、衆議院社会労働委員会40号において当初の予想に反して病状がなかなか軽快しないという事実をふまえ、被害に対して公害に準ずる扱いをしなければならないのではないか、しかも油症のようなケースはほかの食品被害でも出てくるのではないかと発言している。少し長くなるが、制度改革の必要性を認めた重要な発言であるため、全文を引用しよう。

こういった食品使用者の被害につきましては、被害者の実態によって考えていかなければならぬのじゃないだろうかと考えております。

当初では、おそらく油症の治療もむずかしいには違いないが、しかしそう長くかからないで決着がつくんじゃないだろうか、こういうように九大のお医者さんその他からも伺い、またそうでもあろうかと考えておったわけでありますが、そういう場合の考え方と違って、どうもこれが非常に長引いて、そしてあるいは後遺症も残すかもしれない、その間にさらに内臓もおかされるかもしれないというようなことになってまいりますると、これは治療対策をもちろん急ぐ必要がありますが、それと同時に、そういうことから起こってまいりまする患者に対する社会保障的な考え方を取り入れていかなければならないのじゃないだろうかという気がいたします。

法律一片でいけば、これはカネミで支払わせるべきものだ、こうありましても、そのしかたがきわめて複雑であり、なかなか急の間に合わない。裁判にもっていってもそうだ。そこでまず実際問題として、見舞い金というような程度で、どの程度のことがカネミでやれるか。それは現実に一度、二度と見舞い金も出しておりますが、どうもその程度では追っつかなくなりそうでございます。

こういうように固定をいたしてまいりまするど、ちょうど公害による被害患者のような扱いを場合によってはしなければならないのじゃないだろうか。それにはまた法律も要るんじゃないだろうか。公害被害に準じたような扱いをしなければならないのは、この場合だけでなしに、他にも起こってくるんじゃないだろうか、そういうこと。

これは私、ただいま自分だけで考えておりまして、これからこれを事務的に検討させ、また党や皆さま方の御意見も伺って、そうして、そうだ、それがよかろうということになれば、そういう措置もとっていかなければなるまい、今日の事態に即応してただいまそういう心境でおりますので、御批判をいただきたいと思っております。（国会会議録検索システム、http://kokkai.ndl.go.jp/cgi-bin/KENSAKU, 2013.1.12閲覧。傍点筆者）

いわば「食品公害救済策」とでも呼ぶべき政策を構想した斎藤であったが、70年1月の内閣再組閣に伴い、大臣を離任することになった。71年にふたたび厚生大臣に就任した斎藤は、72年4月11日に開かれた参議院予算委員会10号において、治療費その他の出費はカネミ倉庫が負担しており、森永ヒ素ミルク事件でも森永乳業と患者の間を厚生省が取りもち、森永乳業による補償が行われているのだから、「特別な法律というようなものをつくらなくても処理できるであろう」と、政策形成に消極的姿勢を見せた[42]。斎藤昇は同年7月7日の内閣総辞職まで厚生大臣を務め、同年9月に亡くなった。

もう1人の積極的な発言をした大臣である齋藤邦吉は、内務省と労働省を経て、72年12月に厚生大臣に就任した。その在任中に行った年金制度と健康保険法の改正は、当時の政治部の記者たちから「福祉の礎を築いた」と高く評価されている（齋藤邦吉伝記刊行会編 1996)。また、斎藤は森永ヒ素ミルク中毒とサリドマイド禍の補償体系の構築にも貢献した。当時、両事例において国は裁判で責任を追及される立場であり、被害者の救済は判決が確定してからにせざるをえないという風潮があったが、斎藤はそれでは遅すぎると考え[43]、森永ヒ素ミルク中毒に対して被害者、企業、厚生省による3者会談を発足させ、さらにサリドマイド禍に対しては宙づりになっていた被害者と企業の和解を進めさせた。斎藤は両事例の共通点として、被害者が不特定多数の一般人で、しかも被害の規模が大きいこと、直接の被害者が生まれてくる子ども、あるいは乳幼児であること、被害者の障害の程度に差があること、訴訟の「被告」に製造会社と国の両方が据えられていることを挙げている（齋藤 1975: 124)。これらの共通点は、主な被害者が子どもに限られるという点を除けば油症にも当てはまるものであるが、齋藤は油症問題に対して2事例と同じようには関わらなかった。

表5-2で示したように、齋藤は毎日新聞の取材において新たな法律の作成や難病指定を検討していると述べているが、国会発言ではこのようなものは見当たらず、むしろ企業の加害責任を基礎とする補償体系を志向しているように見える。まず73年9月14日の参議院社会労働委員会25号では、「企業者の責任というものはあるという前提で考えざるを得ない」「話し合いで解決するような空気の醸成に全力を尽くしてみたい」と発言している。次に74年4月8日の参議院予算委員会第四分科会4号においては、小平芳平委員より「森永ヒ素ミルク中毒は国が介入することで救済が進んできたが油症はど

うか」と聞かれ、油症も原因者が特定できて裁判が長期化する恐れのある事例なので、話し合いで解決するのが望ましいが、今は被害者団体の要求が一本化できていないため、まだその段階にないと答えた。これらの発言からは、齋藤が森永ヒ素ミルク中毒やサリドマイド禍のような3者の協定による補償を油症問題にも適用したいと考えていたことが推察できる。

齋藤は、認定を受けられないという未認定患者らの訴えを聞き入れ、地元の医師の診断を尊重しながら認定／棄却を判断するよう関係機関に通知し、その結果新たに約100人が認定された[44]。このように認定範囲の拡大に貢献したことからも、油症被害を救済すべきものとして認めていたことは明らかである。しかし齋藤が構想していたであろう3者協定を結ぶには至らず、80年にふたたび厚生大臣に就任した後も、油症に関する発言は見られない[45]。死後にまとめられた伝記『清和：斎藤邦吉伝』にも油症ということばは見当たらず、魚のPCB汚染問題と関連する問題として「食用油の公害問題」と一言挙げられているのみである（齋藤邦吉伝記刊行会編 1996）。

以上のように、69年から70年代前半にかけて大臣レベルで既存の法制度や政策的対処を見直す必要があると認識されていたことは確かであるが、新しい法案を作成するための組織が結成されることはなく、3者の協定に向けた働きかけもなされず、具体的な成果に結びつくことはなかった。そして70年代後半からは、政府の介入によって被害を救済しようという発言は消え、カネミ倉庫と被害者の間のやり取りと裁判所の判決に被害補償のあり方が一任されることになった。

3.2　判決

77年以後は、判決と新たな提訴の集中期となる。同年10月5日、福岡民事の第一審判決は原告の全面勝訴となった。福岡地裁はピンホール説を採用し、鐘化の製造責任とカネミ倉庫と加藤代表取締役の過失責任を認め、賠償総額として3者連帯で6億8,268万円、原告1人当たり860万円から2,570万円の支払いを命じた。これを受けて、カネミ倉庫は同月8日、続いて加藤代表取締役が19日に控訴断念を表明したが、鐘化は控訴し、併せて執行停止を申し立てた（『日経新聞』、1977.10.6）。

翌78年3月10日、統一民事第1陣第1審判決は原告の部分的勝訴となった。福岡地裁小倉支部はピンホール説を採用し、カネミ倉庫と鐘化の責任を認めたが、加藤代表取締役と国と北九州市には責任がないとした。賠償総額は60億8,016万6646円（『日経新聞』、1978.3.10）で、原告1人平均約835万円（加藤 1989［1985］）だった。カネミ倉庫は福岡民事同様に控訴を断念し、原告と鐘化は控訴した。原告は判決日の夕方から夜にかけて、鐘化本社や工場など4ヶ所で認容された賠償額と利息を合わせた89億6,800万円の差し押さえにかかるも、鐘化にはほとんど現金が見当たらなかった（『朝日新聞』、1978.3.11）。

この二つの判決後、78年にカネミ倉庫と鐘化は未訴訟派との交渉を進めた。2社は「カネミ油症事件全国連絡会議」のなかに組織された「未訴訟被害者対策委員会」に併せて1人150万円の一時金を支払うことを約束し、裁判が終結した段階で未訴訟の被害者にも原告への賠償金に準じた相当額を支払うという条件も呑んだ。

被害者らによる提訴は続いた。81年10月12日には、統一民事第3陣として29人がカネミ倉庫、同代表取締役、鐘化、国、北九州を相手に17億6,500円の損害賠償を請求した。また、新たな原因説として前述の加藤八千代による「工作ミス説」が提唱されたが、それまでに信じられてきたピンホール説と工作ミス説のどちらが正しいのかが明確にならないまま、同年6月14日に統一民事第2陣第1審が結審し、翌82年3月29日には同じく原因説が特定されないまま、福岡地裁は北九州市と国を除いたカネミ倉庫、加藤代表取締役、鐘化の責任を認めた。賠償総額は約24億9,000万円で、原告と鐘化が控訴した。

続いて84年3月16日、原因説にピンホール説を採用した二つの判決が出された。一つは福岡民事第2審判決で、第1審同様に原告の全面勝訴となり、カネミ倉庫、同代表取締役、鐘化の責任が認められた。賠償総額は3億9,200万円（加藤 1989［1985］）で、鐘化は上告したが、カネミ倉庫と同代表取締役への判決は確定となった。

もう一つは統一民事第1陣第2審判決で、北九州市を除いてカネミ倉庫、同代表取締役、鐘化、国の責任が認められた。第1審判決では国と加藤代表取締役への責任は認められなかったのが一転し、食品公害では初めて国の過失責任を認める判決が出た（川名 1989）。賠償総額は47億400万円、1人当たり最高1,500万円で、判決の翌日に国は24億9,500万円、鐘化は30億8,600万円を原告に支払った（『日経新聞』、1984.3.17）。しかし国と鐘化は上告したため、これはあくまでも仮執行金（以下、仮払金）であった。

この仮払金をめぐって、判決から2ヶ月後の5月18日、原告団と原告弁護団の間で争いが生じた。原告弁護団が仮払金のうち約8億円を原告らに無断で銀行から引き出していることが明らかになったのである（長山 2005）。のちに保管上の問題で口座を移しただけであるという説明がなされるが、これは全国各地の被害者の会で問題となり、原告と弁護団の間の信頼関係にひびが入った。そして6月20日には統一民事原告団から約320人が脱退し、「油症原告連盟」を結成するに至った（止めよう！ダイオキシン汚染・関東ネットワーク 2000）。他方で、統一民事の第1陣から第3陣までの原告らと原告弁護団によって、84年7月8日に3団体を統一した「カネミ油症事件全国統一民事訴訟原告団」が発足し、結束を強める動きも見られた（『日経新聞』、1987.7.9）。

85年2月13日には、初めて工作ミス説を採用した判決が出た。統一民事第3陣第1審判決において福岡地裁小倉支部は北九州市を除くカネミ倉庫、同代表取締役、鐘化、国の責任を認めた。賠償総額は3億7,100万円で、原告が国に勝訴したのは統一民事第1陣第2審判決に続いて2度目であった。判決の翌日、国は第1陣同様に仮払いとして遅延損害金を含んだ賠償金2億233万円、鐘化は3億4,853万円を原告代理人に支払った（『日経新聞』、1985.6.15）。その後、国と鐘化は上告している。

さらに提訴は続いた。85年7月29日には10人[46]が統一民事第4陣として、11月29日には4人[47]が統一民事第5陣として訴訟を提訴した。これらの訴訟における被告は、これまでの統一民事の被告から北九州市を除いたカネミ倉庫、同代表取締役、鐘化、国である。さらに翌86年1月6日には303人が油症福岡民事訴訟（以下、油症福岡民事）を起こした。油症福岡民事の被告は、カネミ倉庫、同代表取締役、鐘化の３者のみで、この訴訟は「未訴訟対策委員会」のメンバーの一部が「油症福岡訴訟団」を結成して提訴したものである。未訴訟対策委員会のなかで油症福岡訴訟団に入らなかったメンバーは、統一民事第5陣に加わった。こうして、80年代の民事訴訟がすべて提訴された。

3.3　国の責任をめぐる論争

これらの訴訟8件のうち、国を被告としたのは統一民事のみである。では、具体的にどのような点において国の責任が問われたのだろうか。原告側は、国が国民の生命・健康に対する安全を確保する義務を有するにもかかわらず危険な食品の販売を許したという行政の原則論違反と、ダーク油事件対応の各論的失敗において国に責任があると主張した。ダーク油事件の各論的失敗として提示されたのは以下の点である。第一に、福岡肥飼料検査所の担当官がカネミ倉庫の立ち入り調査をした際に、ダーク油と食用油が同一工程で製造されることを知った以上、食用油の安全に疑いをもつのが当然であるが、これを見逃した。第二に、農林省の係官は、食用油の安全性にも疑いがあることを厚生省に対して通報する義務があったが、これを怠った。第三に、農林省がダーク油事件を厚生省に通報していれば、疑わしいと思われる食用油を回収し、再現試験によって有害物質を突き止めることで被害の拡大を防げたが、これを行わなかった。第四に、家畜衛生試験場の担当官はダーク油事件の原因究明にまじめに取り組まず、見当違いの回答によって食用油の危険に着目する機会を失わせた。このように原告側は、行政組織の事件の未然防止と被害拡大防止の責任を問うた。

それに対し国側は、行政の原則論に関してはとくに反論しなかった。しかし各論としての行為については以下のように主張した。第一に、そもそも福岡肥飼料検査所は食用油については職務外であり、人体被害の情報やPCBの使用を知る機会もなかった。製造者から食用油は大丈夫と説明を受けたことなどから、食用油にまで疑いをもつのは無理である。第二に、福岡肥飼料検査所の担当官は、職務外の食品の安全性について法的通報義務を負わないものである。第三に、厚生省に通報がなされても、疑わしいだけでは権限を行使して食用油を回収することは困難であり、回収したとしても毒性の再現は得られなかった。第四に、家畜衛生試験場へのダーク油の鑑定依頼は、原因物質の究明ではなく、あくまで再現試験だった。また製造工程においてPCBが使用されていたことを知らず、設備も整っていなかった当時の状況では、PCBと特定できなかったことは過失とは言えない。このように国側は、自らの行為の正当性を主張した。

3.4　判決の転回と妥結

それまでの判決は、姫路民事の敗訴を除けば原告がおおむね勝訴しており、国の責任も二度にわたって認められてきた。ところが、その傾向は大きく転じることになる。86年5月15日に出された統一民事第2陣の控訴審判決で福岡高裁は工作ミス説を採用し、カネミ倉庫と同代表取締役の責任を認めて総額18億3,000万円の支払いを命じたが、国、北九州市、鐘化には責任がないと判断した。鐘化の製造責任が否定されたのはこれが初めてのことである。この判決を受けて、23日には統一民事原告団による「不当判決抗議のつどい」が開かれ、26日に原告は上告した。また、27日には同原告、原告弁護団、支援者が鐘化の株主総会に株主として出席し、同社に被害救済を迫る抗議行動をとり、6月23日から10月8日まで鐘化本社前で座り込みを行うなど、鐘化に対する抗議を続けた。

最高裁は10月7日から統一民事第1陣と福岡民事が併合された上告審の口頭弁論を開始したが、原告は最高裁の判断を楽観視することができなかった。かりに第2陣第2審判決と同様の判決が最高裁でなされ、カネミ倉庫以外の被告の責任が否定された場合、原告は今後カネミ倉庫と同代表取締役以外の主体から賠償金を受け取ることが困難になり、さらに鐘化と国から受け取った仮払金を返還する義務が生じてしまう。また、国と北九州市に責任がないという判断を覆すこともできなくなり、公的救済を求める道も閉ざされる。このような状況下で、原告側弁護団は11月、最高裁における口頭弁論によって統一民事第1陣判決に変更を加える可能性が強まったと判断し、解決の方向を探り始めた。また最高裁も原告と鐘化に対して和解を打診し始めた。こうして、これまでも和解に応じてこなかった国を除いて、最高裁と原告弁護団は最高裁判決を伴わない「解決」を目指して足並みを揃え始めた。原告にとって裁判で目指される「解決」の意味が、判決による勝利の獲得ではなく、和解に変化したのである。

翌87年2月27日、最高裁から原告と鐘化に対して4項目を骨子とする和解案が正式に提示された。この和解勧告を受けて、統一民事原告団と油症福岡訴訟団は同日中に原告団代表者会議を開き、10地区で13回の地区会合を開いて話し合った。3月15日にはふたたび原告団代表者会議が開かれ、原告らは和解勧告の受諾を正式に決定した。17日に鐘化もまた和解案を受け入れることを決定し、最高裁に通知した（『日経新聞』、1987.3.17）。こうして、和解を拒否した統一民事第2陣原告の3名を除き、20日に最高裁で全原告団と鐘化との間に一括和解が成立した。

鐘化との和解が成立した同日、最高裁は統一民事原告団へ判決まで行けば国の責任を否定せざるをえないことを示唆し、国の同意なしに判決を回避するには原告側の国に対する訴訟を放棄するしかないことを伝えた（長山2005）。その結果、同月26日に統一民事第1陣と第2陣原告団が国への訴えを取り下げ、国はこれに6月22日に同意し、25日に国側の農水・厚生・法務・大蔵の4省が同意して最高裁で手続きが取られた。鐘化との和解同様、統一民事第2陣原告3名が国への取り下げを拒否していたため、この3名を除く手続きとなった[48]。

統一民事第1陣と第2陣の原告団による訴えの取り下げを受けて、9月28日には第3陣原告団が続き、10月17日には第4陣、第5陣の原告団も国への訴えを取り下げた。これらの取り下げに国は21日に同意した。また、同日に第4陣および第5陣の原告団と、カネミ倉庫および同代表取締役の間に和解が成立した。以上のように、最高裁判決を前にして、すべての民事訴訟が訴えの取り下げと和解によって決着することになった。

3.5 取り残された被害

1987年に裁判が終結してから連日の新聞報道は止み、空白の9年間と呼ぶべき時代が訪れる。裁判終結の翌年に行われた日経新聞による新納真人鐘化代表取締役に対するインタビューでは、油症事件は「『責任無し』と最高裁で認められた」「乗り切れた」と、すでに過去の歴史として語られている（『日経新聞』、1988.12.24）。この発言が象徴するように、原告が訴えを取り下げて和解に同意したことで、最高裁が「被告らに責任はない」と認めたかのような事実認識がなされた。そして油症事件そのものも解決したかのように風化していった。

しかし、裁判が終わっても患者の毎日の生活は続いており、病苦や生活における困難は継続していた。空白の9年間においても省庁交渉などの個別の運動が確認され、新たな問題も発生したが、それらは次のように大きな争点形成へ繋がるできごととはならなかった。たとえば93年には、カネミ倉庫による患者への治療費支払いのうち健康保険の負担分を長崎や福岡県内の地方自治体が国民健康保険会計などから立て替えており、その額が約20年間で7億4,000万円以上に達していることが明らかになった（『日経新聞』、1993.1.26）。しかしカネミ倉庫が倒産すれば認定患者への治療費の支給も止んでしまうため、取り立ては強行されず、緊急対応すべき政策課題と見なされるまでには至らなかった。さらに95年には、70年から続けられてきた「カネミ油症事件を告発する会」によるカネミ倉庫正門前での座り込みが300回目を迎えたことが報道されるが（『日経新聞』、1995.7.22）、これをきっかけに全国の被害者や支援者が集結するような機会には結実しなかった。この間も、カネミ倉庫から認定患者への治療費の一部支払いは継続され、また厚生省が主導する検診も行われていたが、根本的な救済措置は依然として存在しておらず、未解決状態が続いていた。

4　政策過程と被害

4.1　初期の行政組織の対応

以上見てきたように、奇病の存在が明らかになってから裁判が終結するまでに行政組織が行ってきたことは、次の4点に分けられる。第一に、原因食品の特定、回収、販売停止である。原因食品がカネミ製のライスオイルであるということは、新聞報道によって奇病が問題化されたときにはほとんど確信をもたれていた。そこで北九州市はカネミ倉庫に対して原因が特定されるまでライスオイルの販売を中止するよう勧告したが、カネミ倉庫はこれを拒否したため、厚生省が16日に販売停止を命じることになった。この時期には原因としてヒ素やリン酸ソーダが疑われており、また厚生省が原因食品と考えた製造番号020330の缶も実は1缶しか存在しておらず、いつ製造された油がなにによって汚染されていたかということは明らかになっていなかった。つまりカネミ倉庫の責任を証明することはできていなかったが、厚生省は販売停止命令を出せたのである。ここから導き出されるのは、地方自治体ではなく厚生省の権限をもってすれば、問題のある製造番号や病因物質が明らかになっていなかったとしても、疑わしい食品の販売停止が可能であるということだ。そうであれば、9月にG氏が九大に油をもち込んだ際に九大の医師が食中毒の届け出を行っていたならば、また同月に国立予防研のH技官が厚生省へ人体への被害発生の可能性を示唆した際に警告を無視しなければ、厚生省が組織として初めて油症を認識したという10月10日よりも早く情報が届き、より早い時期の販売停止が可能となったであろう。

第二に、研究班の組織化と診断基準の作成である。医師から「ライスオイル・ノイローゼ」ということばが出るほど多くの人びとが保健所や病院に押し掛けた。そこで研究班は、より多くの患者を発掘するために診断基準を作成したが、その基準によって認定された者は受診者の1割にも満たなかった。すでに述べたとおり、通常の食中毒事件の対処においては、このような診断基準によって認定患者が選別されることはない。ところが、これ以後、厚生省は患者の振り分けを実質的に研究班にまかせ、通常の食中毒事件の対処とは異なる独特の「認定制度」を油症政策の一つとして既成事実化させていった。

第三に、病因物質の解明と拡散防止である。厚生省の対策本部は病因物質の解明に臨み、研究班と国立衛生試験所にカネミ・ライスオイルの検査をするよう求め、最終的には研究班のメンバーを含む複数の科学者によってPCBが病因物質であることが明らかにされた。PCBが原因であるとわかった段階で、厚生省は中毒症状の認定機関を新たに組織して中毒者の認定を行うことを決めたが、結局は既存の研究班と診断基準にまかせたままに終わった。このほかに病因物質の拡散を防止する努力として、厚生省は通産省とともに化審法を可決させることでPCBの生産および使用を禁じた。

第四に、カネミ倉庫への事後的対応である。厚生省と北九州市はカネミ倉庫の施設の改善を要求するとともに、それが実行された後に営業停止措置を解除した。同時に、カネミ倉庫による治療費負担を確立するために、厚生省、福岡県、北九州市はカネミ倉庫に圧力をかけた。原因食品がカネミ倉庫製のライスオイルであり、かつカネミ倉庫の製造工程において汚染されたということが明らかになるまで、カネミ倉庫は被害者との交渉の席に着かなかったが、行政組織の調査によって責任の所在が明確化されるにつれて態度を変化させ、最終的には被害者に詫びるとともに、治療費の負担を始めた。

以上の対処が、事件の発生初期における行政対応である。これらの対処を個別に見たときに指摘できる問題点はいくつかあるが、これを被害の実態と対比させたときに、より大きな欠落が浮かび上がってくる。

4.2　初期の被害が求める救済策

本章2.1でまとめたように、身体的被害は日常生活機能の低下、家族関係の悪化、労働能力の低下・喪失、支出の増大、余暇的・文化的行動機能の低下、社会的疎外、周囲の無理解、精神的被害、生活設計の変更、生活水準の低下といった社会的被害に派生し、増幅した。このように油症被害においては労災被害や他の公害被害に見られるものと似かよった被害構造が確認された[49]。

これらの被害を軽減するために、どのような救済策が求められていただろうか。救済策について論じる前に忘れてはならないのは、いかなる救済策をとろうとも、またどのように周囲の人間関係に恵まれようとも、被害は不可逆的なものだということである。亡くなった患者らに社会ができることはもはやなく、せめて遺族に補償または葬祭手当等を支払うことしかできない。また、精神的に負った傷や、諦めざるをえなかった人生設計、失われた健康、油症でなかった頃の彼ら・彼女らの生活と精神を完全に取り戻すことは不可能である。このように損害を完全に復元させることは不可能とはいえ、しかし軽減していくことはできるという前提に立って、被害の各類型に対する救済策を検討しよう。

まず「日常生活機能の低下」と「余暇的・文化的行動機能の低下」は、療養生活や治療によって回復されていくものである。そこで、治療研究の推進や、被害者が望むようなかたちで療養生活を送れるような医療環境、健康管理のための経済的手当が求められる。次に「労働能力の低下・喪失」と「支出の増大」「生活水準の低下」は、経済的賠償・補償、医療費の支給によって補塡されうる。また、仕事を休みがちであるために辞職に追いやられるという問題には、「周囲の無理解」や「社会的疎外」と同様に、油症という病に関する情報を周知することが一助となる。さらに「精神的被害」は、具体的には被害者が被害者であることの権利の侵害に起因する「みじめ」さがあることをすでに確認した。よって、被害者の被害者としての権利の回復が行われれば、精神的被害はある程度軽減されると考えられる。詳しくは9章で論じるが、こうした権利回復のためには、患者を認定する制度が患者の権利を承認するようなものに整備され、かつ受療券などの医療費受給のしくみが関係者に周知される必要がある。

ただし、「家族関係の悪化」「生活設計の変更」については、政府や社会一般が介入できる範囲に限界があると言わざるをえない。これらの派生的被害を軽減するためには、公的救済策よりも、むしろ被害者をとりまく家族や知人・友人といった私的関係において被害者がケアされることが必要だろう。また、保健所や基礎自治体に相談窓口があることが、こうした私的関係に部分的に代替しうる可能性がある。被害者同士の集会や交流会が開かれることも、苦しみの分かち合いや、互いの事情を察し合うことのできる関係を構築していくための機会となりうる。

このように被害の各類型に対応して導き出された救済策を、実際に政策過程において行われてきた対処と比較してみると、両者はどのように対応しているだろうか。

4.3　政策過程と被害の齟齬

表5-3は、被害者にとって必要とされる救済策と実際に行われた政策的対処を比較し、さらに責任企業によって行われた補償などの救済措置を併記したものである。

表5-3を見てわかるとおり、「治療研究の推進」に対しては「研究班の組織」「研究費の助成」が行われている。また「経済的補償・賠償」の要望に対しては、カネミ倉庫と鐘化から一部の賠償金の支払いと、見舞金または和解

表5-3　必要とされる救済策と実際の救済策の比較

必要とされる救済策	政策的対処	その他の救済措置
治療研究の推進	研究班の組織 研究費の助成	—
健康管理の経済的手当	—	—
医療環境の整備	—	—
経済的補償・賠償	一部自治体による貸付金の貸し出し 一部自治体による見舞い品の贈呈	カネミ倉庫による賠償金の一部と見舞金23万円の支給 鐘化による賠償金の一部と和解金一人あたり約300万円の支給
医療費の支給	—*	カネミ倉庫が一部を支給
病気の情報周知	—	—
被害者の権利保障	—	—
市民に対する救済措置の内容周知	—	—
保健所や基礎自治体における相談窓口の設置	—	—
—	患者の認定	—

注：* ただし国民健康保険の支払い分は各自治体が立て替えている

金の支払いがなされた。さらに一部の自治体は被害者に生活貸付金を貸し出したり、見舞い品を贈呈したりしているが、いずれも一時的なものであり、被害者の生活を根本的かつ恒久的に支えようとする施策とは言えない。「医療費の支給」はカネミ倉庫が一部を負担し、健康保険の負担分は自治体が立て替えているが、すでに見たとおり、カネミ倉庫の判断によって支払われない場合があったり交通費や民間療法に対しては支払いが認められなかったりするという問題がある。

このほかに被害者に対する政策的対処として認定作業が行われてきたが、9章で検討するとおり、そこで行われる認定は被害者の権利を法的に保証するような性質ではなく、認定されたとしてもカネミ倉庫からの見舞金と不十分な医療費を得られるだけのものである。それ以外の「健康管理の経済手当」「医療環境の整備」「病気の情報周知」「被害者の権利保障」「関係者への救済措置の内容周知」「保健所や基礎自治体における相談窓口の設置」には、行政も責任企業もなんら対処していない[50]。

以上の検討から、油症の発生初期から1987年にかけて、被害を軽減するために必要とされる救済策と実際の政策的対処は大部分において齟齬をきたしており、被害はほとんど放置されてきたと言える。

4.4　政策過程を支える政治の役割

被害の軽減に結びつかないような政策が実施され、維持されてきた背景には、一人一人の行政担当者の行為に加えて、それを支える政治家の判断がある。国会議員や大臣の取り組みが具体的な解決策が実現するか否かを左右するのであるが、被害者救済に向けて前向きな発言をした斎藤昇厚生大臣や齋藤邦吉厚生大臣らの発言は雲散霧消し、既存の対処が続けられていった。また、油症の被害発覚当初には各政党の調査団や議員団が北九州を訪れて調査を行っているが、これらの調査結果が国会における議論に反映されることはなかった。さらに、主な病因物質がダイオキシン類であることが明らかになったが、この医学的認識の転換を政治の場にもち込もうとした者はいなかった。自民党の砂田重民議員が油症およびダーク油事件について政府の対応を追求したことから、国が油症研究の費用を助成することになったが、前項で確認したとおり、研究成果は直接的な治療にはいまだ繋がっていない。

次の6章で見るように、2001年に坂口力厚生労働大臣が「油症の主な原因物質はダイオキシン類」と答弁したことによって診断基準が見直されたり、06年に自民・公明の与党プロジェクトチームが結成されたことに端を発して油症被害者のための議員立法が成立したり、重大な政策転換は大臣や議員の行為をきっかけにして生じている。また、10章で後述するように、五島市市長が被害に対する認識を改めたことから、同市では油症被害者を支援するための行動計画が策定され、政策担当者の間で学習会が行われるようになった。このように政治家は、その判断によって政策転換の引き金を引くという重大な役割を担っている。にもかかわらず、この時期において政治家や政党は被害者救済にとって有効かつ具体的な解決策を生み出すような取り組みは行わなかった。以上の文脈において、被害と政策過程の齟齬は行政担当者だけでなく政治家によっても生み出されたことを指摘しておく必要がある。

注

1　下田（2007）は、これ以外の時期に製造された油が原因であるという可能性は捨てきれないと指摘している。

2　カネミ油症被害者支援センター（2006a）では10月22日と書かれているが、長山（2005）や原資料などでは19日とする記載が圧倒的に多いため、19日と判断した。また、カネミ油症被害者支援センター（2006a）および長山（2005）において、22日に油症研究班が「全国油症治療研究班」に再編されたとあるが、研究班の構成員が記した小栗ほか編(2000)によれば、再編は1984年頃のことである。

3　診断基準の詳細な内容はすでに3章で確認したが、この診断基準が用いられることの社会的帰結については9章で詳しく検討する。

4　2009年8月10日、長崎県西彼杵郡在住の認定患者J氏へのヒアリングより。

5　2010年3月15日、広島県広島市在住の認定患者B氏へのヒアリングより。

6　2006年9月10日、当時五島に在住していた認定患者K氏へのヒアリングより。括弧内は筆者。

7　2010年3月15日、広島県広島市在住の認定患者B氏へのヒアリングより。括弧内は筆者。

8　2008年7月20日、長崎市で開かれた被害者集会におけるL氏の発言および

2009年8月12日の同氏へのヒアリングより。
9　2010年3月14日、広島市で開かれた被害者集会におけるM氏の発言より。括弧内は筆者。
10　2009年7月15日、福岡県北九州市在住の認定患者N氏へのヒアリングより。
11　2010年3月16日、広島市在住の認定患者O氏へのヒアリングより。
12　2010年3月18日、広島市在住の認定患者P氏へのヒアリングより。
13　2006年9月10日、長崎県在住の認定患者K氏へのヒアリングより。
14　2010年3月14日、広島市で開かれた被害者集会におけるM氏の発言より。
15　2009年10月7日、福岡市で開かれた被害者交流会における被害者らの発言より。
16　2010年1月24日、長崎市で開かれた被害者集会における認定患者Q氏の発言。括弧内は筆者。
17　2009年10月7日、福岡市で開かれた被害者交流会における認定患者R氏の発言。
18　2010年3月14日、広島市で開かれた被害者集会における認定患者S氏の発言より。括弧内は筆者。
19　2010年1月24日、長崎市で開かれた被害者集会における認定患者T氏の発言より。
20　2006年9月9日、当時長崎県五島市在住だった認定患者T氏へのヒアリングより。括弧内は筆者。
21　2010年3月17日、広島市在住の認定患者R氏へのヒアリングより。
22　2009年7月15日、福岡県北九州市在住の認定患者U氏へのヒアリングより。
23　2010年3月15日、広島市の認定患者遺族であるV氏へのヒアリングより。
24　2009年7月15日、福岡県北九州市在住の認定患者A氏へのヒアリングより。括弧内は筆者。
25　2006年9月7日、長崎市在住の認定患者W氏へのヒアリングより。括弧内は筆者。
26　2008年7月20日、長崎市で開かれた被害者集会における認定患者X氏の発言より。
27　2008年7月20日、長崎市で開かれた被害者集会における認定患者J氏の発言より。
28　2010年3月18日、広島市在住の認定患者P氏へのヒアリングより。
29　2006年9月7日、長崎市在住の認定患者W氏へのヒアリングより。
30　2010年3月17日、広島市在住の認定患者R氏へのヒアリングより。括弧内は筆者。
31　2009年7月15日、福岡県北九州市在住の認定患者A氏へのヒアリングより。括弧内は筆者。
32　2009年8月12日、長崎市在住の認定患者L氏へのヒアリングより。括弧内は筆者。
33　2006年9月10日、事件発生当時五島市在住だった認定患者K氏へのヒアリングより。

34　2006年9月10日、事件発生当時五島市在住だった認定患者K氏へのヒアリングより。括弧内は筆者。

35　2009年10月7日、福岡市で開かれた被害者集会における未認定患者Y氏の発言より。

36　2009年8月12日、長崎市在住の認定患者L氏へのヒアリングより。

37　2010年3月14日、広島市で開かれた被害者集会における認定患者M氏の発言より。括弧内は筆者。

38　2010年3月8日、事件発生当時に五島在住だった認定患者、故・Z氏へのヒアリングより。

39　その後2008年には、これら8件の訴訟終結後に新たに認定された「新認定」患者らによる「カネミ油症新認定訴訟」が提訴された。

40　この座り込みは1976年5月半ばまで続けられた。

41　国会における発言に加えて、会見や個別の取材に対する発言も含む。

42　斎藤昇の救済政策の構想がなぜ消滅したかという問題については、その構想に至ったタイミングで1期目が終わったこと、2期目は政界引退を控えた時期であり新法を作成するだけの余力が残っていなかったこと、そして森永ヒ素ミルク中毒が森永乳業による補償費用の全額負担によって一定の解決に至ったという前例を油症にも適用できると考えたことが推測される。

43　齋藤は当時の感情を次のように振り返っている。「現に病床に横たわって苦しんでいる被害児がいる。とくに森永の被害児はそろそろ二十歳という人生でいちばん重要な時期を迎えようとしている。救済を放置したままでいいのだろうか、と強くひっかかるところがあったのだ」(齋藤 1975: 113-114)。

44　74年3月7日に開かれた衆議員予算委員会第3分科会3号における中村重光議員とのやり取りより。

45　齋藤が油症について3者協定を結ばせることができなかったのは、森永ヒ素ミルク中毒やサリドマイド禍と異なり、カネミ倉庫には補償できるだけの資力がなかったこと、被害者運動が一本化できていなかったこと、子どもが主な被害者である2事例に比べて時間や資源を投入しなかったことが理由として推測できるが、この解釈の妥当性についてはさらなる検討が必要である。

46　最終原告は17人。

47　最終原告は78人。

48　3名は89年3月20日に訴えを取り下げ、同月31日に国から同意を得ている。

49　ここに当てはまらない被害に関しては8章で論じる。

50　あくまでも本章で見てきた初期の政策過程を対象とするので、2002年から研究班内に油症相談員制度が設けられたことや、2008年に九州大学病院に「油症ダイオキシン研究診療センター」が設置されたこと、またそのなかに相談員として新たにソーシャル・ワーカーがおかれたことなどは対象外とする。

第6章　なぜ被害者は沈黙したか

——第3期：特例法成立期（1987-2007）

本章の目的は、仮払金返還問題の経過を主体別に分析することを通じて、2007年6月に成立した「カネミ油症事件関係仮払金返還債権の免除についての特例に関する法律」（以下、特例法）の成立要件を明らかにすることである。まず、仮払金返還問題の概要と油症問題全体における位置づけを確認し、本章の分析概念として「状況の定義」を採用することの必要性を述べる（1節）。続いて仮払金返還問題の発生から特例法が成立するまでの事実経過を記述する（2節）。この事実経過をふまえて、原告、原告弁護団、国・県・市、支援団体という4主体にとって仮払金返還問題がいかなる状況として定義されていたか、その定義がどのような行為に表れていたか分析する（4節）。最後に、特例法が成立した要因として「状況の定義」の共振がもたらす共通の解決イメージがあり、それが政治的機会に接合したことを挙げ、本事例が合意形成論に示唆するものとしてインフォーマルな交渉の積極的作用と分析の必要性を提起する（5節）。

1　問題の位置づけと分析概念

1.1　仮払金返還問題とはなにか

そもそも特例法はいかなる事態を解決するために作られたものなのか、まず仮払金返還問題の概要を確認しておこう。5章で見たように、油症をめぐる最大規模の民事訴訟となった統一民事において、原告は1987年に国に対する訴えを取り下げた。訴えを取り下げたということは、地裁および高裁判決にもとづいて国から受け取った仮払金を返還する義務が生じるということである。しかし、油症に罹患したことで経済的に困窮した生活を送る原告の多くは仮執行金を遣いきっており、返還はほとんど不可能だった。さらに、原告本人が亡くなったのちにも債務は相続されるため、相続人である家族にとっても問題は深刻なものであった。こうして特例法が成立する2007年まで、829人の原告が国から計26億9,705万円の「借金」を背負うという「仮払金返還問題」が原告とその家族を悩ませ続けたのである。

この「借金」をほぼ帳消しにするという、まさに特例的な法律が成立することによって、仮払金返還問題は一定の決着[1]に到達したが、なぜそれが可能になったのだろうか。国が債権を放棄するにあたっては、他の国民に対して説得的な理由がなければ、世論はそれを認めないだろう。裁判所は国の責任を現在まで認めておらず、政府は油症事件をカネミ倉庫という一民間企業の起こした食中毒事件として扱っている。つまり、国が油症被害の発生に対して法的責任を有しているために債権を放棄したという論理は通らない。では、いかなる論理によって国の債権放棄を認める法律ができたのか。本章では、その要因を明らかにしていく。

1.2　油症事件における仮払金返還問題の位置づけ

「借金」を背負った患者は、被害者全体から見れば一部の存在にすぎない[2]。この問題に関与する被害者は、第一に都道府県から患者であると認定され、第二に国を被告とする訴訟を提訴し、第三に国に一度は勝訴し仮払金を受け取った者という限定的な存在である。ひるがえせば、この問題には、未認定患者、訴訟を提訴しなかった者、提訴したが国を被告にしなかった者、国を訴えたが敗訴して仮執行金を受け取っていない者は関係がない。このような文脈において、仮払金返還問題はあくまでも油症事件の派生的問題であり、本質的な問題ではないという意見があるかもしれない。

しかし、仮払金返還問題は、油症被害の救済を困難にしてきた要因の一つとして見逃すことのできない重要さをもっている。というのも、被害者が抱く「国に借金をしている」という負い目が、被害の訴えを封じ、現状への不満や被害の救済を求めることを困難にしてきたからである。当事者による被害の訴えが微弱なものであれば、被害の救済を後押しするような世論が形成されることはなく、既存の制度や政策の転換は生まれ難い。被害は「終わったもの」と見なされ、不満が表出されないことを理由に現状が維持されていくのである。

このように、仮払金返還問題は1987年の「借金」発生から2007年に特例法が成立するまでの20年間にわたって被害者の訴えを封じ、被害の救済制度や公的補償のない状態を維持させてきたという意味で、被害救済の阻害要因として見落とすことのできない問題である。したがって、この問題の決着過程を検討し、特例法の成立要因を分析することは、被害が救済されない状態の打破や被害者に沈黙を強いてきた構造の解明において有効であると言える。つまり仮払金返還問題は、87年から07年の油症の歴史において、とくに論じられるべき重要な問題なのである。

1.3 「状況の定義」がもたらす自発的強制

本稿が分析において鍵概念とする「状況の定義（the definition of the situation）」とは、ウィリアム・I. トマスとフロリアン・ズナニエツキが提唱し、その後ハーバート・J. ブルーマーによって批判的に補完され、さらにアーヴィング・ゴッフマンによってフレーム分析として展開された人びとの行為の前提となる事実の認知過程をめぐる議論である（Thomas and Znaniecki 1974［1927］=1983; Blumer 1971=2006; Goffman 1974）。この概念の意味するところを簡潔に言えば、「意志を行動に移す際に準備として必要なもの」（Thomas and Znaniecki 1974［1927］=1983: 63）と定義される。新しい状況は必ず曖昧なもので、それを規定するためには、客観的データの分析だけでなく態度そのものをどう決定するかが求められる。その態度の決定や状況の解釈として観察されるのが「状況の定義」である。人びとはこの定義にもとづいて状況に適応し、行為を選択する。トマスとズナニエツキが「状況の定義」概念を通じて明らかにしたのは、人は外部からある刺激を受けたとき、脚気の試験のように反射的な反応をするわけではないということである。つまり、社会的行為は身体的な反射のように決まり切った所与のものではなく、それぞれの状況に応じて主体が下す「状況の定義」が、その後の行為を構成するのである。

さらにブルーマーによれば、ある社会問題の公式の政策における扱いを決定するのは、ある利害集団同士が状況の定義や意味づけを競わせ合う過程で形成される集合的定義過程であるという（Blumer 1971=2006）。つまり、個人の行う「状況の定義」があってある行為や運動が生まれ、そこからさらに集団同士の「状況の定義」をめぐる相互行為がなされ、その過程において「社会問題を社会がどう扱うか」が決定されていくのである[3]。

このような「状況の定義」概念を用いた事例分析として、環境社会学者の金菱清は、伊丹空港「不法占拠」問題において、サンフランシスコ講和条約以後、日本国籍を押しつけられてきた在日朝鮮人・韓国人が、「在日外国人」となって日本に残るか、あるいは北朝鮮か韓国のいずれかを母国として選んで渡るかという選択をせざるをえなくなった状況を「ダブルバインド状況におけるパラドックス」と呼ぶ（金菱 2008: 93）。そのパラドックスとは、客観的な「法」は何も禁止していないにもかかわらず、自らが状況を定義したなかで「主体的に」いずれかの選択肢を選ばざるをえなくなるということである（金菱 2008: 92）。

仮払金返還問題において、被害者は被害者という立場から返還免除を訴えることも可能だったにもかかわらず、なぜ沈黙を守ってきたのか。また国は、なぜ20年間も債権の不履行状況を甘受し続けて来たのか。これらの問いに答えるためには、仮払金返還問題をめぐって各主体が行った「状況の定義」を検討することが必要である。すでに述べたとおり、仮払金返還問題の発生以後、油症患者は「国に借金をしている」という状況から、自らに沈黙を課してきた。これは被害者による「状況の定義」が、被害者の沈黙、すなわち「行為しないという行為」を選択させたのだと理解できる。公的に患者であることを認定された被害者が、被害を訴え救済を求めることを禁止されていないにもかかわらず、主体的に沈黙を選ばざるをえなくなる状況は、金菱が言う「ダブルバインド状況におけるパラドックス」に当たる。このパラドックスは、当事者から見れば「主体的強制」と言い換えることができよう。「状況の定義」によって被害者が自らに課した沈黙という行為は、油症に対する社会的関心の喚起や問題構築を封じ、仮払金返還問題を長期化させ、結果として油症問題全体を複雑化させた。

この問題がなぜ特例法の成立という決着に至ったかを解明するためには、「状況の定義」を検討するほかに、政治的機会や社会状況の変化など、問題の背後にある構造を分析するという方法もありうる。しかし、20年に及ぶ仮払金返還問題の未解決状態には、構造分析だけでは説明しきれない側面がある。それは先ほど述べたとおり、被害者が沈黙を自らに課してきたことや、国が債務の不履行状態を実質的に許容してきたことなどである。このとき、被害者は第三者から被害の主張を禁止されていたわけではなく、また、国も職務上求められる厳格な債権の執行とはむしろ反対の行為をしている。つまり、各主体の行為は、外部的な制約条件だけに規定されていたのではない。それぞれの主体は、なぜそのような行為を選択したのか。これを明らかにするために、本章では特例法成立を可能にした要因の一つとして「状況の定義」に注目し、人びとがどのように状況を定義し、いかなる相互行為をしてきたのか検討していきたい。

2　仮払金返還問題の発生から特例法成立まで

2.1　仮払金返還問題の発生

ここであらためて仮払金返還問題に関わる主体が誰なのか、詳しく確認しよう。仮払金返還問題の当事者となった被害者は、統一民事第1陣および第3陣の原告である。統一民事第1陣から第3陣の判決において、国の責任の有無は次のように判断された（**表6-1**）。

まず、表6-1における①第1陣第1審および②第2陣第1審判決においては、被害の発生および拡大防止における国の責任は認められなかった。しかし、続く③第1陣第2審および④第3陣第1審判決では、国の責任ありと認められた。ところが、ふたたび判決は転回し、⑤第2陣第2審判決では、国の責

表6-1　国を被告とする訴訟の判決一覧

訴訟名	裁判所	判決日	判決
①全国統一民事第1陣 第1審	福岡地裁小倉支部	1978.3.10	×
③全国統一民事第1陣 第2審	福岡高裁	1984.3.16	○
②全国統一民事第2陣 第1審	福岡地裁小倉支部	1982.3.29	×
⑤全国統一民事第2陣 第2審	福岡高裁	1986.5.15	×
④全国統一民事第3陣 第1審	福岡地裁小倉支部	1985.2.13	○

凡例：○は被告に賠償責任あり、×は被告に賠償責任なし、丸数字は時系列を示す。
出典：吉野（2010）をもとに筆者作成。

任が否定された。つまり、国の責任なし→あり→なしというふうに、判決は二度にわたって転じたのである。

国の責任ありという判断がなされた2判決において、仮払金は支払われた。まず1978年3月の③第1陣第2審判決では、被告に対して賠償総額47億400万円、原告1人当たり最高1,500万円が確定し、福岡高裁はカネミ倉庫、鐘化、国の3者で分担してこれを支払うよう命じた。国は24億9,500万円を原告に支払ったが（『日経新聞』、1984.3.17）、上告したため、この賠償金は仮払いという位置づけとなった。次に85年2月の④第3陣第1審判決では、賠償総額3億7,100万円が確定し、国は遅延損害金を含んだ賠償金2億233万円を支払った（『日経新聞』、1985.6.15）。ここでも国は控訴したため、賠償金は仮払金として支払われた。

このように第1陣と第3陣の原告は仮払金を得たが、この仮払金が、87年の国への訴えの取り下げによって「借金」へと変貌した。鐘化との間には和解が成立したため、仮払金は見舞金と相殺されることになり、鐘化に対しては返還の義務が生じなかった[4]。しかし国には和解を拒否されたため、第1陣と第3陣の原告829人は国から受け取った仮払金26億9,705万円、1人当たり約300万円を返還しなければならなくなった。

訴訟が終結した直後の87年7月、国は第1陣原告に対して仮払金の返還を求める納付告知書を送付した。患者であることを家族に隠しているなどの理由から納付告知書を自宅に届けないよう希望する者については、弁護団宛に送付されることになった。弁護団が各地で説明会を開いたこともあり、第1陣および第3陣原告のほとんどは自らに債務があることを理解していた[5]。しかし、すでに述べたとおり、経済的に困窮していた原告のほとんどが仮払金を遣い切っていたため、返還は困難だった。被害の救済を求めて提訴した訴訟を通じて、原告はさらなる経済的負担と国への負い目を抱えることとなった。

2.2　調停による返済計画

国の債権の管理等に関する法律によると、債務者が無資力あるいはこれに近い状態にあるなど特別な理由がある場合には返還を10年延期することができる。さらに10年後に改めて返還が不可能と判断される場合には、債権を免除することが規定されている（国の債権の管理等に関する法律第32条）。この規定をめぐって、仮払金返還問題ではすべての原告の債務を免除できるかどうかが問題となった。というのも、家を建て替えたり、先祖から残された土地をもっていたりした場合、その者を無資力と判断することは難しく、免除の対象とはならないからである。そのため、債務者全員の返還が免除となる見通しはきわめて低かった[6]。当時は弁護士の間でも見解が一致しておらず、「いずれ返還が免除されるので返さなくてよい」という意見や、「返還しなければ孫子にまで債務が相続される」という意見が混在していた。そのため原告は、仮払金の全額返還、一部の返還、あるいはまったく返還しない／できないなど、それぞれの選択をすることになった。

原告が訴えを取り下げてから9年間は、国も毎年度末に納付告知書を送付するに留まっていた。ところが債権の消滅時効を翌年に控えた1996年6月上旬、九州農政局は、原告本人に加えて相続人に対しても仮払金の納付告知書を送付した。この返還請求は、家族に油症患者であることを隠していた者や、原告だった親が亡くなって知らないうちに債務を相続していた者など、さまざまな立場の患者とその家族に対して衝撃を与えた。なかには支払いを苦に自殺する者や、油症であることが家族に知られた結果、離婚に至る者もいた。

被害者らには二つの手段が残されていた。一つは、債務があることを認めた上で調停を行い、分割払いや返還免除を認めさせるなど、国と返還方法について協議する方法である。もう一つは、仮払金を返す義務はないとして、債務の履行義務の有無について国と法廷で争うという方法である。しかし、債務を否定する訴訟に勝ち目があるかどうかはわからない上、「裁判でとことん戦うだけの力はもう原告団にはない」[7]のが現状であった。そこで、原告団を代表する7人の原告と原告弁護団は前者を選び、同年7月より福岡地裁小倉支部にて国と調停を進めることになった。調停において各人の資力を検討した結果、支払いを10年先延ばしにする「支払延期」、5年間は少額を返済し5年後に見直しを行う「少額返済」、見直し期間を定めずに分割して返済する「分割返済」の三つのモデルケースが成立した（『日経新聞』、1996.10.29）。

国はこのモデルケースを参考に、残りの原告との調停を進めるべく、97年3月に全国20ヶ所の裁判所で原告827人を相手に調停を申し立てた[8]。その当時、国は「一年をめどに合意に至りたい。相手に無理をかけるので、こちらも、ある程度譲歩する用意はある」という姿勢であった（『日経新聞』、1997.3.21）。そして99年9月にはすべての調停が終了し、多くの場合がモデルケースどおりの内容で合意に至った。こうして大部分の原告にとって、問題は10年後に先送りされることとなった。

2.3　新たな市民運動の展開と被害者運動の再興

1999年に調停が進行する背後で、油症問題は新たな局面を迎えていた。同年6月、油症研究班の調査によって、油症患者の血中から平均で一般人の5倍から10倍程度の高濃度のダイオキシン類が検出されていたことが判明した。油症がダイオキシン類による汚染であり、環境ホルモンの問題でもあるという事実は、これまでとは異なる人びとの問題意識に訴えかけた。この時期には埼玉県所沢市における産業廃棄物の焼却によるダイオキシン汚染が社会問題になったり、3章で述べたコルボーンらの『奪われし未来』で環境ホルモンの問題が指摘されたりと、有害化学物質の汚染問題が新たに構築され、これに対する社会的関心が高まっていたためである。その結果、NGO「止めよう！　ダイオキシン汚染・関東ネットワーク」（現・止めよう！　ダイオキシン汚染・東日本ネットワーク）が油症の健康被害の実態調査を開始するなど、既存の油症支援組織や患者団体には属さなかった人びとが問題に取り組み始めた。2002年6月には、このNGOから油症被害者の支援に特化した組織として「カネミ油症被害者支援センター」（YSC）が発足する。YSCは被害者運動を支援する一方で、東京に事務所のある強みを生かして省庁交渉や署名活動を始めるなど、政府や国会に働きかける運動を展開していった。このように被害の発覚から31年を経てなお、新たに市民らが反応し、発覚当時の「食品公害」というフレーミングとは異なる「ダイオキシン汚染」というフレームで運動が組織されたことは、油症問題が今日的な環境問題として普遍的な問題を提起していることを示している。すなわち、問題の存否が争点となるような問題構築が困難なダイオキシン汚染や環境ホルモン汚染の問題が、厳然たる事実として顕在化したのが油症問題なのである。

さらに01年には、政治的にも重要な転機が訪れた。同年12月の参院決算委員会で、坂口力厚生労働大臣が「油症の原因物質はダイオキシン類」と答弁し、油症がダイオキシン汚染の問題であり、PCBだけの問題ではないという事実が初めて公的に認められたのである。油症がPCBとダイオキシン類による複合汚染だという事実は、それまで科学者の間では共有されてきたが、政府全体には知られていなかった。このことは、油症事件がベトナム戦争における枯葉剤の被害や、イタリアのセベソにおける農薬工場爆発による土壌汚染などと同じく、ダイオキシン類を原因とする人体被害が顕在化した事例として、国際的にも注目される未知の被害であると認められたことを意味する。また、油症が複合汚染として認定されたことは、一つの毒性物質を原因とする単独汚染よりも、さらに深刻な被害だと認められたということである。坂口厚生大臣のこの発言は被害者と国の間の新たな関係構築に繋がり、02年6月には被害者と坂口厚生大臣の初の面談が行われ、03年1月には九州農政局および農水省における仮払金返済の相談窓口が設置された。

訴訟が終結して以来、被害者運動はほとんど消散し、多くの被害者が沈黙を守ってきたが、これらの動向に触発されて、ふたたび被害者自身による訴えが聞かれるようになる。とくに代表的な動きとしては、04年4月から05年夏頃までに計517人の患者らが、国を被申立人として日本弁護士連合会人権擁護委員会（以下、日弁連）に人権救済の申し立てを行った[9]。この申し立てを受けて、日弁連は06年4月に人権救済勧告書を国と責任企業2社に提出した。

2.4　特例法の成立

06年時点ですでに250人は仮払金を完済しており（『東奥日報』、2006.7.13;『朝日新聞』、2006.1.18）仮払金の債務者は510名、その総額は17億3,400万円であった。人権救済申し立ての代理人となった弁護士の見通しでは3割、農水省によれば6割の債務者に関しては免除が適用される可能性があったが、いずれにせよ現行法では全員を免除することは困難だった。

このような現行法の限界をふまえて、05年10月、公明党のダイオキシン対策本部は油症被害者を救済する法律案について検討を始めた。翌06年3月には、自民・公明両党による「カネミ油症問題を検討する議員の会」（坂口力会長）が組織され、患者の救済を目的とした法案の作成が始まった。しかし、この法案の対象となるのは認定患者のみで、しかも仮払金返還問題への対処策が盛り込まれていないなど、内容の限定性をめぐって意見が分かれたため、法案の提出は次の国会へと見送られた。

同年5月になると、ふたたび法案作成の動きが始まった。今度は自民・公明両党による「与党カネミ油症対策プロジェクトチーム」（小杉隆座長）が発足し、11月には「特例法素案」が提起された。しかしその内容は、仮払金返還問題について無資力の条件を満たさない者と現在分割払いをしている者が免除の対象にならず、債務の相続放棄もうたわれていないなど、救済の実効性がほとんど認められないものであった。そのため、被害者らは与党PTに対して法案の改善を求めた。また、公明党は「被害者死亡後は仮払金を遺族に請求しない」という追加措置を求める修正案を提出したが、自民党はこれに難色を示し、法案提出はふたたび次回の通常国会へもち越されることになった。

国会閉会に伴って与党PTの活動も一時中断となったが、07年1月の開会とともに再開し、4月には自民・公明両党の新たなプロジェクトチーム（河村健夫座長）が「カネミ油症被害者救済対策」を作成した。その内容は、仮払金免除のための特別立法を制定し、これにもとづいて健康調査を受けた油症患者に1人あたり20万円の調査協力金を支払い、カネミ倉庫が責任をもって救済に取り組むことを強く勧告するものだった（全国公害弁護団連絡会議 , http://:www.kogai-net.com/news.html, 2010.1.31閲覧）。この仮払金免除特例法案は、5月に衆院農林水産委員会と本会議において全会一致で可決され、続いて6月1日に参院本会議でも可決、成立し、即時施行された。これによって新たな債務免除の基準が設定され、債務者504人のうち約9割が返還免除の対象となった。残る1割の債務者についても、一人ずつ調整が行われることになり、仮払金返還問題は一定の決着に至ったのである。

3　仮払金返還問題をめぐる「状況の定義」

ここまでに仮払金返還問題の決着過程を見てきたが、それぞれの関係主体はこの状況をどのように定義していたのだろうか。この問題に関係する主体の範囲を広げると、原因企業であるカネミ倉庫や、間接的原因企業である鐘化も検討の対象となりうる。しかし、ここでは仮払金返還問題に直接的に関わった最低限の主体として、国から仮払金を受け取った統一民事第1陣および第3陣の原告、統一民事原告弁護団、行政組織としての国・県・市、支援団体のみを取り上げる。

3.1　沈黙の根拠――元原告

被害の救済を求めて訴訟を提訴したはずが、かえって債務を負うことになった原告にとって、仮払金返還問題は「沈黙の根拠」と定義された。国は、油症被害者が居住する都府県自治体に対して患者の認定作業を継続的に委託してきた。ただし、その認定は公的補償に繋がるものではなく、油症患者に認定されても、得られるのはカネミ倉庫からの見舞金23万円と一部医療費のみであった。よって、原告は経済的困難を抱えており、国からの賠償金が仮払いであることを承知しながらも、それを医療費や生活費に充てざるをえなかった。北九州市に住む元原告K氏は当時を振り返り、「お金（仮払金）をもって五島に行ったら、皆泣いて喜んだ」「ずいぶん助かったと、いろんな所で聞いた」と語る[10]。

賠償金を受け取って「泣いて喜んだ」ほど困窮していた被害者らにとって、これを返還するのは容易なことではない。返還をめぐる被害者の選択は次のように分かれた。第一に、すでに見てきたように経済的困窮から仮払金を返還できなかった者である。

第二に、仮払金をあえて返さなかった者である。原告弁護団は、可能な範囲で協議解決を目指すので、無理をして返還しないようにと被害者らに伝えていた（カネミ油症事件弁護団 1990）。また、上告審において統一原告団から離れた人びとの代理人を務めた弁護士も、債務は自然に消滅するので返還の必要はないと説明していた。さらに、弁護士による説明とは関係なく、「仮払金は油症で亡くなった夫と子どもの分なので国が請求するのなら、夫と子どもの命を返してほしい。命を返したなら支払う」（カネミ油症被害者支援センター 2004: 10）と、そもそもの請求に納得できず、返還しなかった者もいる。

第三に、仮払金を返還した者である。一部のみの返済から完済した者まで幅はあるが、本人が亡くなると家族に債務が相続されることから「兄弟に迷惑はかけられないと思って」返した者や、弁護士から返還するように言われてしたがった者、「もうカネミには関わりたくないから」と事件から関わりを断つために返した者がいた。国に借金をしているという事実は被害者にとって大きな心理的負担であり、ある患者は保険を解約して、ようやく返還したという[11]。

このように、返還については多様な選択があったが、仮払金返還問題によって多くの患者が国に負い目を感じるようになったことは共通している。国に借金をしているということが、被害者らを「被害を受けた側なのに、まるで自分が加害者みたい」[12]という気持ちにさせたのである。この感覚は、被害者が救済を求めて被害を訴える力を失わせた。ある被害者は、国が被害者に返還を請求するということに絶望し、「国は私たちに"もっと苦しめ"と言っているのです。とても信じられない事です。私たち患者の実態を知った上での事でしょうか。いいえ、最初から私たち患者の病状などには無関心だったのでしょう。だからこんなに苦しんでいる私たちに"仮払金を返せ"と言えるのです」と述べている（カネミ油症被害者支援センター 2003: 5)。このように仮払金返還問題は、被害者に救済を要求してはならない根拠として捉えられ、国への信頼を失わせ、沈黙を選ばせた。

3.2　国との交渉問題——原告弁護団

原告弁護団にとって、この問題は「国との交渉問題」と定義された。本来であれば、弁護団は訴訟終結後に解散するはずであるが、統一原告弁護団は「仮払金のことが心配だったので解散するという話にはなら」ず、以下のように解決策を模索してきた[13]。

まず、カネミ倉庫に費用を負担させるという方法があり得た。カネミ倉庫が複数の判決で支払いを命じられた賠償金を強制執行すれば、仮払金の返還に充てることができる。しかし、強制執行によってカネミ倉庫が倒産することになれば、今後はどこからも医療費が得られなくなるばかりか、将来の補償の可能性まで失われる恐れがあった。そのため、カネミ倉庫の経営を維持させることは患者にとっても一定のメリットがあると見なされ、強制執行は選択されなかった。

次に、国に対して改めて油症事件の発生における過失責任を問うか、仮払金の返還義務がないと主張して訴訟を提訴することが考えられたが、原告らに残された時間とエネルギーがわずかであることから、この案も却下された。

このようにカネミ倉庫を巻き込んだ解決も、ふたたび国を訴えるという解決も現実的ではなかったため、弁護団は国との交渉に解決を求めることとなった。交渉は主に農水省と行われた。弁護団の弁護士は、農水省の担当が代わる少なくとも2年ごとに、そもそも仮払金返還問題とはなにかということから説明しに訪ねた。また弁護団は92年から翌年にかけて、1人年額

6,000円の返還を受領することを農水省に提示したが、この返還案は原告らの間で合意に達することができず、立ち消えとなった。

残る戦略の一つは、現行法での解決が見込めない以上、特例法を作って返還を免除させるというものである。もう一つは、被害者の受けた被害は被害者が有する資力によって区別しえないものなのに、なぜ「返さなければならない被害者」と「返さなくてもよい被害者」を差別するのかと世論に訴え、国会に追及するという戦略である。しかし、弁護士はあくまでも原告の代理人である以上、原告の意志を超えた政治的要求を行うことはできなかった。よって弁護団にとって可能な行為は、少なくとも国が原告に強制執行しないよう、また原告の負担が少しでも減るように、農水省と交渉することに限られた。このように仮払金返還問題は、弁護団にとって国との交渉問題と捉えられたのである。

3.3　制度の運用をめぐるディレンマ――国、県、市

国にとって、この問題は「制度をめぐるディレンマ」と定義された。特例法が成立する以前の厚生労働省・農林水産省、県、市の主張は次のとおりであった。厚労省は「国に責任がないと訴訟で結論が出たため対処できない」、農水省は「国に責任がないと結論が出たが、議員立法が成立すれば、その範囲内で取り組みはする」、長崎県は「国でなければできないことがあるため、県としてできることである年一度の検診作業に従事する」、五島市は「長崎県が主導権をもっているため、市では取り組めることに限界がある」とそれぞれ述べている[14]。たしかに、官僚制の原則から考えれば、法制度に定められていないことについて官僚は行為できない（Weber 1947=1958）。また、原則的には加害企業が問題解決に取り組むべきであり、国は訴訟で責任が認められない限り補償を行う必要はないという主張はありうるだろう。こうして行政組織は、問題に責任をもって取り組む役割を国・県・市のどのレベルにも設定することなく、「自らの判断ではなく、構造上、身動きが取れない」「制度上どうすることもできない」という状況の定義を行っていた。この定義を、単に「制度の厳守」ではなく「制度の運用をめぐるディレンマ」と呼

ぶのは、行政組織としても債権を強制執行すべきではなく、できれば返還を免除すべきであるという方針を共有していたと考えられるためである。

このように言える根拠として、仮払金返還問題の担当部局である農水省畜産振興課の一連の発言を見てみよう。まだ返還免除の方策に見通しが立っていなかった06年1月には、振興課の職員は「すでに仮払金を返してもらった人もおり、債権を放棄することは不公平なので難しい」と述べている（『朝日新聞』、2006.1.18）。さらに日弁連が国に対して人権救済勧告を行い、自民・公明両党が救済策について検討し始めた4月には、「被害者の大変さは痛いほどわかっている。新規立法で債権放棄の道が開けるならば、コメントする立場にない」（『東京新聞』、2006.4.12）と特例法案による債権放棄を受け入れる構えを見せ、与党プロジェクトチームが組織された後には、「現行法でできる限りの対応をしたい」（『東奥日報』、2006.7.13）、「行政の限界はあるが、議員立法で解決しなければならないところがある。今は債権管理法の中にあるが、（特例法が）立法できれば前向きに取り組む」[15]と表明している。そして特例法素案が次回国会に持ち越されそうになった11月には、西日本新聞によって「農水省は現行債権管理法の弾力運用で債務免除対象拡大を検討していた」と報道されている（『西日本新聞』、2006.11.29）。

これらの意見表明からは、返還を強行するつもりはないが、あくまでも現行法の枠組み内で行為せざるをえないという行為規範が見て取れる。農水省は訴訟の終結以降、原告に納付告知書を送り続けてはいたが、原告弁護団による説明を受けて、被害者の困窮状態を一定程度は理解していた。さらに被害者に対して無理な取り立てを行うことによって国民の反感を買う恐れもあったため、原告に強制執行はしてこなかった。これらの事実から、国はこの問題を単なる不当利得の未返済問題と捉えていたわけではないことがわかる。このように仮払金返還問題は、国にとって、強く返還を請求するべきではないが、法制度にはしたがわなければならないという「制度運用をめぐるディレンマ」と捉えられた。

3.4　重石と突破口——支援団体

支援団体にとって、この問題は被害の訴えを封じる「重石」であると同時に、「突破口」でもあると定義された。被害者を支援する動きはいくつかあるが、とくに油症を対象とする全国的組織として、ここでは支援団体をYSCに限定して論じる[16]。

民法第167条では、債権を10年間行使しなかった場合、その債権は消滅すると規定されている。前節で述べたとおり、仮払金の返還義務が発生した1987年の9年後にあたる96年、国は調停を起こし、各原告の資力に合わせて返還の免除や延期を協議した。この調停によって、債権の消滅時効は最長で10年後の07年まで先送りとなった。調停以降、YSCのメンバーらは、YSCが正式に発足するより以前から、仮払金返還問題を解決すべく農水省とくり返し交渉をもち続けてきた。では、YSCにとって仮払金返還問題は、時効が迫っているために緊急性をもった課題として取り組まれたと理解してよいのだろうか。

実際、YSCにとって重要と思われる課題は山積していた。支援運動の長期的デザインとしてメンバーに共有されていた課題には、仮払金返還問題のほかに、治療法研究の振興、被害者支援、新認定者支援、未認定者の掘り起こし、油症の社会的アピールの向上があった[17]。すでに述べたとおり、仮払金返還問題は油症被害の全体から見れば部分的な問題である。そのためYSCは、一部の患者の問題よりも、むしろ患者のすそ野を広げていく未認定患者の掘り起こしを取り組み課題の中心に据えていた。ところが、YSCのメンバーが被害者へ聞き取りをするなかで、「こんなにひどい被害なのに、なぜあなたたち黙ってるの」と尋ねると、「国に借金をしているから、私たちが言えた筋ではない」と返ってくるなど、仮払金返還問題が患者の生活だけではなく精神的にも大きな負担となり、被害者に現状の受忍を強いていることが明らかになっていった[18]。また、ほとんどの被害者運動が消散した状況で、仮払金返還問題の当事者たちは「私たちの状況をなんとかしてくれ、という最大公約数」であり、「今後の運動のための第一歩」を切り開く存在であると考えられた（カネミ油症被害者支援センター 2004: 16）。さらにYSCの事務所は東京にあるため、議員や行政官庁との接触が行いやすいこともあって、九州での掘り起こし運動よりも東京でのロビイングなどの取り組みが相対的に増えていった。このように仮払金返還問題は、YSCにとって、被害者の口を封じる「重石」であると同時に運動の「突破口」でもあった。

4　仮払金返還問題の決着過程の示唆

4.1 「状況の定義」の共振がもたらす共通の解決イメージ

以上、仮払金返還問題をめぐる各主体の「状況の定義」と、その定義にもとづく行為を検討してきた。くり返すと、原告は債務者という自らの立場に後ろめたさを覚え、被害者として救済を要求することが誰からも禁じられていないにもかかわらず、沈黙を選んだ（沈黙の根拠）。原告弁護団は、国の再提訴やカネミ倉庫への強制執行などを選ばずに、農水省に被害者のおかれた状況を説明し、債権を強制執行させないという戦略をとった（国との交渉問題）。国は、債権者として元原告に強制執行する権利を有し、さらに債権を回収することが本来の職務であるにもかかわらず、被害者のおかれた状況を理解し、また世論からの批判を避けるため、制度から逸脱しない範囲で督促を続けた（制度の運用をめぐるディレンマ）。支援団体は、取り組むべき課題は多数あるなかで、被害者がふたたび声をあげていくために、まず突破すべき課題として重点的な運動を展開した（重石と突破口）。

これらの検討を通じて明らかになるのは、主体の「状況の定義」はそれぞれ異なるが、共通の解決イメージを想起させるものとして共振していたということである[19]。原則的には、返すべき借金を借りたままであるという債務の不履行問題は、債務者が債務を履行することで解決される。また債権者にとって最も目指されるべき解決は、不良債権を回収することである。にもかかわらず、仮払金返還問題においては、いずれの主体も「被害者による仮払金の返還」を最良の解決策とは見なさずに、むしろ「無理な返還を強いることのない債務の解消」を理想的な解決イメージとして抱いていた。この解決イメージを共有した上で、「どうすれば被害者にこれ以上の経済的負担をかけることなく問題を解決できるか」という課題に各主体が取り組んでいたのである。

このように各主体の「状況の定義」が共振した背景には、次のような前提情報の共有がある。それは第一に、仮払金はそもそも油症の被害が前提にあって生まれたものであるということ。第二に、カネミ倉庫が十分な経済的補償を被害者に行っていないこと。第三に、公的な補償制度が存在しておらず、国が経済的補償を被害者に行っていないこと。第四に、被害が現在まで深刻な状態で継続しており、被害者は経済的に困窮していること。第五に、国は制度上できることに限界があること。これらの互いの難局をあらわす事実は、弁護団と国の間で継続的に行われた水面下での交渉や、支援団体による原告への聞き取り、支援団体と国の交渉などを通じて明らかとなり、主体間で共有された。このような前提情報の共有のもとに、各主体による「状況の定義」がなされ、それらが共振することで共通の解決イメージが構築されたと考えられる。

4.2　政治的機会への接合

主体間で解決イメージが共有されても、それを実現できるようなしくみを作らなければ、実際の解決にはつながらない。「どうすれば被害者にこれ以上の経済的負担をかけることなく問題を解決できるか」という課題は、より具体的には、そのしくみをいかに作るかという課題であった。債務免除のしくみが作れない状態では、それぞれが互いのおかれた難局や事情を理解しているだけに、現行の法制度の範囲内で問題を先送りし続けるしかなかった。このように、各主体の「状況の定義」の共振が長きにわたる膠着状態を生み出したとも解釈できるが、その「膠着状態」はただの停滞ではなく、実現可能な範囲で被害者にこれ以上の負担をかけないという解決イメージの妥協的な実践であったと捉えることもできる。

さらに、解決イメージが共有されていたからこそ、特例法の成立が可能になったことが考えられる。本章2節で見たように、原告、弁護団、国の3者が身動きを取れない状況で、「ダイオキシン汚染」「環境ホルモン」といった問題のフレーミングに新たな支援者が反応し、さらに政治的にも「油症はダイオキシン類による汚染である」という問題の再定義がなされ、油症に対する支援運動や社会的関心が高まった。その動きに後押しされるかたちで被害者は沈黙を破り、人権救済を申し立てるなど、被害を社会に訴え始めた。そこで仮払金返還問題が社会に知られるようになり、与党プロジェクトチームらによる3度にわたる法案作成の末に特例法案が提出され、成立に至った。法案が国会に提出されるまでの過程で問題となったのは、法案の内容や国会が解散するタイミングであり、「仮払金返還問題を債務免除によって解決する」という大局的な方針については問題とならなかった。つまり当事者が共有していた解決イメージが、社会全体にとっての解決の方針を支え、解決圧力の高まりという機会を生かして、政治的機会への接合を後押ししたと考えられる。

4.3　合意形成論への示唆

仮払金返還問題は、それぞれの主体が前提情報を共有し、「状況の定義」を共振させることで共通の解決イメージを想起し、そこに市民運動や患者運動、政治家の取り組みなどが加わって、解決イメージを具体的な政治的機会に接合できた。このように考えると、本事例は次のような点で示唆的である。

利害調整が困難な問題を解決するためには、多様な主体が政策形成過程に関わる必要があるとして、これまでに公共圏や公共空間における意思決定のモデルが議論されてきた（船橋 1998; 藤垣 2003)。これらの開かれた討議の場における政策形成を目指した議論に関して、三上直之は、東京湾三番瀬の環境再生について市民が議論した「三番瀬再生計画検討会議」の事例をふまえ、市民参加の概念や方法論をめぐる基本的な問いとして、「開かれた討議の場はいかなる基盤をもって成立するのか」という問題を提起した。三上は自らの問いに、会議以外の諸活動を通じた対話や相互理解の促進といった「合意形成の土壌」などが必要であると答えている（三上 2005)。

仮払金返還問題の決着過程において弁護団と農水省の間でなされた水面下の交渉や、支援団体が国に対して個別に行った交渉は、まさにパブリックな機会以外の諸活動としてなされた対話であり、相互理解の促進であった。そこでは各自の抱える難局が明かされるとともに、なにがあるべき解決なのかが問われてきた。本事例においては、開かれた討議空間とは異なる、限られた利害関係者だけが参加するインフォーマルな交渉が、決着をもたらす一つの鍵となったのである。とはいえ、このインフォーマルな交渉は、開かれた討議の意義を否定するものではない。むしろ継続的にもたれてきたインフォーマルな交渉が、外部からの圧力や機会を得て公然のこととなり、与党プロジェクトチームなどのパブリックな議論の場に政治的な取り組み課題としてもち込まれるようになったと見ることができる。もちろん、インフォーマルな交渉は、ともすれば密室で行われる談合として他の利害関係者を排除したり、限られた者のみの利益を擁護する決定を下したりしかねない。しかし、現実の複雑な解決過程を捉えきるためには、このようなインフォーマルな場のもつ積極的な作用も考慮に入れる必要がある。仮払金返還問題の決着過程は、インフォーマルな交渉を通じた情報の共有によって、人びとが異なる「状況の定義」を持ちつつも共通の解決イメージを抱くことができるという可能性をわれわれに示している。

ただし特例法がもたらした「解決」は、一部の被害者に遺恨と債務を残したという意味において、「決着」にすぎないものである。また特例法は、油症問題の全体から見れば部分的問題に対処するものでしかない。今後、油症問題が本質的な「解決」に至るためには、すでになされてきたインフォーマルな交渉に加えて、これまでほとんどなされてこなかったパブリックな議論がより活性化し、総合的な救済のしくみの形成にまで結実することが必要である。

注

1　ただし、すでに仮払金を返還した者に対する還付措置がないことから、被害者の中には「なぜ同じ被害者なのに扱いを差別するのか」「こんなことならば返さなければよかった」という声もあり、被害者の間の不公平感が現在も残っている。また、特例法の規定で返還が免除にならなかった者は分割返済を続けていることから、特例法の成立が返還の完全な免除を指すわけではない。これらの問題が残ることから、ここでは特例法成立までの過程を「解決過程」ではなく「決着過程」と呼ぶ。

2　このような認識は、2006年6月、カネミ油症被害者支援センターの共同代表佐藤禮子氏より「裁判だけが油症問題ではない」「裁判に参加した者だけが被害者ではない」と指摘されたことをきっかけに形成された。

3　「状況の定義」概念は、社会問題を構築する人びとの主観的側面のみを尊重しているように見えるかもしれないが、そうではない。佐藤郁哉によれば、トマスにとって「状況」とは「関与する人々にとって存在するようにみえる」主観的な状況と、「検証可能で客観的な意味で存在する状況」の双方を含む「全体的な状況」を指す（佐藤 1991: 350）。

4　法律上は、仮払金と見舞金を相殺した鐘化の過払い分を原告が鐘化に返還する必要があるが、鐘化は返還を請求していない（2009年12月10日、統一原告弁護団のAA氏へのヒアリングより）。

5　債務者829人のうち、上告審の段階で統一原告団から離れた原告に関してはその限りではない。

6　2006年8月14日、被害者による人権救済の申し立てにおいて代理人を務めた弁護士BB氏へのヒアリングより。

7　2006年9月24日、カネミ油症被害者支援センター主催「カネミ油症被害者東京集会」（東京・総評会館）における統一弁護団弁護士CC氏の発言。

8　調停のほかにも、遺族が債務の相続を放棄したために国が返還申し立てを取り下げるケースや、調停を欠席したり所在不明になったりしている原告に対して仮払金の返還を求める訴訟を起こしたケースもあった（『日経新聞』、1997.6.26）。

9　このうち、未認定患者および統一原告団から離れた原告らは、カネミ倉庫と鐘化も被申立人に含めた。

10　2006年9月25日、カネミ油症被害者の救済を実現する院内集会における第3陣の原告団長DD氏の発言。括弧内は筆者。

11　2009年7月14日、元原告EE氏、A氏へのヒアリングより。

12　2009年10月7日、カネミ油症被害者福岡集会における複数の被害者による発言。

13　2009年12月10日、統一原告弁護団CC氏へのヒアリングより。以下、本節における事実の記述は、特にことわりのない限りCC氏から得られたデータによる。

14　厚労省および農水省の発言は、2006年9月25日、油症被害者の救済を実現する院内集会における報告より。長崎県の発言は、2006年9月7日、長崎県生活衛生課へのヒアリングより。五島市の発言は、2007年2月27日、五島市役所本庁健康政策課へのヒアリングより。

15　2006年9月25日、東京で開かれた油症被害者の救済を実現する院内集会における報告より。括弧内は筆者。

16　YSCは仮払金返還に関する特例法に加えて2012年9月の「カネミ油症患者に

関する施策の総合的な推進に関する法律」の成立までの運動を支えるなど、油症問題の解決において重要な役割を果たしてきた。このような運動の成果や立法を可能にした要因については、運動論的な視点から別途の考察が必要である。

17　2004年3月にYSCの運営委員らがやり取りしたEメールより。

18　2009年10月8日、YSCの共同代表佐藤氏、同藤原氏へのヒアリングより。

19　「一致」でも「同一」でもない「共振」という表現は、船橋晴俊氏（法政大学）より示唆を得た。

第III部

被害と政策過程に関する考察

第７章　救われる被害、救われない被害

──森永ヒ素ミルク中毒事件との比較

本章では、森永ヒ素ミルク中毒と油症の補償制度を比較し、2事例に共通する食品公害の特質と油症問題の固有性を明らかにするとともに、これらの深刻な食品公害が示す政策論的示唆をくみ取る。まず、森永ヒ素ミルク中毒事件の事実経過と補償制度を概観し（1節）、その補償枠組みが構築されるまでの経過を記述する（2節）。次に、両事例の被害者の属性、企業の経営規模、運動主体および戦略を比較し、なにが2事例の救済策を異なるものとした分岐点だったのかを検討する（3節）。最後に、両事例が示唆する現行制度の限界を指摘し（4節）、本章のまとめを行う（5節）。なお、本章で用いるデータは文献や新聞記事といった二次資料を主とするが、都留常葉大学に設置された「飯島伸子文庫」より入手した一次資料も含む。

1　森永ヒ素ミルク中毒の補償制度

1.1　事実経過の概略

森永ヒ素ミルク中毒とはどのような事件だったか[1]。1955年4月10日、森永乳業徳島工場に納入された工業用第二リン酸ソーダに重量比で4.2～6.3%のヒ素成分が含有し（南 2010）、ヒ素等の有毒物質によって汚染された粉ミルク「森永ドライミルクMF」が相当期間にわたって製造販売された。当時、有毒ミルクを飲用した乳幼児ら1万2,131名以上が重篤な中毒症状を起こし、うち130名が死亡した。この被害は同年8月24日の岡山大学の報告によって社会に知られるところとなった。

第二リン酸ソーダは、鮮度の落ちた原料牛乳の酸度を中和させる機能があり、調整粉乳の溶解度を高めるための乳質安定剤として使用されていた（田中ほか編 1973）。森永乳業に出荷された第二リン酸ソーダは、日本軽金属・清水工場の工場廃棄物であったが、それが新日本金属→丸安産業→生駒化学→松野製薬→協和産業と転売を重ねる過程で生成され、食品添加物へと加工された（青山 1977）。森永乳業は本来であれば試薬一級品を使用すべきであったにもかかわらず、工業用の第二リン酸ソーダを検査もせずに使用したことが事故を招いた（森永ミルク中毒のこどもを守る会 1972）。

塩田・平松（2012）によれば、発病から68年頃までにみられた症状は、ほとんどの乳児が発熱し、睡眠不良、不機嫌、咳、流涙、下痢、嘔吐、皮疹、色素沈着、肝腫、脱毛、腹部膨満、貧血など、典型的なヒ素中毒の症状を示した。飢餓・脱水症状に陥った乳児も多く、中毒が進むと腹水や黄疸が出て、けいれん発作や脳症を思わせる症例もあった。

厚生省は、事件を受けて「乳及び乳製品の成分規格等に関する省令」の一部を改正し、主に乳幼児を対象とする乳製品に使用する添加物の規制を強化した。さらに専門家組織として、医療問題については「西沢委員会」を発足させ、補償問題については「5人委員会」を設置した（南 2010）。翌56年に厚生省によって行われた一斉検診においては、ほとんどの受診者が「全快」と判定された（塩田・平松 2012）。この診断を根拠に、森永乳業は医療費の支給を打ち切った。

それ以後、後遺症の調査や被害児の追跡調査はほとんどなされず、68年に大阪大学の丸山博や保健婦[2]、養護教諭らが被害児とその家族の訪問調査を開始するまで、被害は13年の間忘れ去られていた。調査を行った保健婦たちも、「世間では昭和30年のこの事件は、翌年にはもうすでに終わったことになっていたのである」「事件より1年もたたぬうちに、私たちの耳や眼にふれなくなっていました」（森永ミルク中毒事後調査の会 1972: 8, 24）と述懐している。

保健婦らによる68名の面接調査の結果、いまだ寝たきりの被害児がいることや、どの家庭でも身体的・社会的な問題を抱えていることが明らかになった。この調査結果は69年に『14年目の訪問』（森永ミルク中毒事後調査の会編 1988）としてまとめられた。この事後調査の社会的影響は大きく、70年には「京都府森永ひ素ミルク中毒追跡調査委員会」が発足し、さらに73年には「日本小児科学会森永ヒ素ミルク調査特別委員会」の最終報告において後遺症は「ある」とされ、被害児集団は森永ヒ素ミルク中毒症候群と命名するほかない特異な症状を示すことが認められた（南 2010）。

また同年には、森永ヒ素ミルク中毒の補償制度として現在まで機能することになる「3者会談確認書」が、「森永ミルク中毒のこどもを守る会」、森永乳業、厚生省の3者間で合意され、翌74年には厚生省の認可を受けて被害者の救済事業を担うための公益財団法人「ひかり協会」が設立された（ひかり協会 , http://www.hikari-k.or.jp/hikari/frame-a.htm, 2012.9.4 閲覧）。

1.2　現在の補償制度

3者会談確認書には、森永乳業と国の役割が次のように明記されている。まず、森永乳業は責任を全面的に認めて謝罪するとともに、救済のために一切の義務を負担すること。さらに、被害児の親たちが組織する「森永ミルク中毒の子どもを守る会」が提唱する救済案を尊重し、決定にしたがうこと。また厚生省は、守る会が作成した被害者救済のための「恒久対策案」の実現を援助し、行政上の措置を依頼されたときは、これに協力すること。3者は問題が全面的に解決するまで会談を継続すること。これらの条項が73年12月23日に3者の間で確約された。その具体的な補償内容は、**表7-1**のようにまとめられる。

すべての補償は森永乳業を財源とする。補償内容の大きな柱は、医療費の給付と生活補償である。医療費の給付は、治療にかかる医療費だけでなく、通院にかかる本人とガイドヘルパーの交通費、入院時の食事代や部屋代も含まれる。また生活補償には「ひかり手当」があり、障害基礎年金を受給していない場合は、症状の重さに応じて1級で月額7万円、2級で6万3,000円、3級で2万8,100円が支給される。さらに、職業訓練を受けるためにかかる費用が就労奨励金として給付され、共同作業所を利用したり通所訓練したり

表7-1　3者会談確認書が定める補償内容

補償の項目	具体的な内容
医療給付・治療に関する給付	検診費、医療費、健康管理費。
医療費以外の本人に対する生活補償の給付	ひかり手当、自立奨励金、後見等援助費、介護福祉利用費、就職奨励金、職場定着奨励金など。
遺族に対する給付	なし。ただし、救済事業対象者でひかり協会設立以降に死亡した被害者遺族に、葬祭料35万円と香典5万円を支給。
その他の給付	医療付随費、通院に伴うガイドヘルパーの交通費、入院付添い費、歯科差額、入院時食事療養費、部屋代差額、入院雑費、漢方・鍼灸・あんま等の自己負担分など。

補償・給付の内容・区分症度に応じて1~3級の区分。
出典：塩田・平松（2012: 別紙）を一部改変。

する費用が自立奨励金として支払われるなど、被害者の社会的生活を支えていこうとする内容になっている。

被害者の認定は、厚労省の通知である「森永ひ素ミルク飲用者の認定に係る事務要領」(2010年11月2日) を根拠に行われる。事件当時に厚生省が作成した患者名簿に登録された者はすでに被害者として認定されているが、そうではない「未確認飲用者」で飲用認定を希望する者は、都道府県を通じて、ひかり協会理事長に申請を行う。審査はひかり協会が設置する認定委員会において行われ、その結果を受けて同理事長が認否を決定する（塩田・平松 2012: 29-30)。認定にあたって特定の診断基準は存在せず、医師1名と弁護士2名から成る認定委員会が個別の状況を総合的に判断した上で審査を行う(2012年現在)。2011年現在、患者名簿に登録された者1万2,368名と飲用認定被害者1,062名をあわせた計1万3,430名が被害者として認定されている。これまでに認定を棄却された者は303名である（塩田・平松 2012)。

2　現在の補償制度ができるまで

東海林・菅井（1985）によれば、ひかり協会が被害者の終身救済をはかるという救済方策（通称ひかり協会方式）は、他の公害事件に見られるような一時金による打切り補償方式とは全く異なるもので、被害者側が作成した「恒久救済案」は、「当時としては考えられるかぎり最高の救済案であったといってもよいだろう」（東海林・菅井 1985: 94）と評される。しかしながら、このような「最高の救済案」が実現されるまでには、他の公害問題と同様に被害者の切り捨てが行われ、原因企業が責任を逃れ、補償負担を軽減しようとする過程があった。そこでは被害児の親たちや支援者が運動によって補償獲得の道を切り開いてきた。では、3者会談確認書が署名されるまでには、いかなる運動が展開されたのだろうか。

岡山大による被害の報告から3日後の1955年8月27日、岡山県で「被災者家族中毒対策会議」が結成された。被害者の家族たちは他県でも次々に組織を発足させ、9月18日にはこれらの代表が集まって「森永ミルク被災者同盟全国協議会」（以下、全協）を組織した。全協が森永乳業に要求したのは、治療費などの全額負担、後遺症に対する補償、死亡者250万円・重傷100万円・中等70万円・軽症30万円の慰謝料の支払いである。この要求を受けた森永は厚生省に「解決」を依頼し、厚生省は補償について検討する5人委員会を発足させた。5人委員会が発表した意見書が提案したのは、患者への補償金は一人1万円、死者への補償金は1人25万円という救済案と、後遺症の心配はほとんどないという現状認識であった。

全協はこの救済案を到底受け入れられないと判断したが、森永乳業による組織へのゆさぶりに加え、闘いが長引いて被害児家族生活を圧迫していた。たとえば化粧品店を営んでいた被害児の両親は、店頭に「被災者同盟事務所」の看板を掲げ、マスコミや被災者の出入りが多くなることで「変な店」「アカの店」とイメージが変わってしまい、得意客から見放され、生活の支えを失った（岡崎幸子 1975）。苦渋の決断を迫られた全協は、その解散とひきかえに妥協案を受け入れ、56年4月23日に解散した。妥協案の内容は、森永乳業は厚生省の精密検診実施に努力する、また将来、医学的に後遺症と認めるべき事例が確認されたときには誠実にして妥当な補償を行う、全協はその結成の目的を達したものとして解散する、森永乳業は全協が結成以来要した費用650万円を解散後に支払う、というものだった（森永ひ素ミルク中毒の被害者を守る会・機関紙「ひかり」編集委員会編 2005)。

全協が解散してから2ヶ月後の6月24日、岡山県では、被害児の今後の健康管理、救済措置の完遂、親同士の親睦を願った「岡山県森永ミルク中毒の子供を守る会」(62年に「森永ミルク中毒のこどもを守る会」に改組。以下、守る会)が結成された。その後69年に『14年目の訪問』が発表され、同年から守る会は森永と交渉を開始し、森永乳業の一方的な交渉中断を受けながらも、71年12月に森永から「恒久措置案」を提示させるに至った。ところが、その内容は、またしても守る会には受け入れることのできないものだった。

そこで守る会は、72年8月に全国の会員の要求を結集した「森永ミルク中毒被害者の恒久的救済に関する対策案」(以下、恒久対策案)を作成した。それは救済対象を全被害者として、森永・国・地方自治体は責任をもって被害者の実態を究明し、将来にわたって恒久的な救済を行うべしという原則にもとづいて、健康管理、追跡調査、治療、健康手帳、家族に対する補償、保護育成とその施設、生活権の回復等についての具体的な要求を行うものだった。このとき、守る会は森永乳業に対し、「森永はこの案について承認するかできないかを表明すべきである。実行できる、できないは次の問題である」(森永ミルク中毒のこどもを守る会 1972: 3)と迫っている。事件当時は乳児だった被害者の多くは17歳から18歳になっており、成人する前に救済の展望をもちたいというのが親たちの願いであった。被害者自身も、「被害者の会全国本部」(別名「太陽の会」)を結成し、運動に立ち上がった。

森永乳業は守る会が提示した恒久対策案を受け入れようとせず、「15億円の枠内で救済の進展を図る」と述べ、さらに守る会の交渉に責任ある役員が出席しないなど、不誠実な対応に終始した。このような森永の態度を受け、守る会は72年12月、民事訴訟と不売買運動に踏み切った(森永ひ素ミルク中毒の被害者を守る会・機関紙「ひかり」編集委員会編 2005)。訴訟と不買運動は、かつて全協が実行し、事実上「失敗」してしまった「古典的戦術であった」(岡崎哲夫 1975: 148)。しかしながら、これ以外の戦術はないのが現状と判断した守る会は、不売買運動の担い手を国民全体に広げ、賠償金を獲得するためではなく恒久対策案を実現させるための手段として民事訴訟を位置づけたことによって、広く世論に訴える運動を展開することができた（岡崎哲夫 1975）。被害者運動が社会に支持されたことを示すデータとして、粉乳市場における森永乳業の市場占有率が事件の再燃前には45%だったのが、運動後は17～18%に低下している（東海林・菅井 1985）。

その後、民事訴訟の過程で森永が責任を認め、国も長年被害を救済しないできたことを詫びたので、守る会は訴訟を取り下げ、不売買運動をひとまず停止することにした。しかし支援者のなかには森永乳業を倒産に追い込むことを方針の一つとする「森永告発」グループのように、この選択に賛成できない者もおり、守る会と森永告発グループは分裂するに至った（森永ひ素ミルク中毒の被害者を守る会・機関紙「ひかり」編集委員会編 2005）。

73年9月になって、厚生省は守る会と森永の双方に事件解決のための3者会談を呼びかけた。両者とも呼びかけに応じ、翌10月には第1回会談が開かれ、12月には3者会談確認書が署名された（東海林・菅井 1985）。以上のように、守る会は森永乳業からたびたび不十分な補償枠組みを提示され、さらに先述の西沢委員会の診断基準によって後遺症を「全快した」と否定されながらも、訴訟と不売買運動を車の両輪として運動を展開し、3者会談確認書の合意を勝ち取った。この内容は、すでに述べたとおり「当時からすれば最高の救済策」と考えられたが、東海林吉郎と菅井益郎は次の問題点を指摘している。

まず、救済事業の財源を全面的に森永乳業に依存しているので、森永が経営内容の悪化を口実に資金を提供しなくなる危険性が全くないとは言えない。また、この事件に責任のある政府が、自らの行政責任をあいまいにしたままで、もともと社会保障制度の対象とすべきことをも、ひかり協会の事業に肩代わりさせている。さらに、ひかり協会は守る会と森永乳業の唯一の公式の接点であるが、この組織を維持していけるかどうかは、ひかり協会を支える運動体である守る会の力量如何にかかっている[3]。とくに守る会の活動の担い手である被害者の親が高年齢化している現状においては、守る会の再組織化が重要になる（東海林・菅井 1985）。

上記の問題点は守る会の成員にも認識されており、守る会の平松正夫事務局長は、「3者会談確認書は、それだけでは、ただの紙切れです。その紙切れに力をもたせるために、私たちは継続的に会談を重ねてきたのです」[4]と、守る会が絶えざる運動によって3者会談確認書に実効力をもたせ続けなければならないことを述べている。また、事務局次長である塩田隆も「親が掛け値なしの愛情と責任感で活動していた時代から、いま我々は新たな活動のエネルギーを見つけ出さなければなりません」と課題を掲げ、守る会を存続させていく方策として、被害者同士の交流やボランティアの担い手の発掘に活路を見出している（塩田 2005: 182)。

3　油症事件との共通点と差異

森永ヒ素ミルク事件においては、さまざまな課題が残されながらも、他の公害問題とも食中毒事件とも異なる独特の補償枠組みが形成されてきた。森永ヒ素ミルク中毒の補償は、油症被害への補償と比べると次のような点で充実している[5]。

第一に、国、責任企業、被害者の間で合意が形成された3者会談確認書を補償の根拠にしていること。第二に、確認書によって国、責任企業、被害者が定期的に交渉の席につくことが約束されており、実行されていること。第三に、被害補償と生活保障の内容が多岐にわたり、被害児家族の生活保障も行われていること。第四に、森永乳業が補償に応じなかった場合に国が介入することが明言されていること。第五に、公益財団法人ひかり協会が被害者の救済のために組織され、存続していることである。

他方で油症の場合、被害者へ支払われる補償内容は医療費の自己負担分と見舞金のみである。しかも医療費支給の基準はカネミ倉庫が一方的に示した方針によって定められ、その対象は交通費や入院時の食事代を除いた油症に関連すると思われる症状の治療費のみである。さらに2012年の推進法制定以前は、国、カネミ倉庫、被害者の3者が交渉の場に揃ったことはなく、被害者はつねに国とカネミ倉庫と別々に交渉を行ってきた。カネミ倉庫との交渉においては、事件発生当時から現在まで、交渉の場に代表取締役が出てくることはほとんどなく、被害者が面談の約束を反故にされたこともあった。さらに国との交渉も定期的に約束されたものではないため、被害者は毎回、所定の手続きをふんで申し入れを行う必要がある。国にとって被害者との面談は毎年の義務ではなく、来れば話を聞くという範囲の仕事であるため、担当者間で交渉の内容に関する引継ぎもなされず、担当職員が交代すれば、被害者は一から窮状を説明し直さなければならない。

厚生省から見れば同じ「食中毒事件」であるにもかかわらず、なぜ2事例の救済状況はこれだけ異なるものとなったのか。以下本節では、企業の経営規模、被害者の属性、運動主体、運動戦略と専門家集団の役割、認定の具体的対象の5点について両事例を比較する。

3.1　原因企業の経営規模

まず、両事件の原因企業である森永乳業とカネミ倉庫とでは、経営規模が大きく異なっている。たとえば資本金をみると、カネミ倉庫が5,000万円（年度は不明[6]）なのに対し、森永乳業は217億400万円（2012年3月31日現在）と桁違いである。

カネミ倉庫は原因企業として自らの責任を認めながらも、資力不足を主張し続け、被害者の補償要求を退ける根拠としてきた。そのため、被害者はなんら公的補償を得られない状況で、唯一の補償主体であるカネミ倉庫からも医療費を受け取れなくなることを回避するために、カネミ倉庫に対して強い補償要求を行うことができなくなった。統一民事において被害者らが鐘化を提訴したのも、一義的には間接的な製造責任を追求するためだったが、二義的には、鐘化が資力のないカネミ倉庫に代わって被害者に補償を行いうる資本金330億4,600万円（2012年3月31日現在）の大企業だったからである。また、序論で述べたように、国はカネミ倉庫の資力の低さに配慮して、億単位の金額で政府米の保管事業を委託している。これはたしかに被害者への医療費給付を間接的に援助するものではあるが、被害者には公的補償をいっさい行わず、むしろ加害企業を経済的に支援するという「支援のねじれ」が生じていると言わざるをえない。

これに対して、森永乳業は3者会談確認書で規定されるとおり補償費用のすべてを負担している。そのため国は監視役を担うだけであり、被害者も第二リン酸ソーダを製造販売していた企業を相手に間接的責任を認めさせて補償要求を行う必要がない。恒久対策案の実現を要求するとき、守る会は「実行できる、できないは次の問題である」と森永乳業に責任を追及したが、事件当時から再三にわたってカネミ倉庫に資力不足を主張されてきた油症被害者は、このような要求はなしえなかっただろう。油症被害者には、カネミ倉庫の資力に限界があることを要求の制約条件として内面化し、カネミ倉庫に対して強硬な態度に出ることが困難になっていた。ここでは、被害者であるはずの者が加害者側の経営の存続に配慮するという立場の逆転が起きているのである。

3.2　被害者の属性

被害者の属性もまた、両事例に見られる相違点である。油症事件において汚染油を食べた者は子どもから大人まで幅広く、世代が特定できない。被害者が高齢の場合には、本人が油症を疑っていても医師から加齢のせいだと言われることがあった。しかも油を食べていない胎児や、親が油を食べた数年後に産まれた子どもにも汚染が及ぶことがあり、現在もまだ生まれていない油症被害者[7]が存在しうる。居住地域も広範に拡散しているため、周囲にほかの被害者がいない場合、認定や医療費に関する情報を得ることは難しい。摂食時に周囲に被害者がいたとしても、進学や転勤、退職、離婚等に伴って油を食べた環境から物理的・関係的に離れた場合、後年に体調を崩してもライスオイルが原因であることにすら思い当たらないケースがある[8]。また補償要求の局面でも、被害者の世代、症状、生活上の困難が多様であることによって、被害者のニーズを一元化することが難しかった。

それに対して森永ヒ素ミルク事件の場合、汚染された粉ミルクを飲んだのは乳幼児である。小さな子どもが多数亡くなり、死を免れた被害児も障害を抱えて生きていかねばならなくなったことは、社会に訴えかけるものがあった。5章で見たように、当時の齋藤邦吉厚生大臣も、寝たきりになった乳児を目の当たりにしたことをきっかけに、周囲の反対意見を押し切って和解を進めるよう働きかけた。さらに被害児らが同じタイミングで義務教育を終えて四散してしまうということが、保健婦らによる14年目の訪問調査を決意させるきっかけとなった。また、被害児らは親の世話のもとでミルクを飲んだため、子どもが当該ミルクを飲んだか否かということは親には明らかであった。したがって、被害者の居住地は油症同様に拡散してはいても、油症のように本人が原因食品を食べたという自覚がなかったり、自らの体調不良と中毒を結びつけられなかったりすることは考えにくい。

このように被害者の属性については、被害者の世代的限定性と飲食経験の確実性という相違点がある。

3.3　運動主体

運動主体の属性にも明白な違いがある。油症事件における主な運動主体は被害者本人である。日常的な家事や仕事を担うことに支障があるほど健康を破壊された身体では、外に出かけて長距離を移動するだけでも大きな困難である。しかし被害は広域で発生しているため、企業との交渉や裁判のために、被害者は県境や海さえ越える必要があった。また、子どもをもつ者は、自分が運動に立つことによって子どもの就職や結婚に負の影響を及ぼしてしまうことを恐れた。被害が次世代まで続く恐れがあることから、とくに娘のいる家庭では結婚と出産が大きな懸念となった。子どもをもたない者でも、油症が感染するとか不道徳だから油症になったとかの誤解を含んだ病の「暗喩」(Sontag 1978, 1989=2006［1992］）や、スティグマ（Goffman 1963=1970）を避けるために、親戚にも配慮して、運動への参加を諦めることがあった。結婚や出産、職場において油症であることを隠す例は多いが、人前に出て被害を訴えなければならないとなれば、なおさら足は遠のく。被害者以外にも、教会の牧師や消費者運動の担い手らが支援者として運動に参加していたが、被害の地域的拡散から運動組織の衝突や分裂が生じがちであった。また被害者自身が沈黙していくにしたがって、支援者運動もしだいに弱まっていった。

他方、森永ヒ素ミルク中毒では、被害者自身が結成した「太陽の会」や支援者組織はあるが、運動を中心的に担ったのは被害児の親たちである。被害者自身が運動の担い手でないという点は、油症の運動とは大きく異なる。ただ、運動が生活を圧迫したり地域における孤立を招いたりするという点は油症と同様であった。親たちがこうした犠牲を払いながらも運動に立った動機は、被害児の権利回復のためであり、「うばわれているのは『体力・能力』だけでなく権利だ」(田中ほか編 1973: 252) と、被害児の社会的権利を取り戻すために恒久対策案の実現が目指された。また、症状が重篤で寝たきりを余儀なくされる被害児を抱えた親たちは、自分が生きている間に被害児の将来の生活を社会的・恒久的に支える社会的しくみを作ることに切迫していた。

つまり、いずれの事例においても被害は早急に救済される必要があったが、油症の場合は子どもの将来を思えばこそ被害を隠すという選択がとられ、森永ヒ素ミルク中毒の場合は子どもの将来を思えばこそ被害の救済を訴えるという選択がなされたのである。

3.4　運動戦略と専門家集団の役割

では運動戦略においては、どのような違いがあっただろうか。油症事件における被害者運動には、カネミ倉庫前の座り込みや個別の交渉などがあるが、最も多くの被害者が関与したのは国を相手取った統一民事訴訟である。統一民事の目的は国から賠償金を得ることそれ自体よりも、むしろ国の責任を法的に認めさせることにあり、その判決をもとに公的救済を勝ち取ろうというのが原告弁護団の戦略であった。しかし訴訟が始まると、各地の被害者運動の勢いは衰え、87年に一連の訴訟が終結したのちは全国の被害者組織もほとんど消滅した。その後90年代末に油症をダイオキシン汚染という新たな問題枠組みで捉えた「止めよう！　ダイオキシン汚染関東ネットワーク」などの市民運動が立ち上がるまで、個人による座り込みの継続や未認定患者の掘り起こしを除いて被害者運動はほとんど見られなくなり、全国の被害者組織の代表が顔を合わせることもなくなった。

これと同様に、森永ヒ素ミルク中毒の発生直後に組織された被害者運動もまた、医師から症状は全快したと言われ、森永乳業が示した妥協案を受け入れざるをえなかった経緯を経て、潜在化していた時代があった。その後、被害児の親たちが守る会を再組織化し、運動を再興することができた背景には、地域の専門家集団が果たした役割が大きい。被害の顕在化から14年という遅れはあったものの、医師と保健婦らが被害の追跡調査を行い、専門家の立場から後遺症があることを証明し、さらに各家庭が抱える困難と生活上のニーズを解明した。

こうして専門家の後押しを受けて組織された守る会の運動戦略は、訴訟に加えて森永製品の不売買運動を運動の柱とした。訴訟の目的は、森永乳業の加害責任と、専門家組織を発足させるだけで責任を回避している国の責任を明らかにし、その判決をもとに世論に訴え、恒久対策案を実現させることだった。そのため、森永乳業の倒産や賠償金の獲得を目指す支援組織から批判を受け、運動が分裂することもあったが、不売買運動は世論の支持を集め、訴訟は和解に至り、最終的には恒久対策案について合意を形成することができた。

他方、油症の場合は、このような専門家には恵まれなかった。地元の医師が検診結果の記録を残していたり、未認定患者が認定されるよう意見したりしても、それは少数派による個人的な動きであり、集団としての取り組みには結び付かなかった。また、被害の実態に関する全国的な調査も、08年に厚生労働省が実施するまで行われることはなかった。専門家の不在の理由を、心ある医師がいなかったと解釈することも可能だが、油症の場合、被害者の年齢がまちまちで居住地域も拡散しており、公的な登録名簿もなく、しかも被害者自身が被害を隠しているために、被害の追跡調査が困難だったという物理的限界があったと考えられる。

このように油症と森永ヒ素ミルク中毒の救済を求める運動では、被害者に寄りそう専門家の存在と、訴訟外の運動の有無において違いが見られる。ただし、一度は盛り上がった運動が、医学者や行政による被害の否定や、企業が提示した一方的な補償案の妥協的受諾によって潜在化を余儀なくされたという点では共通している。森永ヒ素ミルク中毒の場合は、専門家集団による被害の調査が、沈黙を破って運動を再燃させる役割を果たした。

3.5　認定の根拠

油症と森永ヒ素ミルク中毒の被害者は、ともに第三者から被害者であるという認定を受けることによって社会的に被害者に「なる」。しかし、それらの認定が意味するところはまったく違う。3章でみたように、油症の認定は研究班が作成した診断基準にもとづいて行われる。そこで問われるのは、皮膚症状、骨や歯の症状、血中のダイオキシンの性状と濃度が診断基準と合致するかどうかである。

厚労省の調査によれば、生存する認定患者のうち、家族全員が認定されていると答えたのは47.7%であり、同一家族内で認定された者と棄却された者が分かれる家庭は39.1%である（カネミ油症被害者支援センター編 2012 [2011]）。家庭ではなく職場や飲食店で汚染油を食べたという例外はあるにせよ、現在の診断基準は、毎日同じ食事をしていたはずの家族の中で認定／棄却が分かれるという論理性に欠けたものと言わざるをえない。これは他の公害被害者認定においても見られる、本来認定されるべき者が被害を否定されるという「未認定問題」である[9]。

森永ヒ素ミルク中毒の認定については、ひかり協会による認定が行われる前は油症と同じ状況であり、西沢委員会が作成した診断基準にもとづいて認定／棄却の振り分けが行われていた。森永ヒ素ミルク中毒の場合、事件発生当時に有毒ミルクを飲んだとして名簿に登録された被害者は、それで認定されたことになるが、この名簿登録から漏れた「未登録者」または「未確認被害者」は、診察を受けて認定される必要があった。ところが、医学的検診結果では名簿に登録された被害者と同様の傾向を示し、同様の健康上の問題を有していたにもかかわらず、未確認被害者が認定されないという問題が生じていた（山下・土井 1975）。油症の被害者が医師から症状を高齢のためだろうと見なされたのと同様に、森永ヒ素ミルク中毒の被害児も先天性のものだろうとして被害を否定されてきたのである。

このようなかつての認定のあり方における問題点について、山下・土井

(1975) は次のように指摘する。共通する症状を必然のものとし、これをもとに病名をつけて治療方針をたてるという従来からの臨床医学の診断の仕方は、既存の医学が解明しつくした疾患の場合には意味があろうが、森永ヒ素ミルク中毒のように過去に経験がなく、かつ被害者の多くが乳幼児期という発達の重要な過程にあるものに対して従来の医学の知見を当てはめて診断を下すことは、正しい判断のやり方とは言えない。本事件で問題とされるべきなのは、森永ヒ素ミルクを飲用したかどうかということである（山下・土井 1975)。

さらに山下・土井（1975）は、未登録被害者が生まれた要因を次の6点に要約している。第一に、森永ヒ素ミルク中毒の症状の多様性と、色素沈着以外の症状の非特異性ゆえに、中毒症との診断を下すことが困難だったこと。第二に、西沢委員会が診断基準を発表するまで、地域によって診断基準がまちまちだったこと。第三に、西沢委員会が作成した診断基準では色素沈着が必須条件である上、これを欠く場合は尿や毛髪よりヒ素を検出するなどの「他の確実なる検査」を必要としたこと[10]。第四に、当初は急性あるいは慢性であると考えられていたヒ素中毒症を慢性中毒であると厚生省が指示したため、ミルクの飲用期間が短い者はヒ素中毒ではないと判断されたこと。第五に、被害者認定が医師の主観的判断で進められ、かつ診断基準に合致する症状・所見を有していないものは中毒症ではないとして処理されたこと。第六に、行政による被害者名簿の処理過程で、何名かの被害者の名前が落されていったこと（山下・土井 1975)。

以上のように指摘された問題点は、油症の認定にも当てはまる。油症もまた、過去に前例のない病気であり、しかも汚染が次世代にまで続き、従来の医学界における「胎盤は有害物質を通さない」という胎盤神話をくつがえすものだった。つまり従来の医学的知見だけでは病像を理解できないことは明らかである。また、油症の診断基準では、かつての西沢委員会が作成した診断基準と同じく、色素沈着や爪の変形などの目視できる症状に加えて、血中ダイオキシンの性状および濃度という「確実なる検査」の結果が基準に合致することが必要とされている。このように、ひかり協会による総合的な認定以前には、油症と森永ヒ素ミルク中毒の医学的診断基準を用いた認定は同様の問題点を抱えていた。

しかしながら、くり返しになるが、森永ヒ素ミルク中毒事件の初期において、被害児らは有毒ミルクを「飲用した」という事実をもって名簿に登録されていた。すなわち、この時期であれば、ミルクを飲んだことのみを根拠に医学的診断なしに被害者が認定されていたのである。この点は、事件発生初期から医師の診断によって被害が認定／棄却に振り分けられていた油症とは大きく異なる。

山下・土井（1975）は、森永ヒ素ミルク中毒のあるべき認定について次のように提案している。被害の発生から時間が経過することで、被害者の側から確実な証拠を提出することによってヒ素ミルクを飲用したかどうかを確認することは不可能に近いと考えられる。そこで、事件当時、被害者にヒ素ミルクを飲用させたとの両親もしくは家族等の申し出にもとづいて被害者であるとの認定を行うことが、疑わしきは救済するとの公害被害者救済の原則から見ても当然のことと考えられる（山下・土井 1975）。その後、ひかり協会は現在のような総合的認定を確立し、有毒ミルクを飲用した可能性が高いことをもって被害者を認定するようになった。その「飲用認定」は、「特定の症状と特定の原因物質との数量的因果関係に基づいているのとは根本的に異なり、真に被害者側に立った画期的なものといえる」（東海林・菅井 1985: 88）と肯定的に評価されている。

つまり森永ヒ素ミルク中毒の被害認定は、初期には山下・土井（1975）が提案するような「飲用認定」を名簿登録という形式で行っていたが、やがて医学的診断によって被害を狭く捉えるようになり、さらに最終的にはもとの「飲用認定」に帰着したのである。他方、油症の場合は「油を食べたこと」は診断基準の項目には入っているものの、それだけでは認定されない。もちろん、事件から46年が経った現在、油を食べたことの証明は困難であるが、そもそも食べた可能性が認められれば認定するという考え方自体が存在しない。油症の認定は一貫して被害者の臨床症状と医学的数値から被害を認定するもので、森永ヒ素ミルク中毒の認定のように、戻るべきだと要求する「摂食認定」という過去すらもたないものである。

3.6　5項目の比較

2事例における企業の経営規模、被害者の属性、運動主体、運動戦略と専門家集団の役割、認定の具体的対象という5点を比較した結果は、**表7-2**のようにまとめられる[11]。油症の場合、原因企業の資力は乏しく、かりに倒産してしまえば他から補償を得られるあてはなく、さらに油症というスティグマを子どもや親戚に付与してしまうことを恐れて、被害者は運動に立ちあがる以前に、そもそも周囲に自分の被害のことを隠しがちであった。同一家族内でも患者と認められる者とそうでない者がおり、さらに被害者の年齢層や居住地域が多様であったため、社会に被害を訴えるために有効な問題枠組みの構築や共通の要求を析出することも困難だった。また、被害を追跡調査する専門家集団が現れなかったため、被害が現存していることを客観的なデータとして示すこともできなかった。このような負の連鎖を、ただ運動の失敗の帰結と見なすことはできない。なぜなら、原因企業の経営規模や被害者の属性といった油症問題に固有の特質が、負の連鎖の構成要素を成しているからである。この負の連鎖は、同時に、専門家の失敗であり、行政組織の対処の失敗であり、既存の法制度の限界の表れでもある。

表7-2　森永ヒ素ミルク事件と油症事件における相違点

	森永ヒ素ミルク中毒	油症
原因企業の経営規模	大企業（森永乳業）	中小企業（カネミ倉庫）
被害者の属性	乳児	胎児から高齢者まで（原因食品を食べていない子孫を含む）
運動主体	被害児の両親	被害者本人
運動戦略	訴訟と不売買運動で企業と国の責任を追及	訴訟で国の責任を追求
認定の根拠	飲用の名簿登録→医学的基準→総合的に飲用の有無を判断	医学的基準

4　食品公害被害に対する現行制度および政策の限界

これまでに見てきた2事例は、現行の制度および政策の限界を次のように示唆している。被害を生じさせた企業の経営規模によって、認定および補償の根拠と得られる補償内容が大幅に異なるという現状は、食品が原因で起きた被害に対する補償について現行制度がなんら救済の手立てを用意していないことを示すものである。くり返すが、公害対策基本法の定義のなかに食品公害が含まれていないように、両事例のように深刻かつ広範な被害であっても、製造物たる食品が原因であるために法的には公害と認められない。したがって多くの食品公害と呼ばれる事例は、公害関連法ではなく食品衛生法の規定にもとづいて行政に対応されている。

食品衛生法は1947年に施行されて以来、多くの改訂を経てきた。それは法的には他の衛生関係法規に例を見ない、非常に厳しい内容をもっており、『疑い』があれば行政処分を成し得ることになっている（青山 1977: 225）。しかしながら、同法がそのような本来の役割を果たせたとしても[12]、食品事故が起きた後に被害を救済する規定は現行の法制度においては存在しないのである。

そうであれば、被害者は訴訟を起こしたり世論に訴えたりしながら運動を展開しなければ、いっさい補償を得ることはできない。森永ミルク中毒の場合は、被害者本人ではない者が運動を担い、かつ森永乳業が大企業であり、さらに専門家集団が潜在化していた被害にふたたび光を当てたため、ひかり協会方式の救済が可能となった。しかし、そうではない場合はどうなるか。油症の被害者運動が不十分な医療費受給と引き替えに、カネミ倉庫が賠償金の一部を未払いである状態を受け入れざるをえないのは、この問いに対する一つの答えである。

被害者自身が運動に参加することは、身体的にも社会的にも大きな犠牲を伴う。また、かりに運動が成功したとしても、加害企業の資力が乏しければ、補償費用を負担する主体をほかに見つけ出さなければならない。森永ヒ素ミルク事件の場合は3者会談確認書を結ぶことができたが、これは法制度のような拘束力はもたない。そのため、守る会は森永乳業に対する対抗力をつねに保持し続けなければならないし、守る会の力が弱まれば、補償内容も貧弱なものと化していくに違いない。また、森永乳業の経営状態が悪化すれば、補償費用の負担も不可能になる。

医学的に見た健康被害に限れば、被害の重さを決定づけるのは、体内に入った有害物質の毒性および曝露量と本人の体質である。しかし社会学的に見れば、本人や周囲の人びとによる病気の受け止め方や、企業や行政組織による被害者の権利の承認の程度によって、被害が深刻さをきわめていくか、多少なりとも軽減されていくかは異なってくる。両事例に見る補償枠組みの差が示すのは、現行の制度において食品事故が起きた後の被害救済に関する規定が欠落しているために、企業の資力不足と運動体の形成困難、そして専門家集団の不在によって、被害がより深刻化していくということである。このように被害者が被害を軽減する権利を運や外的条件によって左右されないためには、食品事故が発生した後に被害を軽減する制度の構築が必要である。

また、製造物責任法が施行されたのは1995年7月のことであり、両事件の発生当時には存在していなかったが、かりに同法が油症発生当時に施行されていたとしても、被害補償のために有効な力をもたない。なぜなら同法の免責事由の規定によれば、当時の科学または技術に関する知見によって当該製造物に欠陥があることを認識することができなかったと証明できれば、製造者は免責されることになっているからである（製造物責任法第4条の一）。したがってカネミ倉庫と鐘化が、当時の科学的知見ではPCBが油に混入したり、PCBが加熱処理によってダイオキシン類に変質したりすることを知りえなかったと主張すれば、両者は賠償の責めから逃れられることになる[13]。また、両者に製造物責任があることが立証されたとしても、カネミ倉庫が資力不足ゆえに賠償できないという点は変わらない。さらに、汚染者負担の原則（polluter pays principle, 以下、PPP）を適用しても、責任企業に資力がなかった場合に補償費用を負担できないという問題は残る。また、食品を原因とする被害が生じた場合に製造者・責任者を特定することが困難なケースが多いことを考えても、PPPのみで食品公害の被害者を救済するには限界がある。このように既存の制度や補償費用の負担原則を見ても、食品公害に特化した救済法と補償枠組みの構築が必要なことは明らかである。

いかに法制度が充実していようとも、それによって軽減可能な被害は、被害全体から見れば一部分にすぎない。被害のなかには不可逆的なものや、家族や周囲の人びとと切り結ぶ関係によってのみ軽減されるものがあるため、すべての被害を制度によって救済することは不可能である。しかし、油症事件が示しているように、現行の制度では、不運な場合には不運なまま被害が深刻化し、置き去りにされる。また、法制度の整備によって救済可能な経済的損失も回復させられることがない。

5　小　括――訴えの承認と黙すことへの尊重に向けて

本章では、制度区分上は同じ「食中毒」事件であるはずの油症事件と森永ヒ素ミルク事件の補償体系を比較し、補償内容や、それが構築されるまでの過程をめぐる共通点と差異を検討した。

まず、油症の補償体系は森永ヒ素ミルクのそれと比べて、制度の根拠、補償金額、補償内容、制度の運用態勢のすべてにおいて不十分なものであった。また、森永ヒ素ミルク中毒の現在の補償制度の構築は、森永乳業や国が責任を否定して被害を切り捨てようとするなかで、被害児の親たちが訴訟と不売買運動を２本の柱としながら運動を展開してきた結果、成し遂げられたものだった。

両事例の差異として、原因企業の経営規模、被害者の属性、運動主体、運動戦略と専門家集団の役割、認定の具体的対象についてそれぞれ検討した結果、油症事件の場合は、カネミ倉庫の資力不足につねに制約され、かつ認定において家族内の立場を分岐させられることで、社会的に被害を訴えにくく、被害を隠しがちになる構造が見出された。また、被害の実態を明らかにする専門家集団が現れず、社会に対して被害を訴え続け、世論を喚起することが困難であったことも明らかになった。

二つの事例の救済策が大きく異なるということは、現行の法制度が食品に由来する被害への対処策をなんら用意していないことを示している。また、食品衛生法だけでなく、製造物責任法およびPPPも食品公害に対して有効な対処をもたらすものではない。このような現状から、被害者とその家族は被害を軽減するために大きな心理的・経済的負担を伴いながら運動に立ち上がり、裁判や交渉を通じて補償に関する取り決めをするしかない。しかも、もし運動の力量が十分だったとしても、企業の資力が不足していれば十分な補償は得られないため、補償獲得が実現するかどうかは実質的に運まかせになっている。

一面においては、被害者が被害を訴えれば、それが他者に聞き入れられると確信できるような社会の実現は望ましい。ただ、もう一面においては、黙っていたいと感じる被害者が、精神的に多大な犠牲をはらって運動に立ち上がらなくとも、最低限の救済制度が整備されうる社会の構想もあるべきなのではないか。

たしかに、被害者が被害を隠して沈黙していれば、被害はますます潜在化し、問題が社会問題として構築されず、補償や救済の道は拓かれない。問題に対する周囲の認知が進まず、誤解や差別が助長される可能性もある。また、被害を訴えることは、問題構築や補償獲得を促進するだけでなく、自身が被害を受け入れていく契機を得たり、他者と苦しみを分かち合う関係を築いたりする可能性を与えうる。しかし、被害を訴えようと立ち上がったとしても、裁判や運動によってさらに健康状態を悪化させられ、経済的にも負担が増え、訴訟の結果によっては債務すら負いかねない。被害を訴えることは、このように両義的である。

油症の運動の歴史を見ると、被害者は運動の過程においてさらなる傷を負っている。すでに被害を受けた者が、カミングアウトや裁判闘争を通じて苦痛を加重させられているのである。この苦痛は森永ヒ素ミルク中毒の被害児の親にも経験されている。そこまでしなければ被害の軽減に至れない社会に対抗するものとして、被害の訴えを承認する社会と同時に、被害者が秘やかに権利回復を要求しても、それが叶えられるような社会、いわば「黙す権利」を尊重する社会のイメージがあってもよいのではないだろうか。被害者が被害を訴えるも黙すも認め、認定と補償を求める者にはそれが与えられる。こうした社会を実現するためには、被害者の要求・折衝・申請コストを最小限にしうる制度を形成する必要がある。

以上より、食品公害被害に関する既存の法制度の不備を克服するために、また被害を訴える権利と黙す権利の双方を尊重する社会を形成するために、新たな政策原則および制度の立案が必要であると結論する。

注

1　本章が比較対象とするのは補償制度とその成立過程であるため、事件が起きた社会的背景や訴訟の経過については論じない。訴訟の判決内容と法的考察に関しては、『ジュリスト』552号にて特集が組まれている（石常ほか 1974; 西原 1974; 三井 1974; 森永ミルク中毒被害者弁護団 1974; 徳島地裁 1974）。事件が起きた社会的背景に関しては、東海林・菅井（1985）が詳しい。また、科学技術論の立場から当事例を検討し、リスク評価およびリスク・コミュニケーションのあるべき姿について論じたものに中島（2004, 2005, 2007）、事件の詳細な経過と医療従事者にとっての教訓を指摘したものに青山（1977）がある。関係者による記録としては、行政組織の立場から事件が食品衛生法に与えた影響を論じた松田（1957）、加害企業の労働組合として態度を決定する過程を論じた全森永労組（1971）がある。それぞれ参照されたい。

2　「保健婦」という名称は2001年に制定された「保健婦助産婦看護婦法の一部を改正する法律」によって男女を統一した表現である「保健師」に改められたが、10章で引用しているように、保健婦自身が自らを「保健婦」と称したり「保健婦さん」と呼ばれたりする記録を用いるため、ここでは「保健婦」に表現を統一する。

3　森島（1978）は、ひかり協会とサリドマイド被害児への救済事業を行う財団法人「いしずえ」に共通する問題点として、事業内容が多様かつ大規模にならざるをえないために事業活動の能率が悪いこと、事業費に対する運営費の比率が高いこと、救済対象たる被害者のすべてについて福祉事業を行っていないこと、国がなんら積極的な福祉対策を講じていないこと、それによって財団の運営の効率性が低められていることの5点を指摘している。また、ひかり協会というよりむしろ森永が対処すべき問題として、被害者のなかで損害賠償を求める者が出てきたり、健康保険の保険者が森永に求償したりした場合、救済事業との関係はどうなるかという問題を提起している。

4　2012年2月4日、公害薬害職業病補償研究会が主催したシンポジウム「公害薬害職業病　被害者補償・救済の改善を求めて」（第2回）におけるひかり協会の平松正夫事務局長の発言。

5　具体的な金額の違いについては9章で取り上げる。

6　カネミ倉庫のウェブサイト（http://www.kinsokyo.com/kanemi/plofile.htm, 2012.9.10閲覧）で確認したが、時期に関する記載はなかった。被害者の代理人を務める弁護士にも相談したが、現在のカネミ倉庫の資本金を表す資料を入手することはできなかった。

7　三世患者を想定している。

8　油症である自覚を長年もてなかった被害者の例は、8章で論じる。

9　2012年に成立した推進法によって、認定患者と同じ食事をしていた家族を認定する「同一家族内認定」が行われるようになったが、事件当時に母親の胎内にいた二世患者には適用されないという問題が残っている。

10　山下・土井（1975）は、森永ヒ素ミルク中毒のように加害企業の責任が問われている場合、症状という被害者側の個体条件によって大きく左右される現象で被害の有無を判断する根拠とすることは、有害物質を与えたという加害企業の責任を、被害者側の個体の反応性といういわば個人責任に転嫁させて、企業責任を軽減ないし免罪することになりかねないとも指摘している。この論点も油症認定の現在の問題点と通じるものである。

11　運動主体と運動戦略については、たとえば森永ヒ素ミルク中毒の場合には専門家も広い意味での運動主体に入り、また油症の場合にも被害者以外の主体を含むが、ここでは比較のためにあえて単純化し、主な運動主体と戦略のみを記した。

12　青山（1977）は、毒物が粉ミルクに混入したという歴史的事実を鑑みて、食品衛生法は事件発生予防になんらの効果的な役割を持っていなかったと指摘している。食品衛生法が食品事故の発生を適切に防止できる機能を本来的に備えているか否かという評価は、別途の検討を要する。

13　このような製造物責任法の欠陥をふまえて、赤堀（2009）は、製造者の無過失責任を認める製造物責任法を立法化する必要があることを油症事件が示していると指摘する。

第８章　2007年時点から見た油症の被害

本章の目的は、被害者が日常生活において病いにどう対処してきたのか、食品由来の病気であるということがどのような独特の困難さをもたらしてきたかを解明することにある。発病から46年間、被害者は油症という病気と闘い続けてきた。被害者は隔離された無菌室で病気にかかったのではなく、他者との関わりが不可欠となる社会という空間において油症になった。そのため、その闘病生活は、周囲へのカミングアウトをめぐる葛藤、油症をめぐる医学的・社会的情報の入手、認定申請をめぐる葛藤、補償の獲得や権利回復のための企業や国との交渉、他者との関係の立て直しなどの社会的側面とは分けて論じることができない。先だって5章では、事件発生当時に経験された被害を被害構造論の類型に沿って記述した。これをふまえて本章では、症状が長期化したり周囲との関係が変化したりすることによって被害が変化する様子や、今になって振り返ることで認識できる被害を重ね焼き法を用いて把握することを目指す。

まず油症被害の社会的特徴を検討することを通じて、環境汚染型とは異なるか相対的にきわだっている食品公害の被害の特徴を明らかにする（1節）。次に、医療社会学における「病いの経験」研究の視点から、油症をわずらう人びとがどのように油症を受け入れ、適応し、毎日の生活を送っているのか、また油症がいかなる固有性をもった病いなのか確認する（2節）。続いて3節から5節にかけて、人びとが油症に関して抱えている不安や困難として「タブー化と告白」、「自分史の再構築」、「分かち合いの困難さ」を検討し、まとめを行う（6節）。

1　油症被害の社会的特徴

1.1　情報過疎と関係過疎――地域集積性の低さ

油症被害の社会的特徴とはどのようなものか。第一に、油症被害の地域集積性の低さによってもたらされる「情報過疎」と「関係過疎」である。事件当時、カネミ・ライスオイルは主に米穀販売店を通じて販売されていた。なかには小売店で安売りされていたカネミ油を購入する者もあった[1]。すでに1章で述べたとおり、カネミ油の摂食は、水俣病のように生業として川魚を捕ったりイタイイタイ病のように習慣として川の水を飲んだりするようなその土地特有の風土や文化、習慣に根ざした行為とは異なり、それぞれの消費者の選択によるものである。その選択の背後には、「米からできた油ならば、健康によいだろう」という米に対する肯定的なイメージや、「健康・美容によい油」や「天皇陛下も使っている油」といった広告からの影響があった。また、現在のように小分けの容器ではなく一斗缶や一升瓶で売られていたことから、近所で油を分け合ったという声も多く聞かれる。さらに、職場の食堂や飲食店でライスオイルを使用していて、自覚なしに食べていた者もいる。こうして広い範囲でライスオイルが選択・消費され、1969年7月2日時点で保健所への届け出者は24府県、うち認定患者は15府県に存在していたのが(下田 2010: 104)、2013年現在、認定患者はさらに拡散して35都道府県に居住している(厚生労働省 2013)。

このように被害の地域集積性が低いことによって、行政組織による被害者の把握と追跡は困難であった。また被害者運動にとっては、地域的広がりがそのまま運動形成の負担となった。1970〜80年代にかけて民事訴訟が8件も提訴されたことは、油症被害の規模の大きさと深刻さを示しているとともに、運動の一本化が困難だったことの表れでもある。被害者の組織を立ち上げるにも、対象地域が広すぎれば集まり話し合うだけでも時間的・経済的負担となり、身体的な負担も大きい。そのため多くの運動組織は、県や市を単位に結成された。

訴訟を提訴した者たちは、裁判のたびに長崎県や広島県から北九州市にある福岡地裁小倉支部まで傍聴のために足を運んだ苦労を語る。そのために仕事を休まなければならなかったり、交通費がかかったりすることも負担ではあったが、なにより病いを押して長距離を移動することが大変だった。公共交通機関も現在ほど整備されていなかったことから、「最初の（うちに運動を始めた）者は苦労した」[2]という。さらにカネミ倉庫との交渉では北九州市へ、鐘化との交渉では大阪へ、国会でロビイングするためには東京まで行かなければならなかった。

また、被害者が比較的集中している県に居住していても、中心部から外れた地域に孤立して住む者は、自治体による救済の対象から外れ、運動からも取り残された。長崎県内ではあったが長崎市外に在住していたＪ氏は、「Ａ町[3]では油症になったのは家だけ。長崎市から見舞金が出たこともあったけど、私は市外だからもらえませんでした。だから１人で何度もＡ町（の役場）に行った。何回か見舞金をもらったこともありましたね」と語る[4]。患者が多い長崎県でも、患者が集中している長崎市内から外れていたために自治体からのサービスを受けられず、それを得るためには自力の交渉が必要だったのである。

さらに、地図上で見ると他の患者とそれほど離れていない距離に住んでいたとしても、日常生活における交流があるほど近所ではないため、情報を得られなかった者もいる。長崎市に在住していたＬ氏は仮払金を返還し続けていたが、弁護士から「返還しなくてよい」と説明を受けていた者が市内にいることを長年知らずにいた。その情報を教えてくれなかったことについて、「仲間といっても冷たかね」と思ったそうである[5]。一つの集落や市のほとんどの世帯が被害を受けていれば、こうした情報は全体に行きわたるだろうが、被害者が地域に点在している場合は情報が途絶えがちになる。

また、認定患者数の少ない首都圏に住むGG氏は、油症の治療法が見つかっていないことや、子どもに汚染が移る可能性などは知らない方がよかったかもしれないと思うことがあり、「情報が入ってこないのはいいときもあるけど、なんて言ったらいいのか……マイナスの面もある。やっぱり情報は欲しい」と、知ることの善し悪しを勘案した上で、やはり情報を得たいと述べている[6]。

以上のとおり、被害の地域集積性が低いことは、被害者運動の統一と展開を困難にし、運動参加や日常的交流の機会をもてない「関係過疎」や、被害者同士の情報交換の網の目から外れてしまう「情報過疎」を生み出した。

1.2　状況の定義不可能状況

「（自分の皮膚症状が）カネミとの関係とは夢にも思わなかった。（関係が）あるんかなーということは考えもしなかった」[7]。

「（体調不良の原因が）カネミ油症いうの知らんけえ、ずっと怖くて怖くてね、なんか呪われとるんじゃないかとか思うたからね」[8]。

上記二つの発言は、自分が油症患者であることを長年自覚しておらず、後に認定された患者らのものである。自分が油症であると知らずに過ごすということは、どのような経験なのだろうか。一つめの発言をしたHH氏は、広島県の国鉄バスの営業所で汚染油を食べたが、結婚を機に退職し、市内で引っ越した。そのため職場の同僚との関係がとぎれ、カネミ油症について聞く機会もなかったという。ところが2010年に昔の同僚と道で偶然会ったことをきっかけに、初めて油症のことを知った。元同僚の話を聞いて、「今振り返ってみたら、あー、やっぱりあれ（がカネミ油症の症状）じゃったんかなー」と、毎年悩まされている皮膚の異常は油症のせいだったのかと思い当たったそうである[9]。HH氏は油症事件が顕在化した42年後に初めて、それまで生まれつきの体質だと思っていた症状を「油症」と定義することができた。同年に検診を初めて受診したHH氏は、その検診データをもとに11年に認定された。

二つめの発言をしたB氏の場合は、入院をくり返したり異常な出産を経験したり健康上の問題が「次から次へと起こる」ので「自分は呪われているのではないか」と思い、「次はなにが起こるのか、次は、次は……と、心配で」心が休まらない毎日を過ごしていた。どの病院へ行っても病名がわからず、ある医者に「精神病ではないか」と言われたB氏は精神科へ通院し、人の目を恐れて家にこもり、買い物にもほとんど出かけないようになった。「近所にそういう（同じ症状の）人もおらんし」、加えて事件当時は家にテレビがなかったため、油症について知ることができずにいたが、1987年に偶然情報を得ることができた。その後、ほぼ毎年検診を受けて97年に認定されたが、全く同じ食事をしていた夫と子どもは認定されなかった。B氏は「もっと早く（油症のことを）教えてくれれば、（家族の血中）ダイオキシン濃度だって低くならなかったかもしれないのに」と悔やむ。すなわち、もっと早く情報を知ることができれば、経年変化によって血中のダイオキシン濃度が薄まって基準を下回ることもなく、家族も認定を受けられたはずだと考えているのである[10]。

HH氏は油症問題の発覚から42年後に、そしてB氏は19年後に、自身が油症患者である可能性を知ることとなった。それまでの期間に2人はそれぞれ自分の身に起きたできごとを「体質」「呪い」と定義してきたが、B氏の場合は、それがとくに深刻な苦痛として経験されている。

HH氏やB氏のほかにも、事件当時に務めていた会社を辞めてタクシーの運転手に転職した者が、2006年にたまたま当時の同僚を乗せた際に、「あんたも油症かも」と検診を受けることをすすめられ、その年に検診を受けて認定された例がある[11]。さらに、上記の例ほど長期間ではないが、「それ（油症の症状について知る）までは、自分の病は自分の運命だと思ってた」とか[12]「たたりなんじゃないの？　と医師に言われて（なんらかの病名の診断を得ることを）諦めた」とか[13]、自分を納得させるための理屈づけを行っていた者は少なくない。

このような事態を、6章でも用いた「状況の定義」概念によって説明してみよう。ここで「状況の定義」を「自分の身に起きたできごとがなにごとであるか理解し、判断すること」として用いると、HH氏とB氏は次のような過程を経て状況を定義できたと理解できる（**図8-1**）。

まず健康が破壊されたことを自覚してから、いったんは自分なりの状況の定義（第一の定義）が行われた後、適切な情報を獲得することによって状況の再定義（第二の定義）が行われる。第一の定義においては、本来は他者の行為によって罹患したはずの病気が、自分の体質や呪い、たたり、運命ゆえ

健康の破壊→医師が診断できず、周囲も助言できない→状況の客観的定義ができない
（状況の定義不可能状況）
↓
たとえ非合理的な定義であっても、自分で定義を下す
（第一の定義）
↓
情報を獲得
↓
油症患者である可能性を知る／認定される
（第二の定義：状況の再定義）

図8-1　被害状況の再定義過程

にかかったものだと考えられている。原因不明の体調不良に対して医師が病名を診断することができず、また周囲からの助言も得られない場合、被害者は状況を客観的に定義することができず、「状況の定義不可能状況」に陥ってしまう。それを打破するために、合理的な説明ではないとしても、自らを納得させるために第一の定義が行われるのである。

こうした「状況の定義不可能状況」が生まれる背景には、先述した油症被害の地域集積性の低さが関係している。すなわち、被害が空間的に拡散していることで情報過疎や関係過疎が生まれ、自分が被害を受けたことを知る機会が失われるのである。これは、「良いことも悪いこともあれば1日で地域に知れわたる」（関 2003: 255）新潟水俣病の発生集落とは対照的である。地域で油症の情報が共有されていないがゆえに、人間関係が断たれたり報道に接する機会がなかったりすると、被害者は情報を得る術がない。その結果、適切に状況を定義できず、ひとまず自分に責任を帰すような定義を行う。状況が適切に定義できないということは、事態を正しく理解できないというだけでなく、病気について他者に説明できない、病名にもとづいた治療方針が立てられない、患者仲間を見つけられない、他者に責任を帰すことができないなど、患者であり被害者であるという立場から健康と権利を回復する権利を失っているということでもある。

健康被害が長期にわたるために老化などの自然なできごとだと捉えられ、自分が公害病患者であることに気がつかなかったという事例は、イタイイタ

イ病や他の公害病においても見られるものである（藤川 2005）。ただし油症の場合は、離島を除けば、地域の誰かが病気の情報を得て、それが周囲に広がっていくという情報の拡散経路をもたないことが多く、これまでに見てきた例でも状況を定義できずにいた者たちは、たまたま道で患者に会うとかタクシーに乗せるとかの偶然によって情報を得られたにすぎない。このように、情報の獲得手段が限定されており、それを他者に広める経路が確立されていないという点から、油症の「状況の定義不可能状況」は他の公害病の場合よりも相対的に顕著であると言えよう。

さらに、地域集積性の低さ以外にも、油症の情報が周知されなかった社会的要因として次のようなことが考えられる。それはすなわち、被害者運動の失敗と政府から公害病に認められなかったことの弊害として油症の社会的知名度が低かったこと。政策的対処が不徹底で、継続的な被害者の追跡調査が不十分だったこと。病気への差別を忌避したり、認定されても医療費と見舞金しか得られないという社会的状況に規定されたりして、親が子どもへ被害を隠すこと。「黒い赤ちゃん」やはげしい皮膚症状といった劇烈な症状ばかりが報道され、自らの症状とのギャップゆえに、油症を自分の状況とつなげて考えられないこと。そして、初期に劇症だった患者は早期に亡くなり、目に見えて症状が出なかった者が後年になって内臓疾患を多く抱えているが、そうしたゆるやかな症状の発現が老化や体質といった自然な現象として捉えられたこと。これらの油症の事実経過と医学的性質、社会的性質が、油症の情報を一部に留まらせる要因となり、状況の定義不可能状況をもたらしてきたのである。

1.3　認定の根拠問題——摂食経験のあいまいさ

油症被害の第三の特徴は、摂食経験のあいまいさゆえに、認定の根拠問題が生まれることである。くり返し述べてきたように、水俣病やイタイイタイ病においては生業や居住地域が食生活と結びついていた。その土地でとれる魚を食べたり水を飲んだりすることは、地域住民にとって日常的なことであり、毎日の当たり前の行為であった。そのため、自分がその水を飲み、その魚を食べたということは、確認するまでもなく明らかなことである。

ところが油症の場合は、日常的に利用する職場の食堂や飲食店でライスオイルが使用されていたとしても、食べた者は自覚をもつことがない。また、家庭において日々の食卓でライスオイルを使用していても、調理を担う者でなければ、どのような油を使用しているか知らないこともある。これらの場合でも、職場内や家庭内において集団的な体調不良が起きれば異常に気がつくことができるが、症状が遅発したり職場や家庭から離れたりした者はその機会を得られず、また後年に体調が悪くなっても自分が油を食べたと知ることはできず、もし知りえたとしても証明することができない。

たとえば、家庭で油を食べたと思われるものの当時はとくに症状が出なかったJJ氏は、油症の社会問題化から10年後の1978年頃に十二指腸潰瘍と痔を発症して2度入院し、さらに肝臓と胃にも異常が現れた。体調不良によって以前のように仕事ができなくなり、収入が減少したことなどが原因で、87年に妻と離婚する。90年代に入ると、さらに体調が悪くなり、仕事を減らした。93年には足がしびれるようになり、身体もきつく、99年には勤めていた会社を退職せざるをえなくなった。その後、腰痛の手術などを経て、07年に偶然再会した油症の友人から検診を受けることをすすめられて受診したところ、翌年に認定された。JJ氏の場合は患者が集中している北九州市に住み続けていたため、友人と偶然再会して情報を得ることができたが、そうでなければ「どうしてこんなに体調が悪いんかなと思ってた」ままで、自分がライスオイルを食べたと知ることはできなかっただろう[14]。

森永ヒ素ミルク中毒の認定においては、事件当時、厚生省によって名簿に登録された者が当該ミルクを飲用した被害者として認められていた。また、名簿から漏れた者も、現在はひかり協会に申請すれば総合的な判断によって飲用認定を受けることができる。ここで粉ミルクの空の容器や購入を証明する領収証の提示が必須条件として求められないのは、事件から長年が経過した現在、それがほとんど不可能だからである。だからこそ、生まれた年や地域などを考慮した「総合的な判断」がなされる。油症の場合は、現在の臨床症状や有害物質の血中濃度を優先的に見て、そこから遡ってライスオイルの摂食あるいは親を通した汚染を認めるという認定方式を採用している。いずれの事例にも共通するのは、摂食経験を証明するのが困難だということであるが、その困難さを「総合的な判断」を根拠として解決するのか、それとも臨床所見を根拠として解決するのかによって、認定は受け入れ型にも切り捨て型にもなりうる。

特定の食品を食べて体調が悪化したと認定されるためには、まず当該食品を食べたということが重要な証明となる。しかし、その食品が地域の伝統的食生活や生業と結びつかず、どこでも購入できるものだった場合、居住地域を通じた摂食の証明は困難である。また、摂食期間の持続性という面でも、長年にわたって同じ食品を摂取し続ける場合と異なり、油症の摂食期間は短い者で1日ということがありうる。また家庭で継続的に油を消費していた場合でも、2月に製造された油を報道のなされた10月まで食べたとすると、短い者で摂取期間は半年から8ヶ月程度と考えられる[15]。食べた期間が短いだけに、その証明も難しくなることは常識的に推察できる。

市場を介して販売された食品が原因ゆえに、被害の発生地域が具体的に限定できない。さらに晩発性の症状があるために、摂食から長年が経過してから異常に気づいても、摂食経験を明確に証明できない。このような摂食経験の証明の難しさは、患者の認定において、環境汚染型の公害病とは異なる「認定の根拠問題」を生じさせるとともに、被害者が自らの被害を知覚することを困難にする[16]。

2　油症の「病いの経験」

油症の病因物質がPCBのみだと考えられていた頃は、ある程度の時間が経てば体外へ排出され、症状は軽快するだろうと予測されていた。しかし主な原因がダイオキシン類だという事実が発覚し、油症は治癒の目処がたたない病気であることが明らかになった。つまり油症にかかった者は、慢性疾患として油症と生涯にわたって付き合わざるをえないことが判明したのである。

慢性疾患をわずらう人の研究としては、2章でみたように、「内部者」すなわち本人とその家族が慢性疾患と日々どのように付き合っているかを明らかにしようとする医療社会学における「病いの経験」研究がある。ただし油症は、その苦しみや痛みの原因に他者の行為があり、不幸や不運の帰結としてではなく、不正の帰結としてもたらされた病いである。この点において、油症は病いの経験研究において通常扱われるような糖尿病や慢性関節リウマチ、がん、診断はつかないが本人に経験される慢性的痛みなどの病い一般とは区別される。しかし、内部者の生活に注目してその経験を描き出すことは、油症被害者の日々の生活実態を理解しようとする作業であり、また被害者らが具体的にどのような不安や困難を抱えているか明らかにすることは、制度的救済のあり方やわれわれ社会がなにをできるか考えるための基礎となる。そこで以下では、「病いの経験」研究の視点から、慢性疾患である油症に苦しむ人びとがいかに毎日を生きているのか記述する。

2.1　療養生活

聞き取り調査のなかでたびたび耳にしたのは、病院へ通い、薬を服用することが生活の一部をなしているという声である。たとえば毎週2回、胃腸と歯の治療のために病院通いが欠かせないというKK氏は、「病院行かんと（生活できない）。病院と縁切れんです」と語る[17]。また、胃腸が悪くなり食事ができずに体重が10kg減ったというS氏は「薬が手放せない」と言い[18]、薬を3日飲まないと全身にじんましんが出るW氏は「薬を切るわけにはいかない」と、血圧、心臓、肝臓、高血圧、皮膚などのために毎日15種類の薬を飲んでいる[19]。彼らは、「医者はあてにならない」[20]、「私たちは、油症治療研究班に41年間モルモットのように扱われてきました」[21]と医師への信頼を失いながらも、痛みやしびれ、その他の症状が続いたり次々に出てきたりするので、対症療法のために病院通いを続けている者がほとんどである。

その一方で、「私たちの身体には化学物質（ダイオキシン類）が入っているから、科学的な治療とか、薬を飲むとかえって体調が悪くなるんです」と、近代医療が身体に合わないため、漢方薬などの代替医療を模索する者もいる[22]。

また、食生活を変えて、「どこに（外食に）行っても油が（安全か）どうかってわからないから、全部自分で作ってた。なるべく（子どもに危険なものは）食べささんように」と外食を控えたり[23]、「ただ患者として生きていくだけじゃなく、勉強して色んな人と手をつないでいきたい」と農業を学んで畑を始め、ほぼ自給自足で生活を送ったりするようになった者[24]もいる。ほかにも、職場に油症のことを隠しているK氏は、「自分の身体コントロールして、気を遣って気を遣って生きていて、働いてる」と、体調を崩さないように細心の注意をはらうことで、なんとか仕事を続けてきた[25]。先述のT氏もまた、混雑のなかにいると目まいがするので、買い物に行くときには遠回りになっても人通りの少ない裏道を通るようにしたり、どこかへ出かけるときはどのルートが最短距離か必ず考えるようになったり、自分の体調を配慮した経路を選択するよう努めている[26]。

このように、人びとは出てしまった症状を抑え、また新しい苦痛が生じないように工夫しながら病いと付き合っている。とはいえ汚染物質が体内に残っているだけに、今後どのような症状が出るかはわからない。それは本人のみならず看病する立場の家族にとっても不安なことであり、認定患者のS氏は妻から「お父さんは爆弾を抱えているようなもんだ」と言われるそうである[27]。また、病いに適応することは、葛藤を超えて諦めたり受け入れたりすることでもあり、それまでには長い身体的苦痛と精神的に不安定な時期が続く。がんに冒された認定患者のZ氏は、10年余りの闘病生活を経て「今も死の恐怖はなくなってはないが、人より早く死ぬのかなというふうに、『慣れた』と言うのもおかしいが、受け入れるようになった」と語っている[28]。

2.2　諸関係における他者の反応

家庭や職場、企業といったさまざまな関係において、油症患者[29]はどのように他者から反応されてきたか。まず家庭における関係について、事件当時に小学生だったT氏は、現在も家事を行うのがきつく、「掃除は一部屋（掃除機を）かけては休憩。人の3から4倍、時間がかかる。夫が『この家はいつも散らかってるね』って言うんです。洗濯物を干すのも大変。炊事も20

分立っていられない。60代の人はよく生きていられるよなって思う。買い物に行って帰るだけでもすごいしんどい」と語る。しかし夫は油症に理解がないわけではなく、かつてT氏が結婚を諦めるつもりで自分が油症だと告白した際には、「カネミの患者さんと会えるとは思わなかった」「僕、いろんなことを知りたい、聞きたいと思ってた」と受け入れた[30]。聞き取りにおいては家庭内で痛みや辛さを理解してもらえないケースを聞くことの方が多数であったが、なかにはこのように家族の理解を得られた場合もあった。

次に職場における経験である。北九州市在住のJJ氏は、発症当時から「身体がきつくて、すぐに会社を変わっていた」。その後、症状が軽快することもなく、09年までに18回転職をくり返した。それだけ仕事を変わらなければならなかった理由として、JJ氏は「休むと（職場に）いづらい。7日から10日休ませろと言っても、おりづらくなって辞める」と述べている[31]。このように、どうにか働き続けたとしても、周囲からの圧力を感じて間接的に辞職に追い込まれることがあった。

また、企業の対応として、カネミ倉庫は次のように患者の要望を拒絶するようになっていった。長崎市在住のL氏は、「（カネミ倉庫の）若い事務員は油症のことを知らずに、自分の事務がしやすいようなことを言ってくる。だから、電話で『油症のこと知らんやろ。知っている人がいたら出せ』と言ったこともある」と語る[32]。同じく長崎市に住むW氏も似た経験をしており、「会社の、カネミの会社の本部は、この油症の担当者がずーっともう何代と代わってきているもんですからね、事務引継ぎがうまくいってないんですよね。1人1人変わってる。受付の仕方がね。そのたびに私、喧嘩売るんですよね。『なぜきちっとよく引継ぎしないんだ』ですね。結局私たちは、わざわざこっ（長崎市）から遠くまで足を運んで、そして会社の人に会って担当者と交渉、交渉って取り決めてきたことを実行してるのに、今度、次の人、代わった人はそれがわかってないので、それも（医療費を請求したときに）『これをダメにしてください』『これはもう払えませんから』って言ってくるんですよね」と苦言を呈している[33]。初期においては負担費用の増大を避けるために医療費の請求を却下してきたカネミ倉庫が、問題の長期化に伴って、官僚的な組織運営上の理由からも請求を却下するようになっているのである。

さらに友人関係においては、北九州市の認定患者N氏が語るように、「40年間、腹部膨満感があって、あまり食べられないけど、周りの人に『この人、全然食べないから』ってずけずけ言われたりする。でも仕方ない」[34]と、必ずしも「油症だから」差別されるのではないが、それでも嫌な思いをすることがある。また、被害の救済運動をすすめてきたW氏は、一番辛かった経験として、「対外的に理解されていなかった。極端にいえば、『好きで食べたのに何言ってる』と（いう目で見られた）。やりにくかった。地元はきつかった。とくに未認定の人なんか、自分たちでは食べてると思ってるのに、認定されないから。運動への理解のなさが、一番いやだったなーってこと」[35]と、周囲の理解のなさを振り返っている。

W氏は未認定患者の辛さを語ったが、認定されても複雑な思いを抱く者がおり、長崎市に住むMM氏は、自分が認定される前に次のような経験をした。「近所のおばさんが認定されたとき、『よかったね』と言ったら、『なによ』と（返された）。『人より身体も血も汚いってことたい』と言われて、そのことばが忘れられません」[36]。この「おばさん」のことばは周囲の無理解を表すとともに、社会が油症に対して抱く負のイメージを象徴している。

以上のように、油症患者は周囲から理解を得られることが少なく、病いの痛みや苦しみを抱えていること、そして他者の加害行為の帰結として病いをわずらう被害者であることを承認されることは稀である。原因者であるカネミ倉庫でさえ、被害者を被害者として扱い、権利要求に受容的な態度をとることはほとんどない。しかし、なかには少数ではあるが、油症について知りたいと考える他者に出会える被害者もいたことがわかる。

3　タブー化と告白

「五体満足の子が産めるか……、とても不安でした」。こう語った認定患者のMM氏は、配偶者の家族から油症であることを次のように受け入れられた。

「結婚するときに、相手にも姑にも正直に（油症だと）言いました。そしたら、姑も『(自分も）原爆症だ（けど家庭をもっている）から、そんなの気にするな』と言ってくれたんです」[37]。MM氏が苦悩したように、患者の多くは結婚相手の家族に油症のことを隠していたり、正直に告げて断絶されたりしており、ダイオキシン類の汚染が子孫にまで引き継がれる可能性のあることから、子どもを産むか否か、また配偶者とその家族に病気のことを打ち明けるか否かは、被害者にとって大きな問題である。これから子どもをもうける可能性のある者たちは、生まれてくる子の健康状態に不安を抱き、5章で述べたように高校生にして「子どもは生まない、結婚はしない」と決断した者も存在する。

また5章では、子どもから油を食べさせたことを責められたり、子どもが孫を産むことに葛藤したりする親たちの姿を見てきた。それとは別のケースとして、親と子が気遣い合い、それぞれが深刻に悩むあまり、油症の話題がタブーと化した家庭もある。五島市在住のQ氏の周囲は、当時「子どもの将来を気遣い、誰も油症について語ろうとしなかった」[38]。しかし子どもを亡くしてしまった今、Q氏は子どもと油症の話をしなかったことを次のように悔やむ。

> 去年（2009年）2月、(1968年）当時8歳の長男（を県が)、油症と認定したらしい。でも、(長男は認定されたことを）母親の私に隠そうとするのです。どうしてかな。
>
> (1968年）当時6歳（だった）長女は、いまだに認定されていません。母親は今まで何をしていたのか、と問われる。母親の責任は重大。謝っても許されるものでもない。だからといって、何もしてあげることはできなかった。私一人の力のはかなさ。
>
> 一昨年、43歳にして自ら命を絶った我が子（認定患者の次男）[39]。子どもの心を読むことができなかった。なんと無関心な母親と思われても仕方ない。私は母親失格です。悔やんでも悔やみきれない。もう一度でもいいから会いたい。話したい。詫びたい。夜眠れない、生きるこ

とがこんなにつらいとは思ったこともありませんでした。

　私もいっしょに死ねたら、こんな思いはしなかったのに。つらかった、死にたかった。でも私は、幸か不幸か死ぬ勇気がなかったのです。（2010年1月24日、長崎市で開かれた被害者集会におけるQ氏の発言。括弧内は筆者）

この発言は、5章で見たような家庭内の関係悪化が一見生じていなくても、水面下で関係が変化しており、深刻な結末に至るという例である。

　さらに、親は自身の健康状態が子どもに及ぼす影響についても不安を感じている。「黒い赤ちゃん」として生まれたにもかかわらず、2010年現在まだ認定されていない五島市在住のNN氏は、子どもたちを育て上げられるのか、また子どもにいつ油症のことを告白するか苦悩する。NN氏自身が「小学生4年生で十二指腸潰瘍になり、入退院をくり返し、内臓系は成人してからも弱い」「以前は目まいがしょっちゅうあり、何回か、あーもうだめかなと思ったことはある」[40]ような状態で、「毎日元気に生活する子どもたちを見ていると、ときどき不安になることがあります。この子どもたちが成人するまで、私は健康（で）、仕事をしていけるのかということです。それを考えると、眠れない夜もあります。カネミ油症のことは、まだ子どもには話していませんが、いつかは話をしなければならないときが来ると思います」と語る[41]。

　親が子どもに油症のことを話すかどうかは、他の家庭にとっても深刻な問題である。広島県に在住するR氏は、「子どもに（油症のことを）言うべきだと言う人は浅薄だ。簡単に解決する問題でない。（子どもに）言った方がいいという人も、自分は（子どもに）言ってない」と指摘し[42]、自身が子どもに油症のことを話せない現状を次のように記している。

　家族には、カネミであることは、話していません、それは、私が妻を殺したという後メタサ（原文ママ）があると共に、昭和45年に生まれた娘が、22歳ころより髪が抜け出して現在は、全身毛がありません、これもカネミの症状ですので、未だに話はできません、この様な現状で、私も、一時、死ぬ事も考えましたが、今自殺をすると、母を亡くし又、父がなくなったら3人の子供が可愛そうなと、留りました。
(2010年3月14日付けで筆者がR氏から受け取った書簡より。括弧内は筆者)

R氏は子どもたちから「お母ちゃんも殺したんか」「髪がないのはお父ちゃんのせい」と責められることを思うと、なかなか油症のことを言い出せない。しかし「ごめんね、(と) 言うて死にたい (と) いうのが」本心なので、自らの「死を目前にしたら言える」と考えつつも、現在も話すタイミングを図りかねている[43]。このように、油症被害においては「タブー化と告白」が家庭における重大な問題として経験されている。それは「家族関係の悪化」ということばには回収しきれない、関係の悪化を避けようとするがためのタブー化や、関係が悪化してでも告白しなければならないという葛藤である。

4　自分史の再構築――医学的知識や事実をめぐる「誤解」

医師でも油症についてよく知らない者がいるように、問題が長期化・複雑化した現在、患者の全員が油症の医学的知識や事実経過について詳しいとは限らない。前述のR氏が「妻を殺した」と感じている理由は、「妻が (卵巣がんで) 亡くなったのは、自分が (油症を) うつしたから」[44]と考えているためである。現在のところ、母乳や胎盤を通じてダイオキシン汚染が子どもに移ることは認められていても、性行為による夫婦間の油症の感染は医学的に認められていない。しかし、それが医学的に認められようと、そうでなかろうと、R氏にとって「自分が妻に油症をうつした」のは現実に起きたこととして捉えられ、深刻な悩みと後悔の源泉となっている。

また、広島市在住のB氏は、68年頃に「鶏のせせり (首のむき身) をしょっちゅう近所からもらっていた。これも汚染されていたんじゃないかと思う。だから私 (の身体) は、(ダーク油とカネミ油の) 二重のダイオキシン入り」[45]と、ダーク油事件で死亡した鶏を食べてしまったのではないかと疑う。斃死した鶏の行方は、75年に被害者のF氏が独自の掘り起こし調査を行い

(『西日本新聞』、1976.3.30)、また同年に農林省が追跡調査を関係各県の畜産課に依頼し、関係各県は東急エビスと林兼産業が当時補償した養鶏農家やブロイラー業者などをリストアップして一戸ずつ聞き取り調査を行っている(川名 1989)。さらに翌76年2月25日に、農林省と福岡県が公的には初めての鶏の掘り起こし調査を開始し、深江海岸に埋められた鶏の骨を採取した(加藤 1989 [1985])。以上のように、のちに掘り起こされることはあったものの、被害にあった鶏は基本的に地中に処分され、食肉として出荷されてはいないはずである。しかし、B氏にとっては汚染された油を食べたことを長年知らずにいたという後悔とともに、当時自らが知らなかったがゆえに失敗してしまった行為の一つとして、その鶏を食べたことがたしかに記憶されているのである。

これらの医学的知識や事実経過をめぐる彼らの認識を、「誤解」と切り捨てられるだろうか。もちろん今後、科学的・歴史的に新たな事実が判明し、誤解が誤解でなくなる可能性はあるが、それを別としても、彼らの後悔を単なる誤解や勘違いとは片付けられない。なぜなら、「人々が社会的世界について思っていること、彼らの世界の意味解釈は、それが直に観察しうるか否かは別としても、心理・生理的過程と同様に、経験的に存在するものである」(盛山 1995: 190) からだ。

盛山和夫は、アルフレッド・シュッツが解明した社会的世界の構造を限定的に前提としながら、社会的世界は「理念的実在」と「客観的(経験的)実在」の二つの要素によって構成されるという社会認識を示した(Schütz 1932=1982; 盛山 1995)。また、同じくシュッツがその基礎を構築した現象学的社会学を継承するピーター・バーガーによれば、日常生活は客観的現実によってのみ構成されるのではなく、「一貫性をもった世界として人びとによって解釈され、かつまたそうしたものとして彼らにとって主観的に意味のある一つの現実として現れる」(Berger and Thomas 1967=1977)。つまり、客観的現実に対して人びとの解釈がなされることで初めて社会的現実が立ち上がる[46]。社会的現実は、主観的・観念的な解釈なしには成立しえないものなのである。

さらに医療人類学者の宮地尚子は、アメリカ兵がイラク人捕虜への拷問として行った「模擬死刑」を取り上げ、傷を負うことの意味を次のように論じている。

> フードをかぶせられ、電気コードのようなものを巻かれて、小さな箱の上に立たされている男性。箱から足を踏み外したら、感電して死ぬと言われている。実際に電気は通っていないことを「知っている」者にとって、それは「悪い冗談」でしかないが、与えられる精神的ダメージは非常に強い。実際にどうだったかではなく、どう感じさせられたかが傷をもたらすからである。（宮地 2005: 164）

このように傷は、客観的な事実によってではなく、むしろ主観的な受け止め方によってもたらされる。R氏にとって妻が亡くなったことは、自身が油症であることや娘に汚染をもたらしてしまったことへの自責の念と分かち難く結びついており、B氏にとって国が適切に処分しなかったダーク油事件の鶏を食べてしまったのではないかという懸念は、当時の情報不足やなにも気がつかなかった自分に対する後悔とともに、払拭しがたいものとして堅持されている。「それはただの誤解だ」と説明したとしても、2人が自責の念や後悔をなくして楽になることは難しいだろう。なぜなら2人にとって、それらは確かな事実として経験されているからである。

2人がこのような解釈を行った背景には、情報過疎や関係過疎によって「正しい」情報を得ることができなかったためだとも推測できるが、なぜあえてこのような独特の物語が形成されたのか。その理由は、油症に罹患することで失われた自己や混乱させられた生活史 biography を取り戻そうとしたためだと考えられる。グラウンデッド・セオリーを提唱した1人であるアンセルム・ストラウスの質的研究法を継承し、慢性疾患が及ぼす生活史的な影響について分析を行ったジュリエット・コービンらによれば、身体は単に物理的な入れ物ではなく、それを通して「私である」ことが維持されるものであるため、病いによって身体的欠陥がもたらされるとき、自己の存在基盤が揺らぐ。過去から一貫性をもって続いてきたはずの現在、そして未来の基礎となるはずの現在という連続性をもった生活史は失われ、慢性疾患の患者にとっては生活史的適応 biographical accommodation が病いを受け入れるための中心的な作業となる（Corbin and Strauss 1985, 1987）。

慢性リウマチ患者へ聞き取り調査を行ったマイケル・バリーもまた、慢性疾患が生活史の混乱 biographical disruption を引き起こすという概念モデルを提示した。そのモデルにおいて、慢性疾患をわずらった個人は自分になにが起きているのかわからなくなり、当たり前だと見なしていたことや行動の混乱に陥る。次に、通常用いる説明体系が混乱し、なぜ自分が、なぜ今こうした目に遭うのかという問いに答えられず、病いの経過や自らの反応が不確実であることに独自の説明をしようとするようになる（Bury 1982）。

油症にかかることで打撃を受けるのは、身体や収入、人間関係だけではなく、私が私であるということや、生活史でもある。R氏とB氏による経験の解釈は、自分の身に起きたことや自分ができなかったことを整理し、納得できるように受け止めるための過程において行われたことであり、それは両氏が病いとともに生きていくことを受け入れるために必要な作業であった[47]。

5　分かち合いの困難さ

被害者のなかには、親しくなった患者同士で「あなたに出会えたから、油症にかかってよかった」と口にするほど、苦しい経験を共有しあい、信頼関係を築くことができた者がいる。堀田（2002）は、新潟水俣病の当事者らが紡ぐ「共苦の関係性」は、癌患者、慢性疾患患者、原爆被爆者などの危機的出来事の生活史において重視されるべきものであると指摘している。それは「共苦の関係性」が当事者の自我を支え、現実を受けとめ克服する過程で大きな支えとなったからである。他方で、「同じ患者といっても、自分の苦しみは誰にもわからない」と明言する者も存在する。実際、救済を求める運動の過程や、訴訟か示談かといった立場の選択において、被害者は被害者だからという理由で一枚岩にはならずに分裂をくり返してきた。

このような分裂が生じる理由は、同じ油症患者といっても、症状や居住地域、経済的状況、家族構成、食べたときの年齢、認定された時期、認定されることで得られた経済的補償、運動の成果として獲得した見舞金や賠償金など、その実態が多様だからである。この多様性を象徴するように、長崎県の認定患者であるK氏は、聞き取りのはじめにまず「私が（患者の）代表じゃない。受けた被害は個々人で違いますから」と前置きした上で、「たくさん（患者に）会ってほしい。そうじゃないとデータにならないから」と述べた[48]。

従来の被害研究においても、「『被害』は決して一様ではない」ことや、被害構造が「ひとつとして同じもののない」ことが強調されてきた（友澤2007: 30-31.）。本書もこの前提に立ちながら、油症の被害がどのように多様であったかを確認しよう。

まず第一の大きな分岐は、油症に特異な皮膚症状や骨と歯の症状等を除けば、罹患する病気が多種多様ということである。1人が多数の病気を抱えているのが油症の特徴であるが（厚生労働省2010）、それは、それだけ異なる病気の組み合わせを患者が経験していることを意味する。つまり闘病経験において、同じ病いをわずらったとか同じ療養生活をしているとかによって互いを理解しあうことは難しい。5章で引用したように、広島に住むR氏は「（ほかの患者とは違って）自分は顔には症状が出ないので、周りの人からは『Rはなんであんなにむきになってカネミ（油症の運動）をやっているのか』と言われる」[49]と、当事者同士においてさえ苦しみを理解されないことを語る。

第二に、認定時期の違いによって経済的補償の内容が変わってくることである。被害者は87年の訴訟終結をさかいに「旧認定患者」と「新認定患者」に区別された[50]。旧認定患者の一部は、国や原因企業を相手に民事訴訟を提訴し、その成果として賠償金や日々の医療費を獲得してきたが、訴訟終結以降に認定された新認定患者には認定から2年以上前に遡った医療費の請求は認められず、和解金も支払われない。また、周囲に理解者や支援者が少ない状況で先陣を切って運動を展開してきた旧認定患者と、最近になって運動に立ち上がった新認定患者の間で、同じ地域の被害者であっても組織は分裂しがちである。ある地域では同じ地域内に「旧認定患者の会」と「新認定患者の会」があり、名目上は合併しても、実質的に組織は分かれたままになっている。さらに訴訟を提訴した患者のなかで、早期に認定されたものは統一民事の1陣として、より遅く認定された者は2陣、3陣として訴えを起こしたため、提訴の時期によって判決内容も異なり、賠償金額や、とくに仮払金の返済義務の有無において立場は分岐した。

第三に、被害の集積性による差別経験の違いがある。認定患者の少ない地域では油症そのものの知名度が相対的に低く、患者は社会的に孤立しがちであることが推測できるが、しかし認定患者が多ければ理解が進んでいて差別が少ないということもなかった。認定患者が最も多く居住しているのは福岡県で、次いで長崎県である。これらの県では患者数が多いとはいえ、地域全体が被害を経験しているわけではないので、人びとが誤解も含めて油症について「知っている」という状態が、かえって差別を呼ぶことがあった。それは5章で述べたように、油症患者というだけで企業から多額の賠償金を受け取っていると誤解されたり、感染を恐れられたりしたという経験である。

このような被差別経験に対して、「ほとんど差別を経験しなかった」という患者もいる。たとえば、患者が3番目に多い広島県に在住するＯ氏は、かつて国鉄バスの営業所の社員食堂でライスオイルを食べた。体調不良で仕事を休むと上司にさぼっていると思われたり、会社が食堂で使用していた油が原因で従業員が油症になったことを隠したがったりするという問題はあったものの、そこで働く従業員のほとんどが油症にかかっていたので、従業員同士はカネミ倉庫から受け取った見舞金で「旅行に行こう」と冗談を言い合うなど、開放的な雰囲気があったそうである。Ｏ氏は「家だけが食べていたわけじゃないので、みじめな思いはしなかった」と語る[51]。Ｏ氏の経験が示唆するのは、差別が起きるかどうかは、同一県内の患者数の多さよりも、むしろ患者の密集度によるということである。

このほかに、油を食べた時期にすでに成人していた者と当時子どもだった者、まだ生まれていなかった者、油症にかかったことで家族に責められた者と受け入れられた者、裁判で弁護士への信用を失った者とそうでない者、カネミ倉庫の倒産を願う者とむしろ医療費を受け取れることに感謝する者など、被害者の立場はさまざまな要素において分岐している。

このような分岐の多様性は、油症にかかったことを「あなたに出会えたから、油症にかかってよかった」と一面において納得させられるほどの力をもつ「患者同士の分かち合い」の機会を奪い、かつ地域を分裂させ、さらに被害者運動の統一を阻むという帰結をもたらしてきた。

6　小　括

本章では、油症被害の社会的特徴を、被害の地域集積性の低さからもたらされる「情報過疎と関係過疎」、その影響を受けた「状況の定義不可能状況」、摂食経験のあいまいさから生じる「認定の根拠問題」の三つであると捉えた。病いの経験研究の視点から見ると、このような問題状況におかれた油症患者らは、油症という病いに対処するために、病院で治療を受ける、代替医療を模索する、食生活や食料の入手方法を変える、体調が悪くなるパターンを把握してそれを避けるように行動する、自らが死につつあることを諦めや慣れとして受け入れる[52]といった方法をとっていることがわかった。次に諸関係における他者の反応をまとめると、患者は自らが病いをわずらう者であることや、他者の加害行為によって病者にさせられた被害者であることを、加害者であるカネミ倉庫を含めた周囲から承認されているとは言えない状況にある。しかし、稀ではあるが、家族関係において理解を得られる例も見られた。また、油症患者が感じる他者との関係における不安や困難さは、家庭におけるタブー化と告白、医学的知識や事実をめぐる「誤解」を含んだ自分史の再構築、患者同士の分かち合いの困難さに表れていた。

以上のように、油症をわずらう者たちは油症の疾患としての特徴と、被害の空間的拡散がもたらす情報過疎と関係過疎や、状況の定義不可能状況、摂食経験のあいまいさといった油症の社会的な特徴の両方に規定されながら、自分が納得できる治療法や症状を悪化させない生活様式を選び、生み出しながら生活していることが明らかになった。以上の知見は、被害を自覚した時期、そのきっかけ、家庭内における親子役割、後悔していることなどの共通点について複数のデータを重ねた結果、得られたものである。

注

1　2006年9月8日、長崎県長崎市に在住し、事件当時から被害者を支援してきたFF氏へのヒアリングより。
2　2010年3月18日、広島県広島市に住むP氏へのヒアリングより。括弧内は筆者。
3　町名はプライバシーに配慮して仮名とした。
4　2009年8月10日、長崎県西彼郡に住むJ氏へのヒアリングより。括弧内は筆者。
5　2009年8月12日、長崎市に住むL氏へのヒアリングより。
6　2010年3月9日、首都圏に住む未認定患者GG氏（家族は認定）へのヒアリングより。
7　2010年3月14日、広島市に住むHH氏へのヒアリングより。ヒアリングの段階では、まだ検診を受けたことがなく、認定されていなかった。
8　2010年3月15日、広島市に住む認定患者B氏へのヒアリングより。
9　2010年3月14日、広島県広島市に住むHH氏へのヒアリングより。
10　2010年3月15日、広島県広島市に住む認定患者B氏へのヒアリングより。括弧内は筆者。
11　2009年10月7日、福岡市で開かれた被害者集会における広島県在住の認定患者R氏の発言より。
12　2006年9月24日、東京都で開かれた被害者集会における長崎県在住の認定患者C氏の発言より。
13　2009年7月15日、福岡県北九州市在住の認定患者N氏へのヒアリングより。括弧内は筆者。
14　2009年7月16日、福岡県北九州市在住の認定患者JJ氏へのヒアリングより。
15　たとえば保健所にライスオイルを届け出た北九州市のG氏は、1968年2月7日にカネミ油の使用を始め、それから同年8月末まで使用を続けた（『朝日新聞』、1968.10.16）。G氏は患者のなかでも早期に被害を自覚し、油が原因だということを突き止め、油が残っている状態で使用を止めた。この例から、半年強という期間は相対的に短い方だと推測される。ただし、2月以前から油が汚染されていた場合や、油症が報道されてからも気づかずに摂食を続けていた者の場合を考えると、正確な摂食期間は特定できない。
16　だからこそ油症では、現在の症状や血中のダイオキシン濃度の測定によって認定を行っているという主張があるかもしれないが、このような認定が同一家族内の未認定を生み出し、油症の病像を矮小化していたことは、すでに述べたとおりである。
17　2012年3月14日、広島市在住の認定患者KK氏へのヒアリングより。

18　2012年3月14日、広島市で開かれた被害者集会における認定患者S氏の発言より。
19　2006年9月7日、長崎市在住の認定患者W氏へのヒアリングより。
20　2012年3月14日、広島市で開かれた被害者集会における認定患者M氏の発言より。
21　2010年1月24日、長崎市で行われた被害者集会における認定患者T氏の発言より。
22　2007年2月28日、五島市在住の認定患者C氏へのヒアリングより。
23　2010年3月16日、広島市在住の認定患者O氏へのヒアリングより。
24　2008年7月21日、山口市で開かれた被害者集会における認定患者LL氏の発言より。
25　2006年9月10日、長崎市在住の認定患者K氏へのヒアリングより。
26　2006年9月9日、長崎県在住の認定患者T氏へのヒアリングより。
27　2010年3月14日、広島市で開かれた被害者集会における認定患者S氏の発言より。
28　2010年3月8日、栃木県在住の認定患者故・Z氏へのヒアリングより。
29　病いの経験研究の立場からは、患者は「患者」に還元できる存在ではなく、「患い」はその人の一部であると考えられる。この視点に立つならば、本来「患者」という用語で主体を名指すことは避けるべきであるが、以下では記述の便宜上、「患者」も用いる。ただし医者から病名を診断されていない者であっても、これに含める。
30　2006年9月9日、当時五島市在住だった認定患者T氏へのヒアリングより。
31　2009年7月16日、福岡県北九州市在住の認定患者JJ氏へのヒアリングより。括弧内は筆者。
32　2009年8月12日、長崎市在住の認定患者L氏へのヒアリングより。括弧内は筆者。
33　2006年9月7日、長崎市在住の認定患者W氏へのヒアリングより。括弧内は筆者。
34　2009年7月15日、北九州市在住の認定患者N氏へのヒアリングより。
35　2006年9月7日、長崎市在住の認定患者W氏へのヒアリングより。括弧内は筆者。
36　2008年7月20日、長崎市で開かれた被害者集会におけるMM氏の発言より。括弧内は筆者。
37　2008年7月20日、長崎市で開かれた被害者集会におけるMM氏の発言より。
38　2010年1月24日、長崎市で開かれた被害者集会におけるQ氏の発言。
39　2009年8月9日、長崎県五島市に住むQ氏へのヒアリングで確認。
40　2009年8月9日、長崎県五島市における原田正純氏らの自主検診におけるNN氏の発言より。
41　2010年1月24日、長崎市で開催された被害者集会におけるNN氏の発言より。

42　2010年3月17日、広島市在住のR氏へのヒアリングより。括弧内は筆者。

43　2010年3月17日、広島市在住のR氏へのヒアリングより。括弧内は筆者。

44　2010年3月17日、広島市在住のR氏へのヒアリングより。括弧内は筆者。

45　2010年3月14日、広島市で開かれた被害者集会におけるB氏の発言より。括弧内は筆者。

46　以下のウィリスも、われわれが認識している現実がいかに部分的かつ一面的であるかを教えるものとして示唆的である。「生活誌的な観察の限界としてくりかえし思い知らされるのは、社会現象は結果としてはただひとつの現実としてあらわれるということである。巨大な力が対立し合っていても、結果的にはひとつの現実に溶融してあらわれる」(Willis 1977=1996:341)。

47　その後、2人は積極的に運動に関わっていくようになる。病気を受け入れ克服していく過程を経て個人が運動に参加するという軌跡は、堀田恭子が新潟水俣病の患者に見出したそれと重なる（堀田 2002)。

48　2006年9月10日、長崎県西彼杵郡に住む認定患者K氏へのヒアリングより。括弧内は筆者。

49　2010年3月17日、広島市在住の認定患者R氏へのヒアリングより。括弧内は筆者。

50　油症関係者の間では、診断基準が「カネミ油症　新診断基準」に改訂された2004年以降に認定された者を「新認定患者」と呼ぶ者もいる。しかし本研究は2008年に提訴されたカネミ油症新認定裁判で「新認定患者」として原告になっているのが1987年以降に認定された患者であることと、認定されたのが訴訟終結の前後どちらかという違いによって得られる経済的補償などが変わってくることから、訴訟終結を起点とした区分にしたがう。

51　2010年3月16日、広島県広島市に住む認定患者O氏へのヒアリングより。

52　油症にかかっていなくとも、いかなる人間も死に向かっている。その意味で、死の恐怖に慣れるとか諦めるとかいったことは、特殊な経験とは思われないかもしれない。しかし、病院における社会的出来事としての死を分析したデヴィッド・サドナウは、人が理由もなく死につつあることを知覚するわけではないことを次のように指摘している。「『死につつあること』は、誕生とともに死に向かっているという実存主義的仮定にもかかわらず、またそのことが仮りに医学的基礎づけを与えられようとも…〈中略〉…、人生のコースの漠然とした時点においてではなく、ある特定の時点で知覚されるようになる」(Sudnow 1967=1992: 110)。すなわち、誕生と同時に人は「死につつある」のだという認識はたしかに可能であるが、われわれの社会において人が「死につつある」と気がつくときには、医療関係者によってある期間内に死が起こるという可能性を予想されることがきっかけとなる（Sudnow 1967=1992)。

第9章　油症「認定制度」の特異性と欠陥

本章の目的は、油症「認定制度」の検討を通じて、油症問題が未解決であるという認識がいかなる事実にもとづいて言えることなのか、またなにが問題を未解決状態に留めているのかを解明することにある。これまでの油症を対象とした社会科学的研究（堀田 2008, 2009; 中島 2003）において共通するのは、被害の把握や被害者の救済が今なお十分ではないという現状認識である。しかし、被害がどのような意味において十分に救済されていないのかということは明確には問われてこなかった。油症問題が解決に至ることなく被害が放置されているという認識の内実は、いかなるものなのか。この問いに答えることによって、今後の被害者の救済策が克服すべき対象と、備えるべき要件が明らかになるだろう。

まず、油症の補償制度と、補償給付の前提となる認定という事態を分析するために、承認論に着目し、〈法的承認〉および〈医学的承認〉という独自の視点を提示する（1節）。次に、油症の補償および認定の現状をめぐる特異な制度状況を確認する（2節）。続いて、これらの「認定制度」と「補償制度」を支えてきた構造的要因として、企業との協定の不在、制度上の空白、新たな対処法の不成立の3点を検討する（3節）。最後に、〈法的承認〉の欠如という「認定制度」の欠陥を指摘し、従来の問題認識を組みかえることの必要性を論じる（4節）。

1　承認の形式への着目

1.1　病気の診断がもつ社会的多義性

医療人類学が明らかにしてきたように、なにを病気すなわち「身体の異常」と見なすかは、それを判断する社会によって変わってくる（波平 1994）。また医療社会学が明らかにしてきたように、医学的診断は身体の異常を判断するだけでなく、「治療を受けるべき者」「通常の社会的役割を免除される者」という特殊な社会的役割を患者に付与する（Parsons 1951=1974）。さらにその病が負のイメージを有する場合には、患者は差別的烙印を押されることになる（Goffman 1963=1970）。このように社会学は、身体の正常／異常をめぐる医学的判断が実は社会のもつ文化や価値に規定されており、かつ診断結果が社会的な意味をまとっていることを解明してきた。こうした原理的な記述から始めなければならない理由は、病気をめぐる診断の社会的多義性が、次に記すような被害をめぐる認定の多義性に繋がっているからである。

公害病のように人為的な発生要因をもつ病においては、診断はより特別な意味を帯びてくる。なぜなら、公害病患者であるという診断は、患者が病に冒されていることに加えて、ある加害行為を受けた者すなわち被害者であることをも意味するからである。さらに、病の診断が医療費の補償等と制度的に結びついた「認定」を受けた者には、加害企業や広い意味での責任主体から被害を救済される権利が認められることになる。

この「認定」という事態をめぐって、公害問題研究においては、本来認定の枠組みに入れられるべき者がそこから排除されるという未認定問題が焦点の一つとなってきた。認定／未認定のカテゴリーが焦点化されるのは、認定を棄却されることが被害者の補償への道を実質的に閉ざし、被害を深刻化させてきたからである（舩橋・渡辺 1995; 除本 2005; 尾崎ほか 2005）。病気にかかれば働くことは困難になり、収入が減少する一方で医療費は増え、被害者の生活は困窮しがちである。そこで被害が否認されれば、経済的補償は得られない。経済的余裕のない未認定患者は治療を控えざるをえないし、認定された患者との間で経済的格差も広がっていく。

また、患者自らが認定を拒絶する場合もある。この拒絶の背後には、患者になることで受けると予想される地域社会からの差別の忌避（関 2003）や、その時代や地域特有の疾病観（藤川・渡辺 2006）等が存在することが明らかにされてきた。患者が患者であることを拒絶するのは、たしかに患者自身の選択ではあるものの、その選択は病のイメージや疾病観といった社会的価値観によっても規定されている。このように「診断」と「認定」は、医学的・制度的判断を超えた社会学的意味をもつ事象である。

「診断」と「認定」は、被害者に対する病いおよび被害の承認であるが、この二つが重なるとは限らない。たとえば大気汚染の事例において、公害病患者であると医師から診断された人びとは、さらに制度上の区分として認定／未認定に分けられる（除本 2005）。また関礼子によれば、新潟水俣病の事例において、公健法等にもとづいて行政による患者の認定が行われるようになると、医学的な「患者である」という診断を受けた後、本人が認定申請をして「患者になる」かどうかの選択可能性が生まれるという（関 2003: 132-5）。要するに「診断」と「認定」は、医学的判断と政策的判断という異なる領域でなされる承認の形式なのである。自分がどのような存在であるかについて、どのような形式の承認を受けるかということは、承認を受けた者のアイデンティティや権利に影響する。したがって、「診断」や「認定」によって被害者と認められた人びとのおかれた状況を理解するためには、いかなる意味で承認がなされたのかを確認する必要がある。

1.2　被害の承認における諸形式――病気の〈医学的承認〉と被害の〈法的承認〉

アクセル・ホネットによれば、他者による承認は、親密な諸関係、法権利諸関係、社会的価値評価の三つの社会関係において行われる（Honneth 1992=2003）。人びとは、これらの諸関係における承認を求めて社会運動を展開するのであって、物質的資源の取得のみを目指して運動を展開するわけではない。むしろ一定の承認を前提にして物質的資源の取得も可能になるというのが、ホネットの承認モデルである（Honneth 2003; 水上 2004）。

この承認モデルを援用して、成元哲は、水俣病被害者および支援者が運動に参加する動機づけの基底には尊重の欠如や不当な扱いに反応した承認要求があるとして、水俣病運動を「承認をめぐる闘争」と捉えなおした（成 2003）。水俣病被害者と支援者が求めた承認とは、漁民と責任企業との相互承認、人格と（法）人格との政治的・法（権利）的承認、社会的価値の相互承認である（成 2003: 14）。これらは具体的に、水俣病患者が承認の受け手となる文脈に限って言えば、責任企業が加害責任を認めること、政府が水俣病という被害が起きていることを認定すること、社会が水俣病患者を尊重すべき他者として認めることと捉えられよう。

このように被害の承認はさまざまな形式で行われるが、本稿は〈医学的承認〉と〈法的承認〉という二つの承認形式に注目して、油症被害の承認がいかになされているかを分析したい。〈医学的承認〉とは、医師によってある病気であると診断されることである。この承認を受けることで、原因不明の病苦を抱えた者は「患者」になる。「患者」は患者役割として、通常の社会的役割の責任から免除されたりケアを受けたりすることを社会から認められるが、同時に疾病がもつ負のイメージを背負わされる。このように〈医学的承認〉によって、「患者」は自らが患者であることの権利を両義性のあるものとして獲得する。

〈法的承認〉とは、加害企業や広い意味での責任主体としての政府によって、被害者が正当な権利要求を有する者と認められることである。〈法的承認〉の具体例には、企業による被害者との協定、司法による判決、国会の定める制度等がある。権利要求を正当なものとして認めるということには、被害者の要求を実現するために義務の履行者が実効的な働きかけを行うことが含まれる。つまり〈法的承認〉において、被害者はそれが行使されるようなかたちで補償を要求する権利を認められるのである。〈医学的承認〉を受けた者が〈法的承認〉を必ず得られるとは限らないが、この2形式の承認を経ることで、被害者は公的に「患者」であり「被害を受けた者」であることを認められ、経済的補償を得て、生活に受けた打撃を軽減することが可能になる。

もちろん、被害の承認形式は、これらの〈医学的承認〉と〈法的承認〉のみには還元されない。それはたとえば、加害企業による謝罪や、精神的衝撃に対するケア、周囲の人びとによる理解といった諸関係において行われる。しかし、油症被害の補償措置が被害に比して手薄なものである現在、被害者は医療費と生活費の負担に苦しんでいる。さまざまな形式における被害の承認がありうるが、〈法的承認〉のあり方は、被害者の経済的生活と治療生活の規定要因として重要なものである。

結論を先取りすれば、油症被害の承認は〈医学的承認〉のみに留まり、〈法的承認〉を欠いたものとしてしか認められてこなかった。すなわち、これまで油症「患者」は、被害者として正当な権利要求を有する者であるとは見なされず、その要求を実現するために実効的な働きかけがなされることもなかった。具体的には、加害企業との間に正式な補償協定が結ばれず、さらに公的に医療費等を受け取る権利を認めた根拠法も制定されなかった。そのことが、油症被害者の生活に決定的に影響を及ぼし、被害が救済されないという現状をもたらしている。油症の「補償制度」の現状とその成立要因を明らかにするためには、被害の〈医学的承認〉〈法的承認〉という被害の承認形式からの検討が必要である。

2　油症被害の「認定」と「補償」の現状

2.1　根拠法なき実施要綱としての「認定制度」

公害病として政府に認定された公害問題であれば、公健法を根拠にして患者の認定が行われる。ところが油症事件では、根拠となる法律をもたずに認定が行われる。政府の公式見解によると、油症は食品の異常によって起こされた食中毒事件であり、対処にあたっては食品衛生法が根拠法となる。しかし、食品衛生法には被害の補償と結びついた認定に関する規定が存在しない。油症被害の認定はその根拠法が存在しないまま、各都道府県が作成した要綱および要領にもとづいて行われてきた。本来、あらゆる政策はなんらかの法律を根拠として実施され、実施にあたって細かい取り決めが必要な場合に要領や要綱が作成される。しかし油症の認定は、根拠法をもたない要領や要綱をとりあえずの根拠とし、既成事実として実施されてきた。以下、これらの要領および要綱を「認定制度」と呼ぶ。

2.2　カネミ倉庫の態度表明としての「補償制度」

前述のとおり、「認定制度」によって認定された患者が得られる補償に関する取り決めは存在せず、カネミ倉庫の支払い方針が「補償制度」として既成事実化してきた[1]。補償に関してカネミ倉庫が示したと思われる文書で管見の限り最も古いものは、1979年に発行された「油症関係費用負担内容」である。具体的には医療費や一般売薬代、入院費、香典など、カネミ倉庫による費用負担が可能な項目が記されており、その後82年、83年、88年と改訂されていった。これらの内容に被害者は同意していないが、実質的にはカネミ倉庫側の意見を聞き入れて今日に至っている。現在ではこれらの文書に記載のない見舞金も支払われているが、被害者がカネミ倉庫の示した支払い方針にしたがうという点は変わっていない。

カネミ倉庫が認定患者に対して支給しているのは、23万円の見舞金と油症受療券である[2]。すでに序論で述べたとおり、受療券を利用したり立て替えたりしてカネミ倉庫に医療費を請求したことのある患者は6割程度である(厚生労働省 2010: 74)。また、医療費支払いの範囲はカネミ倉庫の担当者や請求する患者同士の話し合いで決まることがあり、運用状況は不安定なものとなっている[3]。

この補償制度の特質を浮かび上がらせるために、油症とならんで食品公害の代表的事例と称されてきた森永ヒ素ミルク中毒事件と、公害病のなかでも多様な補償のあり方を模索してきた熊本水俣病事件の２事例における補償状況を、油症被害の補償と比較してみよう[4]。これら２事例と比較したときの油症事件の大きな特徴は、補償について定めた法制度や協定が存在しないという点である。たとえば森永ヒ素ミルク中毒の被害に対しては、73年に結ばれた3者会談確認書にもとづき、月額最大14万円の生活手当、月額3万円弱から7万円の調整手当、後見等援助費、介護福祉利用費、介護費、奨励金等が支払われている。また熊本水俣病では、73年に成立した水俣病補償協定および公害健康被害補償法（現・公害健康被害の補償等に関する法律）にもとづき、1,600万円から1,800万円の慰謝料、医療費、年金、介護手当、葬祭料等[5]が給付されている（谷・久保田2009）。それに対して油症事件では、カネミ倉庫が示した医療費の支払い方針を根拠に、医療費の一部と見舞金23万円、香典等が支払われるのみである。

上記の3事例は、有害化学物質によって汚染された食品の摂取が原因で生じた被害という点で共通している。にもかかわらず、法制度や協定という基盤に支えられ、さまざまな補償を受け取れることが保障された2事例に比べて、油症の補償は脆弱な根拠しかもたず、あまりにも手薄な内容であると言わざるをえない。こうした補償状況は、油症被害者への取材を重ねる新聞記者からは「貧弱」であり「制度として既に崩壊している」と評価されている（『長崎新聞』、2010.11.3: 22面）。油症被害が十分に救済されていないという人びとの認識は、一つはこの補償体系の脆弱性によってもたらされていると言えよう。

2.3　油症認定作業の流れ

油症の「認定」は、明確な法的根拠をもたない「認定制度」と「補償制度」を前提としながら、都道府県によって作業が継続されてきた。根拠法がない状態で、どのように作業が進められてきたのか。都道府県によって細目は異なるが、ここでは多数の被害者が居住する長崎県を例に認定作業を概観する。

油症の認定作業は、検診から始まる。研究班が作成した「『油症』診断基準と油症患者の暫定的治療指針」（以下診断基準）を基本的方針にして毎年の検診が行われている。たとえば2010年には、7月から11月にかけて11県の病院や保健センターで内科や皮膚科の診察、血液検査等が実施された（厚生労働省医薬食品局食品安全部企画情報課 2008; 厚生労働省 2010）。

検診の目的は、認定患者の健康管理、追跡調査、そして新たな患者の発見にある。厚生労働省は毎年、研究班に厚生労働科学研究費補助金を助成しており、検診は研究班による「食品を介したダイオキシン類等の人体への影響の把握と治療法の開発等に関する研究」の一環と位置づけられている。検診を受けるための条件はとくにない。たとえ本人が油を食べていなくても二世患者として認定される可能性があるので、希望すれば検診を受けることができる。長崎県では過去の受診者と認定患者に対して検診の通知を送付しているが、患者のプライバシーに配慮し、大規模な広報は行っていない[6]。

検診の計画から実施、認定までの流れは**図9-1**のとおりである。まず研究班が計画を立て、県知事を通じて自治体に検診の実施を委託する。自治体は検診場所と日程を既受診者に郵送で通知する。受診を希望する未受診者がいれば、事前に自治体に連絡すれば検診を受けられる。検診当日は、医師らが構成する「長崎県油症対策委員会」(以下、対策委員会)[7]を中心にした検診団が、全国統一の検診票を用いて診察を行う（廣田ほか2000)。検診後、既認定患者の受診データは対策委員会が開く「健康診査会」で検討され、健康管理指導の内容が患者に通知される。未認定者のデータは対策委員会の「認定診査会」で検討され、認定／棄却の方針が県知事に提出される。最終的には

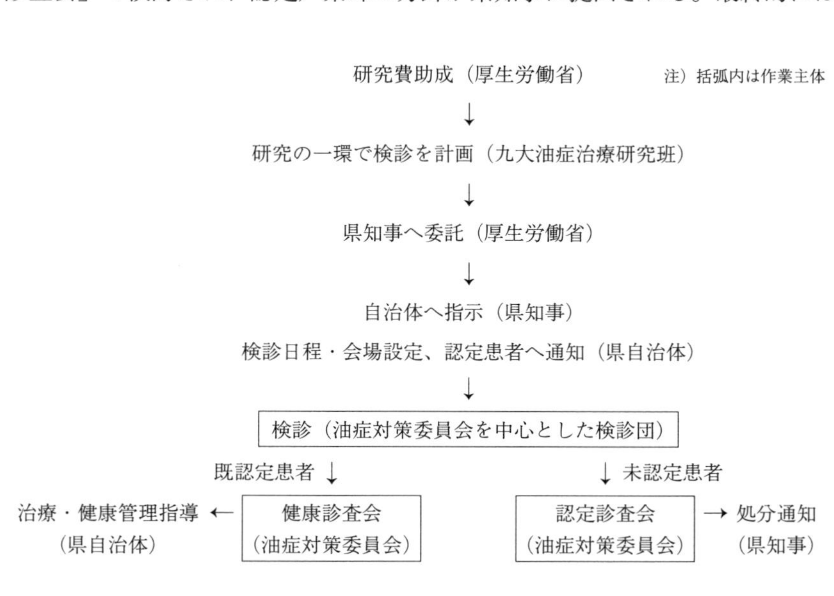

図9-1　油症検診作業の流れ

出所：長崎県（http://www.pref.nagasaki.jp/shokuhin/s_eisei/kanemi.html, 2010.1.1閲覧）より作成。

県知事が認定または棄却を判断し、未認定者へ通知する。組織の名称は異なるが、この流れは福岡県においても同様である[8]。

県知事による認定処分後、自治体から連絡を受けたカネミ倉庫は、新規認定患者に見舞金と受療券を配布する。以後、認定患者は受療券を使用するかカネミ倉庫に直接請求するかして、医療費の一部を受け取ることができる。また、認定以後も健康管理の一環として検診を受診することが可能である。

認定申請を棄却された受診者は、希望すれば何度でも検診を受けられる。また棄却処分に対して異議のある場合は、公害病であれば公健法にもとづいて環境省の不服審査会へ審査を請求することになるが、油症の場合は行政不服法に則って自治体へ行政不服審査を申し立てることになる。二度にわたって申し立てを却下されてなお異議のある者は、裁判所へ処分取り消しを訴えることができる。

2.4　小活

以上、油症被害に対する「認定制度」と「補償制度」を概観してきた。二つの「制度」は依拠する法制度や協定をもたず、その根拠の欠如は認定と補償の各面において次のような影響を与えている。まず認定においては、2.1で見たように、実施のレベルにおける作業規定しかないため、認定後の補償、認定の責任主体について不明である。さらに2.3で見たとおり、厚生労働省が研究費として検診の予算を拠出し、研究班が検診計画を提出するというように、厚生労働省と研究班は互いに検診を委託し合うかのような関係にある。厚生労働省としては検診と認定の責任は研究班にあると言え、また研究班としては厚生労働省の予算で検診を実施していると言うことができる。つまり、現在の検診および認定を、誰がどのような責任において実施しているのかということが明らかになっていないのである。検診および認定の全体における責任の所在が不明であれば、認定作業の継続性や認定の質を担保することは難しい。また、仮に受診者や認定患者が検診と認定に異議をもったときにも、異議申し立ての対象を特定できない。

次に2.2で見たように、補償についてカネミ倉庫と認定患者が合意した取り決めはなく、医療費の支払いはそのときどきのカネミ倉庫の態度に左右される。補償内容は生活保障や遺族への補償等を含まない部分的なものに留まり、しかも不安定に運用されている。補償の内容と手続きについてカネミ倉庫の主張を受け入れるしかないという意味で、認定患者の権利が尊重されているとは言い難い。

3　「認定制度」と「補償制度」を支える構造的要因

なぜ現在のような「認定制度」と「補償制度」が既成事実化してきたのか。本節では、二つの「制度」を支えてきた要因として、企業との協定の不在、制度上の空白、新たな対処法の不成立の3点を指摘する。

3.1　責任企業との協定の不在――被害者に強いられた沈黙

カネミ倉庫と被害者の間に補償協定は存在せず、被害者はカネミ倉庫が提示した支払い方針を受け入れ続けている。なぜ被害者は、不十分な「補償制度」しかない現状を黙認しているのか。その背景には、カネミ倉庫の資力不足と、それが被害者の異議申し立てを封じ込めているという関係がある。

すでに述べたように、カネミ倉庫は過去の訴訟で被害者に対して賠償金の支払いを命じられたが、これを完全には履行しないままである。その債務は原告1人当たり約500万円、元本と利息をあわせて約206億円（2006年現在）にのぼる（五島市職員労働組合 2010）。被害者が経済的に困窮しているにもかかわらず、このような債務不履行が甘受されるのは、カネミ倉庫が判決で賠償金の支払いを命じられた際、「年商15億円の赤字経営の中小企業」で資力が乏しいので、賠償金を支払えば倒産してしまい、これまで患者に支払ってきた医療費も支払えなくなると主張したからである（カネミ油症事件原告団・カネミ油症事件弁護団 1984: 10）。このいわば賠償金支払いと医療費支払いを天秤にかけた主張により、87年に原告とカネミ倉庫の間に成立した和解では、原告は約500万円の債権を強制執行しないことが確認されている。そのかわりにカネミ倉庫が医療費の支払いを続けることが約束されているのである。つまり和解において、従来カネミ倉庫の加害責任を果たすために行われてきた医療費支払いが、カネミ倉庫の債務不履行を黙認させるための交換条件に変容した。このように、カネミ倉庫による医療費の支払い根拠には、訴訟における和解という一応の約束がある。

しかし、この和解条項は、訴訟に加わらなかった患者や和解が成立した87年以降に認定された者にとっては、なんら拘束力のないものである。にもかかわらず、これらの認定患者に対しても、元原告と結んだ和解条項と同じ支払い態度が適用されている。また、和解条項は実質的にカネミ倉庫へ医療費を支払わせる強制力をもつものではあるが、これを破ったからといってカネミ倉庫が罰せられることはない。つまりカネミ倉庫が医療費の支払いを怠ったとしても、それを法的に罰則する規定やカネミ倉庫に支払いを強制する方法はない。このように和解条項は患者の権利要求を正当なものとして認めているとは言い難く、要求を実現するためのしくみももたないものである。

さらに、和解によって一部の被害者はカネミ倉庫が倒産しないよう配慮しなければならないと考えるようになった[9]。被害者が加害者に配慮するという逆転的な状況が起きている理由は、公的補償が存在しない以上、カネミ倉庫が倒産すれば被害者は一切の経済的援助を受けられなくなってしまうからである。こうしてカネミ倉庫の資力不足によって補償は不十分なものになり、さらに公的補償の不在と訴訟の決着のあり方によって、被害者が不十分な補償を黙認せざるをえない関係が作られた。

3.2 「食品公害」事件をめぐる制度上の空白

被害者がカネミ倉庫の一方的な支払い態度を黙認せざるをえない一端には、公的補償の不在がある。また、2節では油症被害をめぐる法制度としての認定制度と補償制度が存在しないことを確認してきた。そもそも、なぜ法制度が存在しないのか。

すでに述べたとおり、油症は公害被害に比するような被害の深刻さと社会的規模の大きさから「食品公害」と呼ばれてきた。典型的公害病と油症の共通点として、根本的治療法が見つからない慢性疾患であること、自然発生的な病ではなく、経済活動の予期せぬ随伴帰結として起きた病であること、被害は身体のみに留まらず、地域の人間関係や家族関係を通じて社会的に増幅させられていくことの３点がある。このように社会学的に見れば、油症は公害問題に共通する特質をもっている。しかし、環境を介した健康破壊と生活破壊のみを「公害」と定義する環境基本法に則って、政府は油症を公害病の枠組みには入れずに食中毒事件として定義してきた。よって、油症被害には公害病の認定と補償を支える公健法を適用することができない。

ところが、食中毒事件対処の根拠法である食品衛生法では、油症事件のもつ問題性には対応しきれない。食品衛生法の対象として考えられる典型的食中毒は、食品の変廃や異物の混入、細菌やウイルスを原因とする中毒で、数日で快復し完治する場合が多い。中には死亡に至る例もあるが、次世代にまで汚染が続くような被害は想定されていないため、食品衛生法には慢性中毒としての被害の救済に関する規定がない。油症被害者が公的救済を求めても、食品衛生法にしたがう限り、行政組織は被害者に対する救済措置をとりようがない。

このように、油症事件は典型的公害の対処枠組みから排除され、かつ典型的食中毒事件の対処枠組みでは対応しきれない特質をもっている。舩橋晴俊は熊本水俣病事件における行政組織の対処において、新しい課題が出現した際にどの主体も自らの役割を縮小的に定義し、結果として対処がなされないことを「対処の空白」と定義した（舩橋 2000: 173）。油症事件においても、同様の「対処の空白」ないし「制度上の空白」と呼ぶべき事態が生じている。言い換えれば油症事件は、油症を適用対象から排除する公健法という公害関連法と、油症を適用対象とするものの被害に対処できない食品衛生法という食中毒関連法の間の空白におかれている。

3.3　新たな対処法の不成立

カネミ倉庫が被害を十分に補償しておらず、かつ既存の法制度でも補償ができない。このような状況では、救済のためのしくみを作ること、具体的には制度の形成が必要となる。しかし、検診と認定が続けられる一方で、新たな制度形成や政策転換はなされなかった。その過程はいかなるものであったか。ここで関係する主体は、研究班、旧厚生省、そして被害者である。以下、検診と認定が機能を変容させながら継続してきた過程を五つの時期に区分して概観する。

第1期（1968年10月-11月）は、「認定患者＝中毒者」の診断期である。1968年10月10日に油症が「奇病」として社会問題化してから、同月14日には九州大学医学部、同大学薬学部、久留米大学医学部、福岡県衛生部の四者合同編成による研究班が組織された。油症の病像も病因物質も確定していなかったが、中毒の届け出者が増え続ける状況を受け、厚生省は研究班に油症の診断基準を作成するよう依頼した。依頼を受けた研究班は、同月19日、55症例をもとに診断基準を作成し、11月1日には病因物質をPCBと断定する。こうして油症事件は、自然発生的な食中毒ではなく、なんらかの人為的行為によって発生した事件であることが明らかになった。

第2期（1968年12月-69年1月）は、「患者＝中毒者・被害者」の認定期である。この時期より、認定はその対象者を「被害者」であると認め、一定の補償機会をもたらした。たとえば68年に、カネミ倉庫は認定患者200人に対して見舞金を支払っている。69年7月における中毒の届け出者数は1万4,627人、認定患者は913人と増え続け、カネミ倉庫は油症患者の医療費を自身の資力でまかなうことが困難であるとして福岡県知事に「御願書」を提出した。しかし、厚生省は医療費の負担を拒み、油症患者の医療費はカネミ倉庫が負担することを関係都府県市に伝えた。つまり、認定はカネミ倉庫からの見舞金をもたらしても、公的な救済を得る道には繋がらなかったということである[10]。

第3期（1969年2月-72年11月）は、「患者＝中毒者・被害者・原告」の認定期および検診の縮小期である。この時期、未認定者が検診受診を拒否される等、新たな「認定」の機会は閉ざされつつあった。また、検診は認定患者の追跡調査として行われ、治療に直結しないものであったため、認定患者も検診に不満を抱いていた。70年には福岡県の田川地区を皮切りに一斉検診のボイコットが起きている。検診が機能不全に陥り、症状は軽快せず、生活が困窮した状態で、認定患者らは同年11月に国を相手どった統一民事を提訴した。すでに69年2月にもカネミ倉庫らを訴えた福岡民事が提訴されていたが、いずれも原告となったのは認定患者である。この時期の認定は、訴訟等の責任追求に参加する権利を与える機能をもつようになったと言える。

第4期（1972年12月-2004年8月）は、検診対象の拡大期である。72年12月、福岡県小倉地区における患者の座り込みや交渉の結果、一部の未認定者が検診受診にこぎつけた。認定患者による患者の掘り起こし運動が結実したのである。同年10月には診断基準が改訂され、全身症状や血中PCBの測定が初めて取り入れられた。翌73年には、希望する未認定者が検診を受けることが可能になり、検診は患者掘り起こしの機能を果たすようになった。

第5期（2004年9月-）は、「油症＝PCBの単独汚染」から「油症＝PCBとダイオキシン類の複合汚染」への病の意味の転換期である。油症の主原因がダイオキシン類であるという発見は、74年には専門家の間で共有されていたが（長山2005）、2004年9月になって初めて診断基準に反映された。改訂された新診断基準には、血中のダイオキシン濃度や血液の性状が検診項目に取り入れられた。この改訂の背景には、2001年12月に坂口力厚生労働大臣（当時）が参院決算委員会で「油症の原因物質はダイオキシン類」と答弁し、診断基準の見直しを約束したことがある。こうした経緯でできた新・診断基準によって18人が新たに認定され、以後、2012年の推進法成立に伴う診断基準の改訂までこの基準が用いられてきた。

このように検診と認定は、医学的新事実の発覚や被害者運動の進展に影響を受け、その機能を変容させながら継続されてきた。具体的に見直されてきたのは、診断基準の妥当性や検診受診者の範囲であるが、それらはいずれも誰を患者と認めるべきかという議論に留まった。他方で、患者と認定したのちになにをすべきであるか、たとえば認定患者に対する治療の充実や根治療法の解明、生活保障、損害賠償、医療費の援助、精神的ケア、遺族補償等の救済策等が考えられるが、そのような議論はなされなかった。

さらに、検診と認定という政策的対処の外部でも、新たな対処法の制定に向けた取り組みはなされなかった。5章で確認したように、69年には斎藤昇厚生大臣が油症のために公害被害救済法と似た特別立法を次の国会に提出すると述べ、また73年には斎藤邦吉厚生大臣が新たな法律作成や難病への指定を検討すると発言しているが、いずれも制度の見直しや具体的な達成には至っていない。こうした状況で被害者運動は、病苦、生活苦、訴訟派と示談派の分裂、患者の立場に立った専門家組織の不在等から、国に対して十分な対抗力を保持することが困難だった。当時、訴訟に踏み切った患者らに可能だったのは、カネミ倉庫との勢力関係の下で妥協して和解を選ぶことのみであった。このように、カネミ倉庫が患者に沈黙を強いる関係と、患者が対抗力を発揮できない状況、そして対処法の形成ならびに政策転換がなされなかった歴史を経て、油症は今も「制度上の空白」におかれ続けている。

4　被害に対する〈法的承認〉の必要性

本章は、油症事件における「補償制度」の特質を検討し、その成立要因を解明することを課題として、次のことを明らかにした。まず、根拠をもたない「認定制度」および「補償制度」が、被害者の権利要求を正当なものとして認めるものではないことを確認した。このような「認定制度」および「補償制度」が存続してきた背景には、カネミ倉庫の資力不足によって被害者に強いられた沈黙、事例の特質に対応する制度が存在しない「制度上の空白」、そして新たな制度が構築されず、政策も転換されなかったという政策過程がある。

油症の被害が救済されていないという認識の含意は、単に補償の金額が低いとか、認定範囲が適切でないとかいった問題だけには留まらない。「誰を患者に認めるか」という〈医学的承認〉があっても、「患者をどのような権利主体と認めるか」という〈法的承認〉の議論が欠如していることが、根本的な問題として指摘できよう。

ただし、〈医学的承認〉が〈法的承認〉と全く同じものとして扱われたり混同されたりすることには危険がある。たとえば熊本水俣病の事例において、水俣病の診断という〈医学的承認〉が認定制度に引きずられた「認定医学」

（丸山2000）として企業の資力に配慮した判断をし、医学的自律性を欠いてしまったという歴史がある。このように〈医学的承認〉と〈法的承認〉が混同され、認定の範囲が歪められると、未認定問題が生じる可能性がある。

しかし、油症の認定が被害の〈医学的承認〉のみに留まり〈法的承認〉を欠いていることは、結果として被害者が不十分な補償しか得られずに被害者としての権利を侵害されるという現状を招いている。被害者であるという事実を認めても、被害者が正当な権利要求を有する主体であることを認めない承認は、被害の救済には繋がらない。まずは被害者の権利保障に関する議論が必要である。また、「食中毒」という問題定義による政策的対処が続けられる限り、油症は「制度上の空白」におかれ続けるだろう。油症事件は、従来の公害問題の法的定義の枠組みを問い直すことを求めている。

以上、〈医学的承認〉と〈法的承認〉という被害の承認形式への着目によって、油症被害の現状においてなにが根本的な問題であるかが明らかとなった。またこれらの承認形式の設定によって、事例ごとに異なる内実をもつ「認定」および「補償」の問題について普遍性をもった用語で語り、いかなる承認がそこでなされているかを問うことが可能になるだろう。

〈法的承認〉を備えた「認定制度」が実現すれば、被害者は補償要求の権利を正当なものとして保証され、社会に対して被害の救済と権利の回復を訴えやすくなる。そのことは、社会の成員が「被害者が他者によって権利を侵害された主体であり、その権利は回復される必要がある」と認めること、すなわち被害の社会的承認に繋がっていくであろう。被害の〈法的承認〉は、被害の社会的承認の一構成要素としても、その促進要因としても、被害者救済にとって不可欠なものである。

注

1　2009年12月9日、当時の原告弁護団の事務局CC氏と2009年12月10日、当時の原告弁護団のAA氏へのヒアリングで確認。

2　このほかにカネミ倉庫や鐘化から個人的に見舞金を受け取った者や訴訟の賠償金を得た者がいるが、これらはすべての認定患者に保障された補償とは異なるため、ここでは割愛する。

3　2006年9月7日、長崎県在住の認定患者W氏、2009年8月12日、同県の認定患者L氏、2010年3月14日、広島県在住の認定患者KK氏へのヒアリング。

4　くり返すが、本研究が対象とするのは2007年までの事例である。2012年に成立した推進法によって、ここで論じた補償や医療費給付のあり方は大きく変化していくことが予想される。

5　これらのほかに、1995年の政治決着や2005年の新保険手帳の給付があるが、ここでは割愛する。

6　2006年9月7日、長崎県県民生活部生活衛生課へのヒアリング。

7　長崎県における油症対策組織の変遷については堀田（2008）に詳しい。

8　2006年9月7日、長崎県県民生活部生活衛生課へのヒアリング。

9　2009年8月10日、長崎県在住のJ氏およびOO氏へのヒアリングなどで確認された。筆者によるヒアリング調査のなかでは少数派だったが、このような意見は複数存在している。

10　一部の患者は鐘化との交渉によっても見舞金を得ているが、これはすべての認定患者に対する補償とは異なるので、ここでは割愛する。2009年12月9日、当時の原告弁護団事務局CC氏と2009年12月10日、当時の原告弁護団AA氏へのヒアリングで確認。

第10章　食品公害の被害軽減政策の提言

本章では、油症をめぐる政策過程における失敗とその要因を明らかにし、食品公害の被害を軽減するためのメタ政策原則とそれにもとづいた具体的制度を提言する。まず、4章から6章にかけて概観してきた事実経過をもとに、油症の被害を深刻化させた要因として政策過程における被害の潜在段階への押し戻しがあったことを確認する（1節）。続いて、このような政策過程において行政担当者をとりまく構造化された場における「合理性」がいかなるものであったか検討し、看過の政策過程を維持させてきた要因を明らかにする（2節）。最後に、これらの指摘をふまえて、食品公害被害を軽減するための対処のメタ原則として「複数の形式における被害の承認」および「『アクションとしての法』の発想の重視」を示し、この原則にもとづいた個別的政策と「食品公害基金」の制度化を提言する（3節）。

1　被害を深刻化させた要因

1.1　発見されえた異変の放置

まず油症の被害が深刻化した要因としては、第一に、発見されえた異変の放置がある。食品が有毒化・有害化した際に、消費者ないし摂食者はそれを発見する可能性をもっているだろうか。油症事件の場合、汚染油を調理したり食べたりする際に異変に気づき、摂食を止めることのできた者はおそらく見当たらないだろう。汚染油を使用していた当時を振り返り、天ぷらに使用した油が白く泡立っていたと述べる者はいるが、その泡が油の異常を意味すると気がつくことはできなかった。なぜならライシュが指摘するように、煤煙や異臭、川の水の色が変化するといった可視的で感知しやすい汚染とは異なり、PCBとダイオキシンによる汚染は不可視的で、油の見た目や匂い、味には影響しないからである（Reich 1991）。環境汚染型公害の場合には、人が発病するまでに、まず植物に異変が生じ、次いで弱った魚や鳥が見かけられ、やがてその生物を食している家畜が発病するなどの前兆がある（飯島1973）。しかし工場の製造工程で食品が汚染された場合、そのような環境汚染や家畜の発病が見られるとは限らない。このように汚染物質が不可視的で汚染が自然環境を介さない場合、消費者が食品の汚染を発見し、摂食を避けることは不可能に近い。

では、製造企業は異変に気づくことができるだろうか。吉田勉は、企業の内部告発によって被害が発覚した千葉ニッコー油事件を事例に、食品の有害化を最も早く知りえるのは食品企業であるため、企業内部で安全な食品を生産するための徹底した体制を確立し、さらに企業内の告発を勇気づけるような報道のされ方が望まれると述べている（吉田1975）。このように企業による被害の発生防止には期待が寄せられる。とはいえ、そもそも食品添加物や農薬の人体に及ぼす影響の科学的な因果関係の解明はきわめて難しく、不可能な場合もある。また、宮本憲一がアスベスト被害などの長期間を経て被害が発生する問題を「ストック（蓄積性）公害」（宮本2006; 宮本ほか編2006）と呼ぶように、たとえ毒性が低くても、長期間の摂取によって身体に深刻な影響を及ぼす汚染問題もある。その被害が明らかになったときには、すでに手遅れである（藤田2006）。

このように消費者と企業が食品の有毒化・有害化をすべて事前に発見することは困難であるが、これは行政組織の場合も同様である。ただし油症事件では、カネミ・ライスオイルの副産物であるダーク油を原料とする飼料が鶏の大量死を引き起こした。この予兆的事件が起きていたため、農林省と厚生省はライスオイルの異変に気がつく機会があったのである。にもかかわらず、4章で確認したとおり、当時の農林省と厚生省の担当者は専門家による警告を無視し、カネミ倉庫への立ち入り調査も徹底せず、人体に被害が発生するのを待っていた。さらに九大の医師らは、患者を診察してライスオイルを原因とする集団食中毒が発生していたことを認識していたにもかかわらず、患者や家族にこれを告げず、保健所への届け出もしなかった。また、患者から汚染油の鑑定を依頼されても、これを無視している。これらの失敗によって被害の発生は防止されず、また、その後も被害を看過する行政組織の対応が続けられたため、68年10月の報道によって一度は社会問題化した被害は、次のように潜在段階へ押し戻されることになった。

1.2　潜在段階への押し戻し

油症の被害が深刻化した要因には、第二に、被害の潜在段階への押し戻しがある。社会問題化した被害をもはや無視することができなくなった厚生省は、原因究明努力を行い、加害者を特定し、カネミ倉庫に対してライスオイルの製造と出荷を禁じた。これは問題を食中毒事件と定義し、食品衛生法の規定にしたがった行為である。また、特例的な対処として研究班を組織し、診断基準を作成させることで、被害者が誰かを定める境界を設定した。被害の救済については、公害病や難病に準じたかたちで被害者救済に乗り出したいと厚生大臣が発言することはあったが、その発言は一貫性のない思いつきに近いもので、実現に向けて組織内に委員会を設置するとか調査委員会を発足するとかの具体的取り組みには繋がらなかった。被害者に対する直接的対処は、一部の自治体による貸付金の貸し出しや見舞い品の贈呈が行われたのみである。これらの行政的対処は、管理可能なかたちでの問題の定義と、専門家組織による行政行為の正当化、場当たり的な慈恵的対応であると言える。

当時、被害者が求めていたのは、治療研究の推進、経済的補償、健康管理手当、医療環境の整備、病気の情報周知、被害者の権利保障、関係者への救済措置の内容周知、保健所や基礎自治体における相談窓口の設置であった。しかし、実際に行政組織が対応したのは治療研究の推進のための研究班の組織と研究費の助成のみであり、それも油症治療の研究のためというよりは、被害者が誰か判断し、政策的対処の対象を確定するために作られたという意味合いが強い。それ以外のニーズに対応する政策は存在せず、カネミ倉庫も補償要求に応じないことから、被害者は71年以降、相次いで訴訟を起こした。訴訟の提訴は、反公害運動や消費者運動など外部の支援者を巻き込むことに成功し、被害者は勝訴判決によってカネミ倉庫と鐘化から部分的な賠償金と和解金を得ることができた。

しかし、訴訟の過程で被害者を分裂させようとする企業の圧力は強まり、また要求金額や運動戦略をめぐって組織内の紛争も生じ、被害者は大規模な組織化を行うことに失敗した。さらに、油症被害の発生には国の責任があるということを法的に証明し、公的救済策を実施させることを目的として訴訟を提訴したはずが、87年に原告が国への訴えを取り下げることによって、かえって国が加害責任を否定して被害放置を正当化する論理を強化することになった。最高裁で判決は確定しなかったにもかかわらず、厚生省や自治体は、原告による訴えの取り下げを「国に責任がないので対処できない」と主張する根拠として利用した。さらに仮払金返還問題によって、国は債権を有する主体として被害者に対する圧倒的に強い勢力を手に入れた。こうして行政組織による問題定義と自己正当化は強固なものとなり、研究班という専門家組織に実質的な認定作業をまかせ、被害救済のための直接的対処を行わないという被害の見過ごしが続けられた。また訴訟の和解において、カネミ倉庫が賠償金・和解金を強請執行させない代わりに医療費の支給を続けることが約束されたことによって、不十分な医療費支給はカネミ倉庫ができる最善の策であるかのように正当化され、カネミ倉庫はそれ以上の賠償を実質的に免除されることになった。被害者は、国に対する「借金」の負い目と、カネミ倉庫にこれ以上要求ができないという現状認識から沈黙し、抵抗力を失った。このように問題は社会問題から潜在段階へと押し戻されたのである。この潜在段階は、新たな支援組織が結成され、マス・メディアや一部の政治家が被害が放置されている現状に目を向ける2000年代まで続いた。

1.3　法の理念にもとづいてなされるべき政策的対処と実態の乖離

油症の被害が深刻化した要因には、第三に、法の理念にもとづいてなされるべき政策的対処と実態の乖離がある。日本では高度経済成長以降、都市における人口増加と宅地開発が進行し、高層マンションの建設によって日照障害、電波障害、眺望等の侵害が問題となったが、現行法上、これに対処しうる権限を十分にもたなかった自治体は、開発指導要綱を制定することによって、これに対処しようとした。要綱は行政の内部規定に過ぎず、法的効力をもつものではないが、条例を定めるよりも手続き的に易しく、暫定的・即時的な対応が可能となることから、要綱にもとづく行政指導、つまり「要綱行政」[1]が盛んに行われるようになった（藤島 2004）。このような要綱行政は、油症の認定においても見られるものである。すなわち、油症の「認定制度」は制度としては存在しないが、自治体が定めた要綱にもとづいて診断基準を用いた認定が行われてきた。

政策的対処には、法制度を遵守した合法的行為と、これを破った違法的行為がある。また合法的行為は、制度によって行うことが「義務」づけられた行為と、制度を拡大的に解釈して行うことが許される「可能」な行為に分かれる。違法的行為は、これを実行すれば罰を受けることが定められた行為である。これらの合法的行為と違法的行為の間には、グレーゾーンとしての「法の理念に反する行為」が存在している。このような政策的対処の合法性に関する四つの区分を、「合法／違法の4範囲」と呼ぼう。この合法／違法の4範囲から見て、油症事件において厚生省が行った政策は**表10-1**のように振り分けられる。

表10-1　合法／違法の4範囲における油症の政策的対処

違法的行為	法の理念に反する行為	合法的行為	
罰則あり	罰則なし	義務	可能
	詳細な報告書を作成しなかった	中毒の原因究明	研究班への研究費助成
	被害者数を正確に把握しなかった	原因食品の販売停止	カネミ倉庫への政府米の保管委託
	被害を摂食経験にもとづいて認定しなかった	原因企業の営業停止	被害の臨床認定

ここで合法／違法の根拠とするのは食品衛生法である。厚生省は同法が義務づけている中毒の原因究明、原因食品の販売停止、原因企業の営業停止は行った。それに対して、詳細な報告書の作成、被害者数の正確な把握、被害の摂食認定は行わなかった。これらは同法の規定がとくに義務づけておらず、またこれらを行わなかった場合の罰則も存在しないが、法の理念からすればなされるべきであり、また典型的な食中毒事件において従来行われてきた対処である。また、同省はカネミ倉庫がふたたび営業を行うための営業許可基準において、新たな条件として安全な熱媒体の使用を義務づけ、設備点検要領や危険物の検出方法、検出要領を提出させているが、これらは事件が起こる前でも法的には要求可能な条件であり、それがなされるべきだった（野津証言）。このほかに、厚生省は同法に定められていないが可能であった特例的対処として、研究班の組織と研究費の助成、カネミ倉庫への政府米の保管委託、被害の臨床認定を行ってきた。

これらの対処は、合法／違法の4範囲において次のように位置づけられる（**表10-2**）。舩橋晴俊は、熊本水俣病事件への対処にあたって行政組織が縮小的な役割定義しか行わず、表10-2における「義務」にあたる対処しか行ってこなかったことを指摘しているが（舩橋 2000）、油症の場合は「義務」だけでなく「可能」の範囲でも政策的行為がなされ、ある部分においては拡張的な対処が行われた。しかし、この特例的対処は被害者の求める政策とはかけ離れたもので、被害を深刻化させてきた。また、違法的行為ではないが、食品の衛生管理によって国民の健康の保護をはかるという食品衛生法の立法

表10-2　合法／違法の4範囲における油症の政策的対処の位置づけ

違法的行為	法の理念に反する行為	合法的行為	
罰則あり	罰則なし	義務	可能
	行われなかった対処	油症事件で行われた対処	

趣旨から鑑みれば法の理念に反したグレーゾーンの不作為が存在していたと言える[2]。

では、本来行われるべきだった対処はどのようなものであったか。油症問題の実践的解決のために、被害者を支援する立場の医師や弁護士、NPOによってなされたさまざまな提言は、あるべき政策的対処を考えるうえで参考になる。そこで要求されてきた行政組織の取り組みは、**表10-3**のように要約される（藤原2007; カネミ油症被害者支援センター編2006a; 津田2004）。これらの提言は、食中毒事件としての通例的対処と、典型的食中毒事件を超えた問題としての特例的対処に二分される。まず、食中毒事件としての通常の対処にあたるのは、1から2の提言である。すなわち森永ヒ素ミルク中毒の「飲用認定」のように、「摂食認定」とでも呼ぶべき、汚染油を食べたと思われる者全員の認定を行い（提言1）、都道府県ごとに中毒者を追跡調査し、報告書を作成することである（提言2）。

厚生省が年度ごとに発生した食中毒事件についてまとめた『全国食中毒事件録』（厚生省環境衛生局食品衛生課編1972）には、油症の都道府県別患者数が記載されているほか、長崎県五島と福岡県における認定患者の特性が記されているが、油症による死亡者数が0人になっており、データとして疑わしい部分がある。また、掲載されたデータは1969年までのもので、慢性疾患化した中毒を追跡できているとは言い難い。なにより大規模な食中毒事件の場合、通常であれば食中毒が発生した背景、被害の実態、今後の対策を検証した報告書が独立して作成されるはずであるが、小規模かつ短期間で軽快することの多い典型的食中毒事件と並べて、ごく短い報告がなされているにすぎない。また、特異な認定制度が既成事実化し、臨床所見にもとづいた特殊な認定が行われていることは9章で確認したとおりである。

次に、典型的食中毒事件を超えた問題に対する特例的対処にあたるのは、3から10の提言である。完治が見込めないことや次世代まで被害が続きうるという油症の病気としての特徴から、通常の食中毒事件処理では対処しきれない部分が出てくる。また、通例的対処がなされなかったため、汚染油を食べた患者の人数は不明確で、多くの潜在患者を残すこととなった。そこで患

表10-3　既存の政策提言のまとめ

1. 通常の食中毒事件と同様に、全国的な疫学的調査、汚染油を食したことが確かである者全員を認定し、公的かつ包括的な事件報告書を作成すること。
2. 現行の認定手続きと認定機関を見直すこと。
3. 潜在患者の掘り起こしと、その健康実態調査の実施及び補償救済措置を講ずること。
4. 二世、三世患者の追跡調査を行うこと。
5. 油症治療研究班を改組し、その際は治療法の研究と開発を最優先すること。
6. 検診で得られた情報を継続的に記録し、本人に知らせること。また検診を受けた全被害者に対して、受診の都度検診結果等を記載した油症手帳（仮称）を作成し、本人に公布すること。
7. 油症受療券が使用できる病院を増やすこと。カネミ倉庫が患者の医療費負担を適正に行うよう監視すること。カネミ倉庫には地方自治体が立て替えている保険料を支払うよう指示すること。
8. 認定患者間の不公平を是正すること。1987年または2004年以降に認定された新認定患者は、それ以前の認定患者と同等の措置が受けられるよう、救済策をとること。
9. 過去の行政資料をはじめとする油症関連資料を回収し、現存する行政資料を半永久的に保管すること。
10. カネミ倉庫の財務状態の情報開示を行うこと。財務状態を確認した上で賠償金支払いを計画すること。
11. 厚労省の所管部課について見直しを行うこと。たとえば、医薬食品局食品安全部のほかに健康局疾病対策課等、関連部課を加える。省庁を越えた協力も要請される。

出典：カネミ油症被害者支援センター編（2006a）、藤原（2007）、津田（2004）をもとに筆者作成。

者を掘り起こし、次世代の被害も調査することが提言される（提言3, 4）。次に、現在行われている特例的対処の内容にも問題がある。治療に関しては研究班を改組し（提言5）、検診の記録を残して本人に開示する（提言6）。また企業からの医療費支給と賠償金支払いがより公正になされるよう、行政が介入することが求められている（提言7, 8）。さらに、通常2年で廃棄される行政資料の保管、カネミ倉庫の財務状況の調査、所管部課の見直しが提言されている（提言9-11）。

これら11の提言において行政組織に求められているのは、個々の規定に示されていなくとも、法制度において大局的に示されている方針をくみとった対処、すなわち「法の理念にもとづいた政策的対処」である。法の理念を象徴的に示しているのは、憲法や省庁の設置法といったメタ制度としての法律である。たとえば厚生労働省設置法は、厚生労働省の任務について「国民生活の保障及び向上を図り、並びに経済の発展に寄与するため、社会福祉、社会保障及び公衆衛生の向上及び増進並びに労働条件その他の労働者の働く環境の整備及び職業の確保を図ることを任務とする」と規定している。個別の問題に対応する各法ではなく、このようなメタ制度としての法が示す理念に則った対処として、上記で提言されるような対処を行うことが求められているのである。油症事件では、このような「法の理念にもとづいた政策的対処」と実際に行われた対処が乖離していたため、「合法」的な対処のもとに被害は看過され続け、深刻化していった。

2　看過の政策過程における「合理性」

2.1　制度外で生じた被害への対処の前例

公害が最初から公害と札をつけて出てくるのではないように、被害が生じたときにその全貌が明らかになっているわけではない（津田 2004）。油症においても、次々に新たな事実が発覚し、従来の法制度では対処しきれない問題が明らかになっていった。このような状況下で行政組織の自由な選択範囲において考えられるのは、問題を新たな問題として定義し、条例や要綱を作成して既存の法律の不備を補う「法制度の補足・拡充型」の対処か、法律の立法趣旨にしたがって規定にない政策的行為を問題に即して行う「法の理念尊重型」の対処である。

「法制度の補足・拡充型」の対処は、大気汚染によって生じた健康被害を救済する自治体の取り組みに見られる。小林三衛らによると、自治体による大気汚染被害の救済制度は、「公害に係る健康被害の救済に関する特別措置法」や公健法に先行して、条例、規則、要綱などのかたちをとってその役割を果たしてきた。これらの法制度が施行されてからも、川崎市や四日市市においては、法制度の内容を拡充した制度や、救済対象者を拡張した制度が展開された（小林ほか 1987）。

「法の理念尊重型」の対処は、「公害Gメン」と呼ばれた元東京都公害局の田尻宗昭による公害摘発の取り組みに見られる。田尻は海上保安庁に勤務していた時代、水産資源保護法における「魚に有害なものを水面に捨ててはならない」という規定が漁民にしか適用されておらず、有害な工場排水を海に流したり産業廃棄物を海に投棄したりする企業は対象外とされてきたことに気がついた。それから伊勢湾における不法投棄の取り締まりを開始し、初めて企業を刑事告発した（田尻 1985）。

以上の例のように、制度外で生じる事件に対応する法制度がなかったとしても、自治体が新たな問題定義を行って制度をつくるとか、一官僚が法の理念にもとづいてなすべき政策的対処を行うとかによって、行政組織は制度外の被害に対処しうるのである。

では、これらのほかに、どのような方法によってわれわれは食品公害の発生を防ぎ、被害を救済しうるだろうか。大崎（1970）は、有害食品の横行を根本的に改善するためには、業界と全く独立した厚生省直属の検査機関を設置し、あるいはメーカーの影響を受けない方法で調査研究を行い、同時に強力な食品規制法を制定することが必要だと提言している。これと対照的に青山（1977）は、森永ヒ素ミルク中毒の発生が立証したように、たとえ厳しい内容の法律が施行されていても、その運用や解釈において法の目的としているところが十分に生かされなければ、法規定だけでは国民の生命や健康を守れないと述べている。法制度の整備は必要であるが、青山の述べるとおり、それによってのみ食品公害問題は解決できない。官僚組織が法制度を運用して問題に適切に対処していくためには、問題を主体的に定義し、法の理念にもとづいて政策的対処を行うことが不可欠なのである。

2.2　制度不在時における官僚組織の行為規範

なぜ油症の場合は、食品衛生法が厳格に守られることも、特例的対処として被害者のニーズに応えるような措置がとられることもなかったのだろうか。行政担当者の政策的行為を支えるものとして、どのような「合理性」が存在していたのか。ここで言う「合理性」とは、社会的文脈から見た合理性ではなく、当事者の利害関心を前提として、その関心を充足する意味での「合理性」を指す。

ロバート・K. マートンが官僚制の逆機能として指摘するように、規則を守ること自体が目的化すると、対処は儀礼主義や形式主義に陥る（Merton 1967=1969）。油症をめぐる政策過程では、まさに官僚制の逆機能が生じており、「判断基準の転嫁」と「役割の放棄」が行われていた。まず「判断基準の転嫁」とは、行政組織が専門家に問題の境界設定を依頼し、自らの問題定義と施策の正当性を支える根拠とすることである。行政担当者の行為の根拠となる客観性や判断は、つねに他者のものであった。厚生省の職員は、過去の事例にない行為は選択せず、また他の行政組織の判断や鑑定結果を根拠としない行為は行わなかった。たしかに行政官僚が主観的判断や思いこみによって政策的対処を行うことは、官僚制の原則から外れる。しかし、主観的・恣意的な判断と、法の理念にもとづいた主体的判断とは区別されるべきである。また、厚生省は油症被害に対応する制度が存在しないという「構造化された場」におかれているため現行の救済策以上のことは行えないと主張しながらも、そのような問題定義と対処を正当化するために研究班という専門家の権威を利用しているのである。つまり厚生省は、自らの手で自らを制約する条件をつくりだし、「これ以上はできない」という構造化された場におかれているように振る舞うことによって、被害者のニーズに応える救済策をとらないことに対する被害者や市民の非難から逃れてきた。

次に「役割の放棄」は、法の理念ではなく各論的な制度にしたがうことで「消極的な役割定義」(船橋 2000) を行い、本来果たすべき役割を放棄することである。法の理念にしたがえば、具体的には厚生省設置法における「国民生活の保障及び向上」の規定や、日本国憲法における基本的人権の享有および損害の救済を請願する権利の保障の規定に則れば、被害は否定されることなく認定されるべきであり、国はカネミ倉庫の責任回避を看過するべきではなかった。しかし、行政担当者が実際にしたがったのは、各論的な制度や基準である。しかもその行為基準が許容する範囲は、担当者によって消極的に捉えられた。例として象徴的なのは、事件発生当時の厚生省環境衛生局食品衛生課における行政文書の読まれ方である。森永ヒ素ミルク中毒に関する通達で食品の製造過程の全体を監視することが命じられれば乳製品のみ監視を行い、またアミノ酸醤油事件に関する通達で添加物の監視を強化することが命じられれば醤油の添加物のみ強化するというふうに、個々の通達に対しても狭量な捉え方がなされてきた (野津証言)。このように文書を読むという日常的な行為においても「役割の放棄」が行われ、行政担当者が各論的な規定に限定的にしたがったため、食品衛生法の理念が参照されることはなかった。以上の法の理念に背いた行政的対処の帰結として、被害の予兆は無視され、油症の甚大な被害は縮小的なものとして境界線を引かれ、企業との勢力関係において弱い立場にある被害者の権利が侵害されることが看過され続けた。

このような行為の背後にある合理性とは、被害への対処を限定的なものに縮小し、行政組織の問題定義と行為の正当性を社会にアピールし、紛争を沈静化することであった。結局のところ、被害者の権利保障や問題の根本的解決を目指すことによって、後から問題が深刻化することを避けるという合理性ではなく、被害を潜在段階に押し戻し、行政担当者の短期的な仕事を縮減することだけが「合理性」をもつと考えられたのである。

2.3 規範の政策規定力の逆転現象

看過の政策過程における規範とはいかなるものであったか。個別の政策を規定する法規範の規定力の強さは、理念型としては**図10-1**が示す序列関係に表れる。政策を規定する最も強い規範は各国の法制度が定める法の理念で、憲法や省庁の設置法などがこれにあたる。その次に強い規範は食品衛生法や環境基本法といった個別の問題領域に応じた各法であり、最も政策規定力が弱い規範として、要領や要綱など実施の細目について定めた規定がある。日本国憲法や厚生労働省設置法における法の理念を最も強い規範と考えるならば、有害化した食品によって国民に被害が生じた場合、食品衛生法または環境基本法[3]という各法の規定にしたがうことよりも、まずは被害を軽減し、損害を回復させることが優先されるべきである。各法が現実に起きている問題にそぐわない場合は、法の理念を尊重しながら各法や実施の細目規定を作りかえていくことが、法規範の有する政策規定力の理念型にもとづいた政策的行為と言えよう。

ところが、油症事件における看過の政策過程では、この規範の政策規定力の逆転が起きている（**図10-2**）。油症事件に対して行政担当者は、合法またはグレーゾーンではあるが被害軽減に対して実効力のない特例的対処をくり返し、被害を看過してきた。そのような政策的行為が根拠とするのは、実施の細目規定としての通達や各法としての食品衛生法であり、法の理念から見

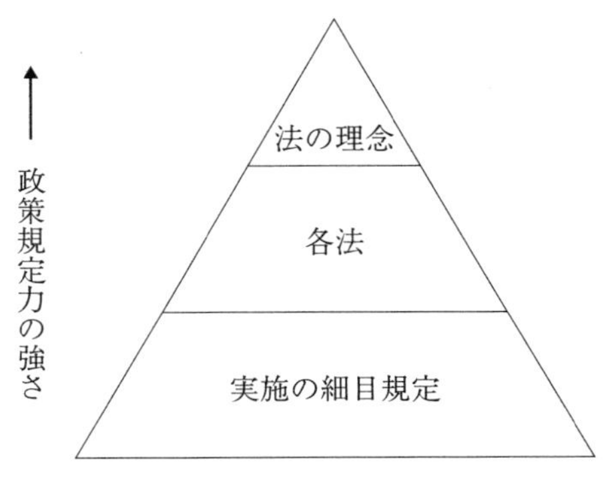

図10-1　法規範の有する政策規定力の理念型

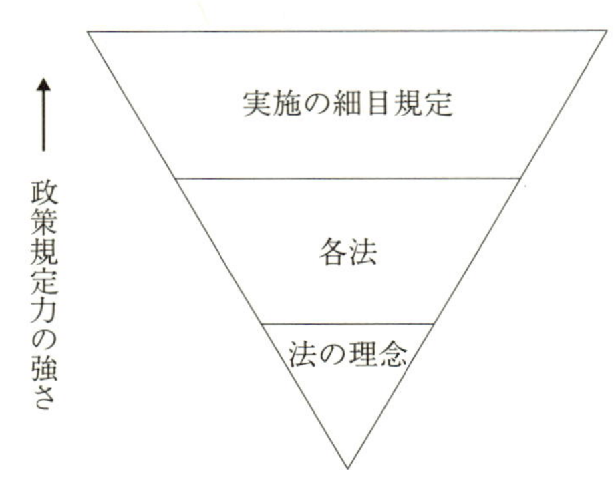

図10-2　看過の政策過程における規範の政策規定力の逆転

た行為の適切性は考慮されてこなかった。その結果、部局や担当主体にとっての部分的かつ断片的な「合理性」に立脚した政策的対処が続けられてきたのである。

3　食品公害被害を軽減するための政策提言

3.1　複数の形式における被害の承認――政策的対処の第一のメタ原則

被害を看過し、潜在段階へ押し戻そうとするような行政組織の役割定義や行為規範は、なにをもって変革されうるのか。森永ヒ素ミルク中毒の追跡調査を行うことを逡巡していたある保健婦は、被害児遺族からの訴えをきっかけに自らの役割定義が変わったことを次のように振り返る。

　……ある重症被害児を失った姉は、たまりかねて訴えた。「保健婦さんは、地区担当かどうとか、こうとか、あまりにも保健婦であるということにこだわりすぎている。保健婦である前に１人の人間として、この問題をどう受け止めるのかを、はっきりしてほしい」。

　こう言われたとき、私はハッとした。何もこの被害児たちは、無理なことを言っているのではない。砒素入りミルクを飲んだために、医師などの医療関係者、行政から見離された（原文ママ）ため、あまりに

> も苦しかったこの15年を素直に受け止めてほしいと言っているのではないか。
> 「私の受持地区には、被害児がいないから取り組めない」と保健婦はいう。
> そこで私は、自分のほうから“わく”を作っているのに気がついた。（森永ミルク事後調査の会 1972: 24）

この保健婦は被害児遺族の訪問で被害の訴えに触れることによって、保健婦としての本来的役割がなにかを問い直すようになった。被害児の追跡調査に取り組む前にさまざまな葛藤があったのは他の保健婦にとっても同様であり、ある保健婦は、住民の要求を受け止めようとすれば「仕事がふえる、労働過重だ、特定住民のサービスは不平等であるなどという理由で、ときには同じ職場の仲間からも反対され、結局は、あまり余計な仕事はしないほうが（良い）……で終わっていた」と述べている（森永ミルク事後調査の会 1972: 25、括弧内は筆者）。

また、岡山大学医学部の青山英康は、「被害者としての烙印にも似た皮膚への色素異常一つとってみても、現在の医学・医療の技術ではこれを消すことは出来ない」（青山 1977: 249）と医療従事者としての無力さを表しながら、すべての保健・医療従事者に事件に対する責任があると訴える。

> （被害者が認定枠組みから切り捨てられ、医療によって救われずにいる）この責任をただ西沢委員会に押しつけて済むはずはないし、すべての医師、そして保健・医療従事者が共通して責任を取るべき立場にあると云えよう。
> …〈中略〉…毎年数多くの科学論文が医学雑誌に掲載されているが、被害者の斗いを前進させ得る科学論文は何編含まれているであろうか。ここに医学とは、医療とは、医師とは、保健医療従事者とは、といった根源的な問いかけのあることを忘れてはならないであろう。（青山 1977: 249-250、括弧内は筆者）

保健婦の例と同様に、青山は被害に対面することで根源的な問いかけを受けとめた。それは被害者の診断基準を定めて後遺症なしと切り捨てた専門家組織の告発ではなく、われわれは被害者に対してそれぞれの立場からなにができるのかという問いかけである。ここでは、さまざまな職業従事者が果たすべき本来的役割が問い直されている。それは「被害の承認」にもとづいた行為の要請である。

油症事件においても、同様のきっかけによって周囲の役割定義が変容した例がある。2004年に1市5町の合併によって長崎県五島市が誕生して以来2期にわたって市長を務めた中尾郁子は、05年10月に「カネミ油症五島市の会」(以下、五島市の会)が結成記念に開催した「PCB・ダイオキシンシンポジウムin五島」に参加し、会の誕生に祝辞を述べる予定だった。ところが、会場で油症被害者による訴えを聞いた中尾市長は、油症が現在も深刻な問題であることに衝撃を受け、「お祝いを言うのは止めます」と述べ、代わりに自治体として被害者救済に本格的に取り組むことを約束した[4]。被害の訴えに向き合うことにより、油症の問題定義と市長の役割定義が揺るがされたのである。以後、五島市は五島市の会に対して活動支援費を助成するなど、全国でも先進的な取り組み[5]を行っている(堀田2008; 堀田・宇田2014)。

このように森永ヒ素ミルク事件と油症事件においては、被害者と相対し、その訴えを聞くことによって、周囲の潜在的支援者や専門家、自治体の首長らが問題定義を転換させ、自らの役割定義を改めた例が見られる。これらの例は、従来の役割定義や問題定義の変革をもたらすものが、個人対個人として被害に向き合い、尊重すべき他者という存在が傷つけられていると認めること、すなわち親密な諸関係における被害の承認であることを示唆している。

9章では、親密な諸関係、法権利諸関係、社会的価値評価の三つの社会関係において他者からの承認が行われるというホネットの議論(Honneth 1992=2003)、および承認論を水俣病被害者運動に適用した成の議論(成2003)をふまえ、油症の認定においては〈医学的承認〉と〈法的承認〉の両方が備えられるべきであると論じた。油症をめぐる政策過程を鑑みれば、政策的対処のあるべき方針を定めた「政策的対処のメタ原則」とでも言うべき政策原則が必要であるが、その内容を「法の理念にもとづく対処が望ましい」と定めたとしても、結局はメタ原則自体が消極的に解釈され、政策担当者の役割定義が見直されることは期待できない。むしろ食品公害のように深刻な被害が生じている事例の場合には、「複数の形式における被害の承認」なる原則が優先されるべきであるということを上記の事例群は示している。

複数の形式における被害の承認とは、親密な諸関係、法権利的な諸関係、社会的価値評価の三つの社会関係において、〈医学的承認〉や〈法的承認〉をはじめとするさまざまな形式における被害の承認が行われることである。第一の親密な諸関係における被害の承認とは、先に論じたとおりである。

第二の法権利的な諸関係においてなされる承認とは、被害者が他の社会の成員と同じ「法的主体」であること、すなわち法や契約にもとづいて権利を保証されるべき主体であることを前提に、その権利が侵害され、回復されなければならないということの承認である。「法権利的」という用語から、裁判所が命じた賠償命令や被害者と企業の間で結ばれた和解条項といった具体的な契約を想起するかもしれないが、この承認の含意はそれだけではない。〈法的承認〉とは、周囲の人びとによる「権利を回復されるべき主体がここにいる」ということの認識を含む。

第三の社会的価値評価としての承認は、被害者が被害を受けたことに当人の責任はないこと、そして被害者は自分であったかもしれないことの承認である。以上の社会関係における「複数の形式における被害の承認」とは、より具体的に言えば、政府、加害企業、周囲の人びと、社会一般の成員が、被害の存在と失われた権利および健康の回復の必要性を認め、その認識にもとづいて問題を定義していくことである。その結果として、自らの役割定義の変更を迫られることがある。

「複数の形式における被害の承認」原則は、厳密で個別具体的な政策的対処の方針を定めるのでも、抽象的で抜け穴のある原則を定立するのでもなく、被害を出発点にし、対処の正当性を専門家の権力によってではなく、つねに被害者が必要としている救済策との対応関係によって担保するという原則である。既存の制度の外部で生じた被害に対処するためには、このメタ原則にしたがって既存の制度枠組みを超越し、場合によっては枠組みそのものを組み換えていくことが必要とされる。

上記の例で見たように、各人の問題定義と役割定義を揺るがし、被害を承認する前提となるのは、組織や集団ではなく個人が被害と向き合うことである。現在は被害者が申し入れを行わない限り行政担当者に面会することはできず、しかも面会時間は限られている。政策決定に大きな勢力を有する首長を含めた政策担当者や議員が被害者に対面し、その訴えを聞く場が定期的に設けられることが、既存の問題定義を変革し、複数の形式における被害の承認を実現する第一歩となるだろう。

3.2 「アクションとしての法」の発想の重視――政策的対処の第二のメタ原則

既存の制度では対応しきれないような問題に直面して制度を再構築するという発想は、刑法学者として著名であるとともに、法社会学者であり法哲学者でもあるジェローム・ホールが提唱した「アクションとしての法（law as action）」に重なるものである（Hall 1973）。アクションとしての法とは、立法者、裁判官、公務員および素人が行う一定の実務が相互に連鎖的に関連しながら、その実務において創造性が発揮されることによって、過去の法と将来の法とのギャップを架橋しうるという動態理論的な法の捉え方である（団藤 1986: 58-59）。言い換えれば、法の動態性とは、過去において有効だった法が現在と未来においてもはや妥当性と効力をもたないと考えられるときに、法の下に生き、法を運用するさまざまな主体による実務的活動のなかで、それが解釈されたり作りかえられたりするという法の変動を示している。

ホールの構想に共鳴した団藤重光は、法の安定性について次のように説明している。法的安定性とは、法秩序が安定しているということであり、もともと静的で固定的なものを意味するが、激動する社会における法的安定性は「動的」安定性とも言うべきものでなければならない。法が社会に妥当して効力をもって生き続けるためには、法を解釈する際の妥当性の問題は、具体的な事件のなかにその解決の糸口が見出されるべきだし、また見出されるに違いない、と（団藤 1986: 179-244）。ホールもまた、従来の「ルールがあって次にアクションがある」という法決定論的な見方ではなく、アクションを重視し、これを基礎とすることによって社会問題の創造的解決の可能性が出て来るものと論じている（団藤 2007［1996］）。このようにホールと団藤は、法は現実の社会のためにあり、また現実の社会が法の妥当性を判断し、いわば裁いていくと考えた。

ここで法学が対象とする法の3類型から、法の動態理論の展開過程を整理しておこう。**表10-4**は、法の3類型が動態的な要素を加味しながら展開していく様子を示している。

ホールが法の動態理論によって乗り越えようとしたのは、実定法のみを学問の対象としてきた法実証主義 legal positivism の立場である。法実証主義の論者は、「ルールとしての法（law as rule）」である実定法を所与の条件と見なし、それをふまえてアクションが行われると考える。そこには法を解釈し運用する主体の主体性や、法が社会にそぐわないものになっていくという発想が欠如しており、法は静的で固定的なものと捉えられた。1970年代のアメリカの法学大学院の教育において法実証主義は主流の立場だった（Beiser 1973）。

このような法の捉え方にロスコー・パウンドは時間という要素を加え、実定法が機能している状態を「はたらいている法（law in action）」として動的に捉えた。過去につくられたルールとしての法が法として機能するのは、それが現在の人びとによって解釈され、判断の条件とされ、運用されるときで

表10-4　法学が対象とする法の3類型

	表象	性質	加味された要素
ルールとしての法 law as rule	実定法	静的・固定的	—
はたらいている法 law in action	判例	動的	時間
アクションとしての法 law as action	実務の連関	動的	時間 主体性（目的、価値）

出典：団藤（2007［1996］）をもとに筆者作成。

ある。はたらいている法の具体的例としては、裁判官が判決において形成していく判例がある。裁判の判決は、既存の実定法および判例と事件の証拠を照合して下されるものであり、それが新たな判例となって、将来の判決の判断材料となる。このように、はたらいている法は、実定法が人びとに使われることにより、時間を超えて法としての機能を発揮する様子を描いている。この意味で「はたらいている法」は、社会学的には「機能作用を発揮している法（law in function）」とも換言できるだろう[6]。

このような動的な法の発想に主体の目的や価値意識といった主体性を加え、より動態論的に展開させたものが「アクションとしての法」である。「はたらいている法」が、司法を担う者に利用されることによって法が機能していく状態を指すとすれば、「アクションとしての法」は社会の成員が行う実務的活動によって法が生かされていく状態を示している。団藤が具体例として強く意識しているのは裁判官による判例形成という局面であるが、その担い手は裁判官だけではなく、立法者、公務員および素人まで含まれる（団藤 1986, 2007［1996］）。法を遵守し、解釈し、運用するすべての主体が、その実務的活動において法を柔軟かつ積極的に運用し、必要があれば既存法の改善や前例とは異なる法的解釈を行う。このようにアクションとしての法が実践される場においては、目的意識や価値意識といった関与者の主体性が発揮される。

油症事件において、行政担当者と官僚は食品衛生法、製造物責任法、環境基本法の規定によって被害を救済することができないと認識した上で、法律の範囲内でしか対処できないとくり返し、被害を見過ごすことを正当化してきた。それはルールとしての法がもはや現実の要請に即さないものであったとしても、それのみを行為の根拠とすることで、いわば「死んだ法」を作りだしていく過程にほかならない。

かりに油症事件の政策過程において行政官がアクションとしての法の発想を内面化していたならば、事態は今とは異なる状況になっていただろう。たとえばダーク油事件においては、専門家が人体への被害発生の可能性を厚生省に警告した際、同省の職員は「油の精製までは農林省の管轄で、食用油で事故が起きればそこで初めて厚生省の管轄となる」と食品衛生法を守ることに専念し、警告を無視した。そして被害が起きてから初めて対処を始めたのである。目の前で起きている事態や、予測される将来の事態にもとづいて法の解釈を行えば、被害が発生する前にカネミ倉庫に改めて立ち入り調査し、ライスオイルを収去検査するなどして異変に気がつくことができたはずである。そうすれば、被害の発生規模を縮小し、すでにライスオイルを購入した消費者にも警告を発することができただろう。

また、被害の発生後、油症の主要原因がPCBではなくダイオキシン類だと明らかになったときにも、既存の診断基準や認定のあり方を見直すことができたはずであり、さらに公害法体系と食品衛生法の狭間におかれた被害について法体系を改定するとか、新たな法を制定するとかの対処がありえただろう。

法を社会規範として生かし続けていくために、また既存の食品公害の被害を軽減し、将来の被害に対処していくために、政策課題の設定や政策的対処においては、以上のようなアクションとしての法の発想が求められる。アクションとしての法の発想の重視は、食品公害のみならず、既存の法制度枠組みからこぼれ落ちる問題を抱えるすべての事例に対して有効なメタ政策原則である。

法制度の再構築にあたっては、本来的には立法者たる政治家がその担い手となり、政治家によって新しく作られたり組み換えられたりした制度に則って行政担当者が行為することになる。ただし、内閣の構成員である省庁が主な法案作成者であり、議員立法を行う際にも省庁の合意が実質的に必要とされる、いわゆる「官僚内閣制」の日本では、新たな制度構築の際には省庁の行政担当者が実際の担い手となることが多いであろう（飯尾2007）。

3.3　有責者と補償主体の関係

食品事故をめぐる補償について、先行研究は次のような論点を提示している。戦後に流通機構が成立し、食品の製造技術が進展する過程で、食品工業の内部では食品業種別、食品企業別の成長と停滞の格差が増大し、大企業の生産集中度が高まるとともに、中小企業は苦境に追い込まれた（日本経済調査協議会編 1966）。食品産業内の格差は現存しており、その多くが中小零細企業である食品産業では、企業が事故を起こして被害を生じさせたとしても、倒産によって賠償が打ち切りになることを避けるために国の経済的支援によって企業の負担を軽減させ、長期間にわたって企業をして償わせるのが良策とされてきた（庭田 1975）。このように責任企業の経営規模によっては十分な損害賠償を行うことができないため、国に過失があることの立証が不可能だったとしても、損害賠償の責任ではなく、補償の責任とゆるめて把握すると、食品事故への国の補償の行われる余地が出る（庭田 1975: 18）。しかし、費用負担者が誰であるかということを問わずに被害者救済の理念だけを先行させると、今度は加害者の責任追求が阻まれるという問題が生じる（後藤 1982）。以上に論じられる食品公害の補償問題とは、第一に中小零細企業による経済的補償の限界、第二に被害者救済の先行による加害責任の曖昧化と要約できよう。これらに加えて、第三に加害企業を特定することの困難さがある。

森永ヒ素ミルク中毒事件におけるかつての森永乳業の態度からもわかるように、かりに原因企業が大企業で十分な資本をもっていたとしても、よほどの社会的圧力がない限り、企業は補償責任から逃れようとする。また、資力上の制約によって補償が行えない場合、国の責任の有無は不問に付して、公費によって企業への経済的援助や被害者への見舞金支払いといった慈恵的対応が行われ、加害企業は実質的に補償責任を免れる。また、国が加害企業を経済的に支援することで被害者支援に間接的に関わり、企業と被害者にとって不可欠な存在となることによって、根本的な責任追及から逃れることができる。このように企業と国が事件の補償責任を回避しようとする帰結として、被害者は十分な損害賠償や補償を得ることができず、すでにできる限りの対処をしているかのように見える国と企業に対して適切な要求を行うことができなくなる。このような問題を、「方便としての限定的責任の引き受け」と、それに伴う「補償要求の封じ込め」と呼ぼう。

油症事件において「方便としての限定的責任の引き受け」によって被害者

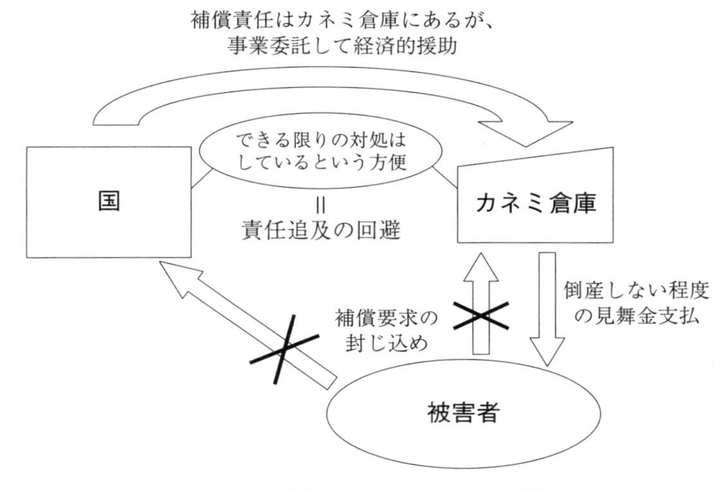

図10-3　補償要求を封じ込める構造

の補償要求が封じられる様子を示したものが**図10-3**である。国は自らの責任を否定し、公的補償を行わないが、カネミ倉庫に政府米の保管を委託することによって間接的に被害者への医療費給付を支援してきた。言い換えれば、補償責任は加害企業に一任しながら、企業が潰れない程度に経済的支援を行うことによって、国への責任追及とさらなる補償要求を回避してきたのである。また、カネミ倉庫は資力不足を理由に補償を部分的にしか行わずにいるが、被害者がほかに得られる補償がないことから、被害者よりも相対的に強い勢力を有し、それ以上の補償要求を封じることに成功している。さらに、政府事業の委託を受けることによって半永久的に政府から収入を得られるようになり、経営体としての存続が公的に保障されていると言ってよい。つまり、国とカネミ倉庫は限定的な責任の引き受けとしての対処を免罪符として、それ以上の責任追及や補償要求を免れているのである。

本来であれば、食品の製造者、保管者、販売者、輸入者が補償責任を果たすことが望ましいが、食品公害においては資力上の制約や責任者特定の困難さなど、それを阻む問題がある。また、7章で検討したように、製造物責任法やPPPの適用による補償には限界がある。したがって、それとは別の文脈で補償責任の所在を明確化する必要がある。

まず責任者が明らかとなっている場合、補償責任を有するのは加害企業である。行政組織が被害の発生と拡大防止において責任を有する場合は、国もまた補償の費用負担者となる。かりに国の責任の有無が判断できない場合であっても、国には責任企業が費用負担を回避しないように、被害者との交渉の席につくよう介入する責任がある。また、責任企業が倒産したり資力不足で補償が行えなかったりする場合、代替的負担者を特定する責任もある。原因者も代替負担者も特定できないか、補償が不可能な場合は、食品産業の救済基金の設置や公健法に準ずるような被害補償制度の制定などを通じて被害補償を制度化する必要がある。これらを行わないということは、被害者の権利が侵害されるのを看過していることにほかならず、法の理念に反する行為である。

油症のように国の責任を曖昧化させたまま、間接的かつ限定的な経済的援助を行うことは、加害企業を免責し優遇するだけでなく、被害の補償金額を低いものに留め、被害者が企業に配慮して沈黙を選ばざるをえないような構造を作りだしていく。これを回避するためには、国が方便としての限定的責任の引き受けに加担しないように、自らが補償主体となるかどうかは別として、補償主体を特定するという国の本来的な責任を果たす必要がある。

3.4　食品公害被害を軽減するための個別的政策提言

これまでの考察から、「複数の形式における被害の承認」と「『アクションとしての法』の発想の重視」にもとづいた個別的政策は、以下のように導き出される。なお、これらの政策提言は、今後の油症問題の対処において改善されるべき点であるとともに、これから新たな食品公害の被害が発生した際に行われるべき方策を示したものである。

(1) 被害拡大の防止のためになすべきこと

有害化した食品に由来する健康被害が生じた場合に、厚生労働省は通常の食中毒事件処理に則って原因を突き止め、原因企業の営業停止および有害食品の販売停止を命じる。各地の保健所で被害状況の調査を行い、同時に原因企業による原因食品の回収および情報周知に協力する。企業の営業再開を許可するためには、問題のある施設や製造工程の改善に加えて、すべての原因食品の回収と販売地域における情報発信を条件とする。問題が典型的な食中毒とは異なる食品公害であることが予知された段階で、問題の定義を改め、既存の法制度の拡充または新たな制度の形成による対処を検討する。

(2) 被害の把握と被害者の確定のためになすべきこと

被害の把握にあたっては、二重の意味で研究者の取り組み態勢を統合する。すなわち、第一段階において医学界における多様な研究潮流や意見を統合し、第二段階において医学以外の社会科学等の学問的知見を統合して被害像の理解に努める。この二段階の統合を経た専門家集団の会合や報告は、一般市民による監視が可能になるような開かれたものとする。被害を認定する際には、臨床症状のみならず、摂食経験の証言等も重視して総合的な認定を行う。原因食品を食べたことを証明する方法としては、残留する容器や領収書を提示するほかに、食べた時期、場所、ともに食事をしていた人などに関する本人および家族、同僚などの証言も有効なものとして認める。被害者の子孫にも被害が続いている可能性が高いか健康上の異常が見られる場合は、摂食認定に加えて同一家族認定を行う。

(3) 身体的損害の回復のためになすべきこと

科学研究費補助金等の研究助成金によって、学問研究への領域を問わない経済的支援を行う。被害者の身体的損害の回復にとってとくに重要なのは医学の知見であるが、助成対象には疫学や薬学、近代医学に限らない治療法研究も含む。長期的に見て必要とされる有害物質そのものの人体への影響の研究と、より緊急性をもって必要とされている被害者の症状緩和や有害物質の排出方法の研究、すなわち原理的研究と直接的な治療法研究の双方が支援されることが望ましい。また助成にあたっては、研究成果をパンフレットやウェブサイトなど被害者が入手しやすい方法で公表することを条件とする。

(4) 経済的損害の回復のためになすべきこと

加害企業が認定患者、患者家族、遺族に対して十分な補償を行っていない場合、行政組織は賠償金が支払われるよう介入する。加害企業に資力が十分にないとか加害企業を特定できないとかの物理的限界がある場合、新たな補償制度の枠組みを形成する。たとえば食品産業業界の拠出による基金や、原因となった化学物質を製造していた企業など間接的責任主体への賠償請求が考えられる。経済的補償の内容は、治療と健康管理に係わる包括的な医療給付、本人と家族、介護者に対する生活補償、遺族補償等が考えられるが、企業が支払い可能な金額によって補償内容を決定するのではなく、被害者の生活における困難や社会的損失を回復することを第一義の決定要因とする。

(5) 被害と状況の変化に対応するためになすべきこと

汚染の原因となった有害物質の蓄積性によって後年に被害が明らかになる可能性もあることから、被害者数の把握や健康診断などの追跡調査は、期間を限定せず、認定患者とその子孫が生存する限り行う。関連資料の保管についても同様である。社会的状況の変化によって被害者が抱える生活上の困難が変化したり、制度が実態から乖離していったりする可能性があるため、政策担当者や首長、議員らが、被害者の居住する地域や住居で被害者と定期的に面談し、その訴えを聞き取る機会を設ける。これ以外にも、認定患者の居住する各自治体に相談窓口を設置するか、窓口となる担当者をおく。従来の問題定義を改める必要性が認められた場合、問題に対応するための新たな態勢や制度を決定するために、行政職員ないし議員は、これを政策課題として組織内の会合または議会に提出する。

(6) 被害者のプライバシー保護と情報周知のためになすべきこと

被害者のプライバシーは保護されるべきであるが、そのために情報を周知しないとか転居先の追跡を控えるとかのように、認定患者と潜在的被害者が情報にアクセスする機会を奪ってはならない。具体的には、自治体による被害者救済事業や認定の手続きについて、誰もが容易に情報を得られる環境を整える。自らが被害者であることを周囲に知られたくない被害者に配慮することと、市民に情報が行きわたらないようにすることとは別である。情報過疎は被害者を守るよりもむしろ周囲から受ける誤解を増大させ、被害者を社会的に孤立させる可能性がある。

以上の政策は、複数の形式において被害を承認し、またこれを促進することを目指したものであり、個別の対処が正当であるかどうかは、つねに被害の承認という観点から判断されるべきである。また、既存の問題定義や法制度では被害を救済しきれない場合には、「アクションとしての法」の発想を重視し、既存の問題定義、対処枠組み、制度の解釈を作りかえ、必要があれば新たな制度を形成することが求められる。

森永ヒ素ミルク中毒や油症といったこれまでの食品公害問題の解決過程において、被害に対応できる法制度が存在しないことは、被害者に大きな困難を強いてきた。とくに経済的補償に関する制度の不在は、被害者の生活に直接的な打撃を与えている。関（2003）が新潟水俣病被害者による苦闘をふまえて述べるように、身体的被害や社会的被害を、ときにはプライバシーをさらけだして語らなくては加害責任を問えないというのは、ひどく病的な事柄である[7]。食品公害の被害を軽減するために急務となるのは、被害者であることを認められさえすれば、たとえ加害企業が特定できなかったり資力に限界があったりしても、経済的な補償を受けられることを保障する制度であろう。たとえば、上記の要件を備えた制度として「食中毒／食品公害被害者救済法」のように食品を原因とする被害を救済するための独自の制度を形成することが求められる[8]。本研究では、このような救済法を支える具体的な補償のしくみとして「食品公害基金」の制度化を構想する。

3.5 「食品公害基金」設置の提言

「食品公害基金」とは、食品公害の原因食品や責任企業が特定困難であるか、企業が倒産するか無資力で補償を行えない場合に、加害企業に代わって経済的補償を行うための基金である。同様の発想は、すでに被害者側の代理人を務める吉野高幸や支援組織のYSCによっても提言されてきたが（吉野1984; カネミ油症被害者支援センター2004）、ここではこれまで踏みこんで論じられることのなかった基金制度の合理的根拠や具体的な拠出主体について詳しく論じたい。

基金の目的は、食品公害被害者の健康回復および被害者当人とその家族の社会的損失の回復と、食品製造産業の経済活動を健全なものとすることの両立にある。すなわち、食品製造業の多くは中小零細企業であり、かりに重大な事故を起こしたとしても十分な補償を行える可能性は低い。また、科学技術社会論が指摘するように、科学はもはや万能ではないため、どの食品・物質が有害か、どの製造工程は危険であるかを確実に予測することは困難であり、安全性は不確実なものとしてしか存在しえない（藤垣2003; 立石2011）。どの企業も事故を起こす可能性があり、また安全と思われていた食品添加物の評価が転回することがありうるのである。

かりに食品事故が起きた場合に、基金は食品製造企業の保険として機能する。企業が資力不足だった際に国が企業に経済的支援を行って間接的に被害者を救済することは、油症の例を見ても失敗している。企業の健全かつ倫理的な経営を保持するために、基金が保険として機能することが合理的である。また、企業が交渉に応じないとか、裁判で命じられた損害賠償を履行しないとかの場合は、国が介入して補償がなされるよう働きかけるべきであるが、こうした交渉の期間においても被害者の生活は続いていく。そこで補償のあり方が決定するまでは、ひとまず基金によって補償を行い、加害企業が確定したり企業と被害者の間で補償に関する合意が形成されたりしてから、当該企業がそれまでに支払われた補償金額を基金に返還するという方法をとることが有益である。以上のように、食品公害基金は企業の健全な経営と被害者の迅速な救済の両面にとっての合理性を有している。

拠出義務をもつ主体は、石綿（アスベスト）問題[9]に対する「石綿による健康被害の救済に関する法律」、そして土壌汚染問題に対する「包括的環境対策・補償・責任法」および「スーパーファンド修正および再授権法」を参考として、個別の因果関係ではなく集合的な因果関係から定める。では各法の概要を見てみよう。

「石綿による健康被害の救済に関する法律」(以下、石綿被害救済法) は、石綿による健康被害を受けた被害者と遺族に対して医療費等を給付するために2006年に成立した[10]。職業的に石綿に曝露した者は労働者災害補償法等によって補償を受けられるが、環境中の石綿に曝露した被害者は労災保険の対象とならないため、その受け皿として「石綿健康被害救済基金」が設立され、被害者または遺族に救済給付を行っている (財団法人労災保険情報センター 2006; 独立行政法人環境再生保全機構 2012 [2006])。

本基金の費用負担のしくみは、**図10-4**のとおりである。費用を負担する対象は、労災保険適用事業場のすべての事業主と定められ、一般拠出金額は事業者が労働者に支払った賃金総額に一般拠出率 (一律0.05/1000) をかけて算出される (厚生労働省 http://www.mhlw.go.jp/new-info/kobetu/roudou/sekimen/

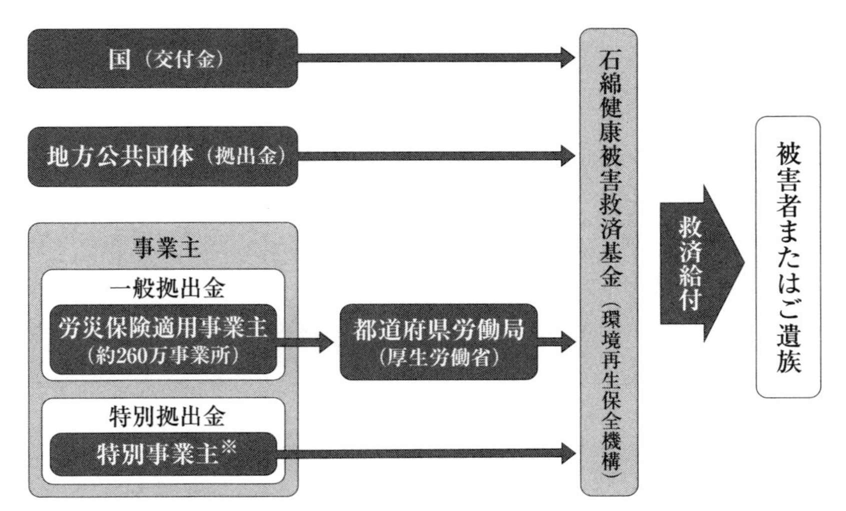

図10-4　石綿健康被害補償制度における費用負担のしくみ

出典：環境再生保全機構, http://www.erca.go.jp/asbestos/kyosyutsu/kikin/index.html, 2013.1.12閲覧。

chousyu/dl/01.pdf, 2013.1.4閲覧)。労災保険は1人でも労働者を使用する事業であれば業種を問わずに強制的に適用されるため、拠出主体の範囲は非常に広い。たとえば2010年度現在、労災保険に加入している事業場は262万2,356事業場にのぼる。これほど拠出主体の範囲が広く設定されているのは、石綿がすべての産業において幅広く使用されてきたという用途の広さ、中皮腫や肺がんといった健康被害が発症するまでの長い潜伏期間、原因者の特定の困難性といった石綿問題の特質を考慮しているからである。これらの拠出金に加えて、国の交付金、都道府県からの拠出金、石綿との関係がとくに深い事業を行っていたと認められる特別事業主からの特別拠出金を加えたものが基金となり、独立行政法人環境再生保全機構によって運用される。

このような広範囲の主体による費用負担を可能にしているのは、被害者の迅速な救済を重視し、民事責任と国家賠償責任とは切り離して被害者救済を行うという考え方である。ただし本法に対しては、給付金額が低いこと[11]と責任の所在が曖昧化されることから、結局「誰も責任は負わないが、緊急の問題だから対処する」制度になっているという批判もある（竹内・安田 2006［2005］）。

次に、1980年に制定された「包括的環境対策・補償・責任法(Comprehensive Environmental Response, Compensation and Liability)」およびその修正法として1986年に制定された「スーパーファンド修正および再授権法（Superfund Amendments and Reauthorization Act)」は、両者をあわせて「スーパーファンド法（包括的環境対処補償責任法)」と呼ばれる[12]。スーパーファンド法はアメリカの環境法規の一つであり、ラブキャナル運河埋め立て地の汚染など、野放しにされてきた有害廃棄物による土壌汚染の浄化と復元を汚染の原因者に義務づけたものである（アメリカ環境保護庁 , http://www.epa.gov/superfund/, 2013.1.5閲覧)。同法には潜在的責任当事者[13]に浄化作業を強制する規定があるが、もし潜在的責任当事者が不明または無資力であれば、有害物質信託基金 Hazardous Substances Trust Fund（以下、スーパーファンド）を用いて環境保護庁が浄化措置を実施することになる。スーパーファンドの財源は、汚染の主たる原因物質である石油や化学物質に対する課税、一般会計からの拠出、責任当事者から回収された費用、企業収益に対する環境税などである。一時はスーパーファンド税として企業収益に対する環境税なども財源に組み入られたが、1995年に期限切れとなり、96年に38億ドルに達した残高は03年には枯渇するに至った（黒坂 2011）。このように財源の確保がスーパーファンドの課題となっている。

上記の2法に共通するのは、企業または国家予算等から徴収した基金を設立することによって、放置された汚染または被害に対して迅速な対応を可能にしている点、そして責任主体が特定不可能か資力が足りない場合の補償財源を確保している点であり、これらは食品公害基金の構想にあたって参考となる。

これらの法の理念を継承し、食品公害基金においては、基金の拠出義務を有する者を以下の3者と定める。第一に、食品および食品容器、食品製造機器の製造・保管・輸入販売にかかわる者。このうち食品製造業・販売業・処理業・その他の業者は食品衛生法によって営業が許可された業者に限り、一定の販売高を越える売上を上げている者とする[14]。第二に、過去に食品に混入した有害物質を製造・保管・輸入・販売した者。第三に、食品添加物や食品加工において使用される物質を製造・保管・輸入・販売する者である。これらのうち、食品公害の原因食品および病因物質と関係の深い事業を行ったことのある企業には、賠償的性格を有する追加的徴収を行う。

基金の給付は、過去の食品公害事件によって被害を受けた者に遡及的に行われるとともに、将来において被害を受けた者も対象とする。基金の設立直後は、数年後までの徴収額を予測し、当面の間は国が補償費用を立て替え、基金が集まり次第、そこから国庫に返還していく。食品公害基金は、責任者の特定と責任者自身による補償が困難な場合が想定される食品公害という問題の特質に対応し、迅速に被害者を救済するための制度として実現されるべきである。

注

1　要綱行政は、省庁の設置法を根拠に行政担当者に対して広い行政権限を保障するものであるが、その適法性や公平性が問題となった。そこで行政運営における公正性の確保と透明性の向上をはかるため、処分、行政指導および届け出に関する手続きならびに命令等を定める手続きに関して共通する事項を定めた「行政手続法」が1993年に可決、翌94年に施行された（e-Gov法令データ提供システム, http://law.e-gov.go.jp/htmldata/H05/H05HO088.html, 2012.12.23閲覧）。

2　この論点については、2012年12月14日に弁護士の保田行雄氏から口頭で教示を受けた。また、津田敏秀は、油症被害の対処において数々の食品衛生法違反が存在したと論じている（津田2004, 2006）。その一つである九大の医師が直ちに食中毒の届け出を行わなかったことについては、食品衛生法第58条の規定に反するため、明らかに「違反」と判断できる。しかし、報告書が作成されなかったこと、被害者数を正確に把握しなかったこと、特異な認定を行ったことは、たしかに通常の食中毒事件処理から逸脱するものではあるが、それぞれ食品衛生法によって義務づけられた行政行為ではない。同法第63条は、食品衛生上の危害の状況を明らかにするよう努めることを定めてはいるが、具体的な報告書の作成や食用認定についてまでは定めていない。そこで本書は、これらを「食品衛生法違反」「違法」と断定することは留保し、グレーゾーンの行為と位置づけた。これらの行政行為に問題があるという点においては、筆者も津田の意見に賛同するが、その合法性の判断においては、さらなる専門的な検討が要されると判断した。

3　環境基本法は、油症対処の根拠法ではないが、油症被害を公害被害と同質またはそれに類似するものとして扱うことができないという判断の根拠として参照された。

4　2007年2月26日、中尾郁子五島市長へのヒアリングより。

5　ほかに五島市が被害者を支援する理由として、第5章3.5で触れた国民健康保険の立替問題がある。本来カネミ倉庫が支払うべき医療費について五島市が2011年度末までに立て替えた金額は、国民健康保険分と老人医療分を併せて約18億7,200万円にのぼる（五島市2013）。これらの立替分医療費をカネミ倉庫に請求し、協議を行うことは、油症被害者に対する支援計画の一つとして明記されている（五島市2013）。国民健康保険分の立替問題は、患者が居住するいずれの自治体にも共通する問題であるが、とくに認定患者が集中している五島市にとっては重い負担であり、それゆえ患者に対する支援策を行う必然性も高まると考えられる。この論点については寺田良一氏（明治大学）より博士論文の審査の過程で教示を得た。

6　この発想は舩橋晴俊氏（法政大学）より2013年1月7日に口頭で示唆を受けた。

7　現在ならば、たとえ健康被害が不可視であっても、企業が汚染者であるという事実、汚染原因であるという事実だけで、大きな社会的・倫理的な問題が生じるのが必然でなければならないという関の指摘は、食品公害にも当てはまる。もちろん、このような「病的な事柄」を改善するためには、行政組織と企業の取り組み態勢や制度のみを変革しただけでは足りない。社会のそれぞれの主体が被害を救済すべきものであると認め、被害者が自らと同じく尊重されるべき主体であることを承認し、それが果たされないときに企業・政治・政策に圧力をかけていくような市民社会の実現が必要となる。

8　4章で論じたように、被害には健康被害のほかに精神的打撃や将来設計の強制的変更などがある。そのため、救済法には経済的補償に関する規定だけでなく、被害者の精神的ケアや新たな将来設計を可能にするような支援に関する規定を含めて考察することが必要であり、今後の課題としたい。この論点については、田中充氏（法政大学）より博士論文の審査の過程で教示を受けた。

9　アスベスト（石綿）とは天然の繊維性鉱物で、熱、摩擦、酸やアルカリにも強く、丈夫で変化しにくいという利点をもっていることから、安価な工業材料として断熱材、保温材、防音材などの建築物の建材に使用されてきた。しかし、肺に吸入されても石綿繊維が分解されないという特性があるため、長期間アスベストを吸入曝露すると、じん肺や悪性中皮腫などの健康被害を生じさせることが明らかとなり、吹き付けアスベストは1980年、アスベストを含む建材の製造・使用は2004年に禁止された（独立行政法人 環境再生保全機構 http://www.erca.go.jp/asbestos/what/index.html, 2013.1.5閲覧）。

10　その後「石綿による健康被害の救済に関する法律の一部を改正する法律」が2008年12月1日に施行、本法の一部が改正された。また、2010年7月1日に本法施行令が改正され、指定疾病の枠組みが拡大された（独立行政法人 環境再生保全機構 2012［2006］）。

11　救済給付の内容は、石綿健康被害者に対しては、医療手帳、医療費の自己負担分、療養手当10万3,870円／月の支給がなされ、遺族に対しては特別遺族弔慰金（上限280万円）などがある。「低い」といえども、油症よりはるかに高い給付金額である。なお2011年度における救済給付の支給総額は28億8,990万6,000円で、制度発足から2011年度末までの支給金額は223億4,306万6,000円である（独立行政法人環境再生保全機構石綿健康被害救済部 2012）。

12　同法は2002年に「中小企業免責およびブラウンフィールド活性化法」によって改正された。

13　汚染された施設の現在の所有者および管理者、汚染施設の過去の所有者または管理者、有害物質の処理・処分に関わった者、有害物質の輸送者という四つのカテゴリーとして定められる（黒坂 2011）。

14　この規定は吉野（1984）が食品公害の救済制度として構想した基金制度を参考にした。吉野と同様に、許可施設数にかりの金額として1,000円をかけてみると、2012年現在、営業許可を受けた施設の総数は251万3,015施設にのぼり、年間約25億円の基金が確保されることになる（e-Stat, http://www.e-stat.go.jp/SG1/estat/NewList.do?tid=000001031469, 2013.1.28閲覧）。

結　論

本書は、社会問題において周辺に位置する公害問題のなかでも、さらに周辺部に位置する食品公害を主題に、既存の被害を軽減する社会的しくみを形成することを目指し、油症問題を取り上げた。油症被害者は、企業と政府によって被害の存在そのものを否定こそされなかったが、「精一杯できることはやっている」という方便によって、より巧妙に被害を潜在化させられてきた。また、被害者が直面する苦境を理解する専門家はわずかであり、学術論文において「食品公害」という用語が遣われたり、油症問題に触れられたりしても、今後起きうる食品汚染の不幸な前例として語られることがほとんどで、問題の内実に踏みこんだ議論はなされてこなかった。このことは、食品公害がもはや検討される意義をもたない過去の問題だということを意味するのではない。むしろ「食品公害」が一般用語として広く普及したために、また公害に比類する被害が生じていることが自明であると人びとが考えたために、あえてその意味を問われずにきたと考えるべきであろう。本研究は、既存の食品公害被害の軽減に寄与するとともに、将来の被害の発生防止に焦点を合わせがちだった従来の研究の偏りを調整することを目指し、次のような研究課題を設定した。

第一に、これまで明らかにされてこなかった食品公害の被害の実態を、聞き取り調査を通じて社会学的に把握することであった。第二に、被害が放置され続けてきた原因を、被害と政策過程の歴史を詳細に検討することによって解明することであった。第三に、食品公害を独特の社会問題として定義し、既存の食品公害被害を救済するための制度および政策の構想を提示することであった。

本研究の成果として、第一の課題については、まず初期の被害について被害構造論の視点から環境汚染型公害と共通する被害構造を提示し、次に2007年時点から見た被害について重ね焼き法を用いて特質を整理した。それは具体的には、被害の地域拡散性、地域の文化や生業と結びつかない汚染物質の摂取という食品公害の特徴によってもたらされる情報過疎・関係過疎、状況の定義不可能状況、認定の根拠問題という特質であった。さらに「病いの経験論」の視点から、病者であり生活者でもある被害者の日常生活における困難として、療養生活、病院や家庭、職場、患者同士における他者の反応、タブー化と告白、自分史の再構築、分かち合いの困難さがあることを示した。本研究が目指したのは、集合的かつ動態的な被害の記述であり、重ね焼き法を用いて断片的な生活史を重ねることによって、既存の被害の記述法に見られた集合－構造－静態か、個人－行為－動態かという2項関係を乗り越えることを試みた。

第二の目的については、被害と政策の対応関係に注目して油症の歴史を振り返ると、被害が完全に否定され、法的義務が果たされないという事態こそなかったものの、つねに被害は社会問題期から潜在期へ押し戻されてきたことがわかった。厚生省は、医学的専門組織に対処を一任することで自らの問題定義と対処を正当化してきた。すなわち、「方便としての限定的責任の引き受け」によって、国とカネミ倉庫は被害者からの補償要求を封じ、さらに一般市民からの非難を回避することに成功してきたのである。被害があるということ自体は否定されていなくとも、被害の社会的承認は欠如していた。

第三の目的については、食品公害をめぐる研究史上および政策上の空白があることを示した上で、「食品公害」を専門用語として定義し、被害を軽減するための制度および政策を次のように構想した。まず、被害を軽減するためのメタ政策原則として、「複数の形式における被害の承認」と、「アクションとしての法」の発想の重視の二つを導き出した。これらの原則は、被害の承認と軽減を政策が目指すべき最大の目的と定めるものである。また、ともすれば問題を縮小的に定義して被害を潜在化させようとする既存の行政組織の問題認識が改められ、同時に加害企業が被害者を自らの加害行為によって損害を被った者と認め、食品製造業者や研究者、潜在的被害者たる消費者が被害者を尊重すべき他者として認識する、そのような社会の構想にもとづくものである。次に、食品公害ならではの摂食認定や、食品製造業の特徴をふまえた補償問題に対する行政の介入義務といった具体的な政策を提言するとともに、過去と将来の被害者にとってのセーフティ・ネットとなる食品公害基金制度を提言した。以上の検討から、「食品公害」という問題認識が、被害を適切に把握し、またこれを軽減するための前提として必要であることが論証された。

最後に、今後の課題を三つ挙げて本書を閉じよう。一つめに、2012年8月29日に成立した推進法に関して、被害軽減にとって有効な具体的施策を社会学の立場から提言することが必要である。また、2015年にその救済法が成立した「台湾油症」[1]と比較して、両国において法律制定を可能にした社会的要因や、救済に有益な規定や施策を示すことは、互いにとって意義があるだろう。日本では推進法制定によって一面においては被害者救済が前進したと言えるが、食品公害が起きるたびに被害者が多大な犠牲をはらって運動を展開し、長い年月をかけて特別立法や和解を成立させられなければほかに方策がないという現状は変わっていない。

そこで二つめに、食品公害の被害を軽減するためのより詳細な制度を構想し、食品公害の定義を精緻化していくためにも、食品汚染による被害の事例研究を豊富化させていく必要がある。油症や森永ヒ素ミルク中毒の被害は甚大だが、それでも社会から見過ごされてきた。より小規模だが深刻な食品汚染や、より因果関係の特定が困難な健康被害について、本研究で得られた視座にもとづいて調査研究を進めたい。こうした事例研究の豊富化は、本書では論じきることのできなかった問題、すなわち事故の発生後どの段階でそれが「食品公害」か、それとも食中毒か判断できるのかという問題の解明に寄与するだろう。そのことで、食品公害の定義と食品公害基金制度の構想はより深まっていくと思われる。

三つめに、国家賠償法上の責任を同定できなかったとしても国が補償に介入するか、補償を行わなければならないという事態について、本研究を応用できる可能性がある。油症は企業補償に限界があり、公的補償も行われなかった象徴的な事例であるが、たとえば化学物質過敏症のように原因者を特定しにくい問題や、東日本大震災に伴う原発事故被害のように一企業には補償しえない問題に対して、本研究が提示した基金という制度の構想がどの程度応用可能なのか検討したい。

これらの課題に取り組むこと、また本研究全体を通じて試みてきたことは、被害が生じていることを学問的に認識し、軽減しようとする作業であり、被害の社会的承認の一つの実践である。

注

1　台湾の台中県大雅郷で1979年10月7日に全寮制の盲学校の生徒と教職員、工場労働者などに重症の吹き出ものを主とする奇病が発生した事件のこと。事件発覚後、台北にある国立栄民総医院本院の医師たちが政府の要請で原因究明に乗り出し、80年1月21日には台湾政府が彰化油脂の製造した油が原因であることを突き止め、同社に対して製造停止と出荷停止を命じた。さらに行政命令で彰化油脂の代表取締役、取締役、販売会社の豊香油行店主らの身柄を拘束し、食品衛生管理法違反の容疑で起訴した（長山2005）。2009年には「台湾油症受害者支持協会」が組織され、立法に向けて運動を展開してきた（台湾油症受害者支持協会 , http://surviving1979.blogspot.jp/, 2015.2.17閲覧）。

参考文献

赤城勝友, 1973,「カネミライスオイル中毒事件 (2)」『食品衛生研究』23 (4) : 108-118.
赤堀勝彦, 2009,「製造物責任法と企業のリスクマネジメント」『神戸学院法学』38 (3・4) : 563-643.
明石昇二郎, 2002,『黒い赤ちゃん:カネミ油症34年の空白』講談社.
天野慶之, 1953,『五色の毒:主婦の食品手帖』筑摩書房.
————, 1956,『おそるべき食物』筑摩書房.
青山英康, 1977,「森永砒素ミルク中毒事件, その医学史:歴史的教訓と今後の課題」森永砒素ミルク闘争二十年史編集委員会編,『森永砒素ミルク闘争二十年史』, 医事薬業新報社, 224-250.
新井通友, 1981a,「食生活をどう守るか (1)」『賃金と社会保障』821: 42-45.
————, 1981b,「化学物質が食卓をおびやかす」『賃金と社会保障』828: 37-40.
蘭由岐子, 2004,『「病いの経験」を聞き取る:ハンセン病者のライフヒストリー』皓星社.
有末賢, 1996,「社会調査:歴史・方法・課題」有末賢・霜野寿亮・関根政美編『社会学入門』弘文堂, 91-108.
朝井志歩, 2009,『基地騒音:厚木基地騒音問題の解決策と環境的公正』法政大学出版局.
朝日新聞社編, 1972,『PCB: 人類を食う文明の先兵』朝日新聞社.
蘆塚由紀・中川礼子・平川博仙・堀就英・飯田隆雄, 2005,「油症検診における血液中ポリ塩化クアテルフェニルの分析」『福岡医学雑誌』96 (5) : 227-231.
Bal, Roland and Williem Halffman eds., 1998, *Scenarios for a Regulatory Future: The Politics of Chemical Risk*, Netherlands: Kluwer Academic Publishers.
Beiser, Edward N, 1973, "Review of 'Foundations of Jurisprudence'" by Jerome Hall, *Washington University Law Review*, 4: 956-960.
Berger, Peter and Thomas Luckmann, 1967, *The Social Construction of Reality*, New York: Doubleday. (=1977, 山口節郎訳『日常世界の構成』新曜社.)
Blumer, Herbert, 1971, "Social problems as collective behavior", *Social problems*, 18, 298-306. (=2006, 桑原司・山口健一訳「集合行動としての社会問題」『経済学論集』66: 41-55.)
Brown, Phil, 2007, *Toxic Exposures: Contested Illnesses and the Environmental Health Movement*, New York: Colombia University Press.

Bury, Michael, 1982, "Chronic Illness as Biographical Disruption", *Sociology of Health and Illness,* 4: 167-182.

Carson, Rachel, 1962, *Silent Spring,* Houghton Mifflin Harcourt.（=1987, 青樹簗一訳『沈黙の春』新潮社.）

Collborn, Theo, Dianne Dumanoski and John Peterson Myers, 1997［1996］, *Our Stolen Future: Are We Threatening Our Fertility, Intelligence, and Survival? A Scientific Detective Story,* New York: Dutton.（= 2001, 長尾力・堀千恵子訳『奪われし未来　増補改訂版』翔泳社.）

Conrad, Peter, 1987, "The Experience of Illness: Recent and New Directions", *Research in the Sociology of Health Care,* 6: 1-31.

Corbin, Juliet and Anselm Strauss, 1985, "Managing Chronic Illness at Home: Three Lines of Work", *Qualitative Sociology,* 8（3）: 224-247.

————, 1987, "Accompaniments of Chronic Illness: Changes in Body, Self, Biography, and Biographical Time", *Research in the Sociology of Health Care,* 6: 249-281.

ダイオキシン・環境ホルモン対策国民会議・予防原則プロジェクト編, 2005,『公害はなぜ止められなかったか?:予防原則の適用を求めて』ダイオキシン・環境ホルモン対策国民会議.

団藤重光, 1986,『実践の法理と法理の実践』創文社.

————, 2007［1996］,『法学の基礎　第2版』有斐閣.

David, Goodman and Michael Redclift, 1991, *Refashioning Nature: Food, Ecology and Culture,* New York: Routledge.

独立行政法人環境再生保全機構, 2012［2006］,『石綿と健康被害:石綿による健康被害と救済給付の概要　第6版』独立行政法人環境再生保全機構.

独立行政法人環境再生保全機構 石綿健康被害救済部, 2012,『平成23年度　石綿健康被害救済制度運用に係る統計資料』独立行政法人環境再生保全機構.

Friedberg, Erhard, 1972, *L'analyse sociologique des organizations.* Paris: GREP.（=1989, 舩橋晴俊, クロード・レヴィ＝アルヴァレス訳『組織の戦略分析』新泉社.）

藤垣裕子, 2003,『専門知と公共性:科学技術社会論の構築へ向けて』東京大学出版会.

藤川賢, 2005,「公害被害放置の諸要因:イタイイタイ病発見の遅れと現在に続く被害」『環境社会学研究』11: 103-116.

————, 2007a,「イタイイタイ病の発見はなぜ遅れたのか」飯島伸子・渡辺伸一・藤川賢『公害被害放置の社会学:イタイイタイ病・カドミウム問題の歴史と現在』東信堂, 27-52.

————, 2007b,「イタイイタイ病をめぐる被害構造と放置」飯島伸子・渡辺伸一・藤川賢『公害被害放置の社会学:イタイイタイ病・カドミウム問題の歴史と現在』東信堂, 277-304.

————, 2008,「廃棄物問題における沈静化と再燃の関係:公害問題の関連と比較」

『明治学院大学社会学・社会福祉学研究』129: 177-201.
――――・渡辺伸一, 2006,「公害病を否定する政治:現在に続く『まきかえし』」飯島伸子・渡辺伸一・藤川賢『公害被害放置の社会学:イタイイタイ病・カドミウム問題の歴史と現在』東信堂, 53-119.
藤田弘之, 2006,「自生的消費者グループの環境学習:食品公害をなくす会の活動を中心として」『滋賀大学環境総合研究センター研究年報』3: 27-47.
藤原寿和, 2007,「カネミ油症事件における認定制度の問題点と課題」(水俣・カネミ認定と補償救済を問うシンポジウム資料), 非売品.
深田俊祐, 1970,『人間腐蝕:カネミライスオイルの追跡』社会新報.
福岡地方裁判所小倉支部, 1977,「福岡民事訴訟第一審判決(福岡地裁小倉支部昭52.10.5判決)」『判例時報』866: 21-119.
――――, 1978,「カネミ刑事事件第一審判決(福岡地裁小倉支部昭53.3.24判決)」『判例時報』885: 17-112.
――――, 1984,「全国民事訴訟第一陣控訴審判決(福岡地裁小倉支部昭59.3.16判決)」『判例時報』1109:3-146.
――――, 1985,「全国民事訴訟第三陣第一審判決(福岡地裁小倉支部昭60.2.13判決)」『判例時報』1144: 18-66.
福岡高等裁判所, 1986,「カネミ油症損害賠償請求事件控訴審判決(福岡高裁61.5.15)」『判例時報』1191: 28-67.
福武直, 1966,「公害と地域社会」大河内一男編『公害』(東京大学公開講座7) 東京大学出版会, 195-221.
舩橋晴俊, 1998,「環境問題の未来と社会変動:社会の自己破壊性と自己組織性」舩橋晴俊・飯島伸子編『環境』(講座社会学12) 東京大学出版会, 191-224.
――――, 1999,「公害問題研究の視点と方法:加害・被害・問題解決」舩橋晴俊・古川彰『環境社会学入門:環境問題研究の理論と技法』文化書房博文社, 17-54.
――――, 2000,「熊本水俣病の発生拡大過程における行政組織の無責任性のメカニズム」相関社会科学有志『ヴェーバー・デュルケム・日本社会:社会学の古典と現代』ハーベスト社, 130-211.
――――, 2001,「環境問題の社会学的研究」飯島伸子・鳥越皓之・長谷川公一・舩橋晴俊編『環境社会学の視点』(講座環境社会学1) 有斐閣, 29-62.
――――, 2003,「政策科学の諸領域と問題解決の総合性」岡本義行編『政策づくりの基本と実践』法政大学出版局, 3-17.
――――, 2006［1999］,「加害過程の特質:企業・行政の対応と加害の連鎖的・派生的加重」飯島伸子・舩橋晴俊編『新潟水俣病問題:加害と被害の社会学』東信堂, 41-73.
――――・長谷川公一・畠中宗一・勝田晴美, 1985,『新幹線公害:高速文明の社会問題』有斐閣.
――――・古川彰編, 1999,『環境社会学入門:環境問題研究の理論と技法』文化書房博文社.
舩橋晴俊・渡辺伸一, 1995,「新潟水俣病における集団検診の限界と認定診査の欠陥:なぜ未認定患者が生み出されたか」『環境と公害』24 (3) : 54-60.
古江増隆・赤峰昭文・佐藤伸一・山田英之・吉村健清編, 2010,『油症研究II:治療と研究の最前線』九州大学出版会.
古江増隆・三苫千景・内博文, 2000,「油症診断基準改訂(2004年)の経緯」古江増隆・赤峰昭文・佐藤伸一・山田英之・吉村健清編『油症研究II:治療と研究の最前線』九州大学出版会, 99-103.
Goffman, Erving, 1963, *Stigma: Notes on the Management of Spoiled Identity,* New Jersey: Prentice-Hall Inc. (=1970, 石黒毅訳『スティグマの社会学:傷つけられたアイデンティティ』せりか書房.)
———, 1974, *Flame analysis: An Essay on the Organization of Experience,* Boston: Northeastern University Press.
後藤孝典, 1982,『現代損害賠償論』日本評論社.
五島市, 2013,「平成25年度　カネミ油症被害者に対する支援行動計画」五島市.
五島市職員労働組合, 2010,「カネミ油症に関する学習会資料」五島市.
Hall, Jerome, 1973, *Foundation of Jurisprudence,* Indianapolis: The Bobbs-Merrill Company.
原田正純, 2006,「医師から見たカネミ油症被害者の健康被害と克服への道」カネミ油症被害者支援センター編『カネミ油症　過去・現在・未来』緑風出版, 64-104.
———, 2010,『油症は病気のデパート:カネミ油症患者の救済を求めて』アットワークス.
———・高松誠・井上義人・阿部順子, 1977,「カネミ油症(塩化ビフェニール中毒)小児6年後の精神神経学的追跡調査」『精神医学』19: 151-160.
———・堀田宣之・宮崎美代子・境多嘉子ほか, 1982,「起立性調節障害様症状と中毒の関係について:有機水銀, PCB汚染地区の小児の健康調査」『日本体質学雑誌』46: 86-99.
———・浦崎貞子・蒲地近江・荒木千史・上村早百合・藤野糺・下津浦明・津田敏秀, 2006,「カネミ油症事件の現況と人権」『社会関係研究』11 (1-2) : 1-50.
———・浦崎貞子・蒲池近江・田尻雅美・井上ゆかり・堀田宣之・藤野糺・鶴田和仁・瀬藤貴志・藤原寿和, 2011,「カネミ油症被害者の現状:40年目の健康調査」『社会関係研究』16: 1-53.
原田理恵, 1997,「水俣病患者第二世代のアイデンティティ:水俣病を語り始めた『奇病の子』の生活史より」『環境社会学研究』3: 213-227.
林えいだい, 1974,『嗚咽する海:PCB人体実験』亜紀書房.
廣田良夫・片岡恭一郎・廣畑富雄, 2000,「油症患者の追跡検診」小栗一太・赤峰明文・古江増隆編『油症研究:30年の歩み』九州大学出版会, 243-256.

Honneth, Axel, 1992, *Kampf um Anerkennung,* Frankfurt: Suhrkamp. (=2003, 山 本哲・直江清隆訳『承認をめぐる闘争:社会的コンフリクトの道徳的文法』法政大学出版局.)

————, 2003, "Redistribution as Recognition: A Response to Nancy Fraser". N. Fraser and A. Honneth, *Redistribution or Recognition?,* London: Verso, 111-97.

Hoppe, Rob, 1994, "Book Reviews: M. Reich/ Toxic Politics", *Industrial & Environmental Crisis Quarterly,* 8 (4) : 405-409.

堀川三郎, 1997,「『公害で埋め尽くされた街』?」『環境と公害』26 (3) : 62.

————, 1999,「戦後日本の社会学的環境問題研究の軌跡:環境社会学の制度化と今後の課題」『環境社会学研究』5: 211-223.

————, 2012,「環境社会学にとって『被害』とは何か:ポスト3.11の環境社会学を考えるための一素材として」『環境社会学研究』18: 5-26.

堀田恭子, 2002,『新潟水俣病問題の受容と克服』東信堂.

————, 2008,「食品公害問題と行政の役割:長崎県におけるカネミ油症事件を事例に」『立正大学文学部論叢』127: 23-49.

————, 2009,「食品公害問題における社会学的アプローチの検討」『立正大学人文科学研究所年報』47: 25-36.

————・宇田和子, 2014,「カネミ油症政策の現状:長崎県五島市を事例として」『環境と公害』43 (3) : 44-47.

飯島伸子, 1973,「食品災害の日本的構図:安全性を無視する資本の論理」『エコノミスト』36: 53-56.

————, 1976,「わが国における健康破壊の実態:国民・患者サイドから」『社会学評論』26 (3) : 16-35.

————, 1979,「公害・労災・薬害における被害の構造:その同質性と異質性」『公害研究』8 (3) : 57-65.

————, 1993 [1984] ,『環境問題と被害者運動』学文社.

飯尾潤, 2007,『日本の統治構造:官僚内閣制から議院内閣制へ』中央公論新社.

石常巧卓・川合健・藤木英雄, 1974,「森永ドライミルク中毒事件判決と今後の問題点」『ジュリスト』552: 14-29.

石澤春美, 2006,「カネミ油症被害者支援センター (YSC) の取り組み」カネミ油症被害者支援センター編『カネミ油症　過去・現在・未来』緑風出版, 32-48.

————・水野玲子・佐藤禮子・坂下栄, 2006,「YSCの調査活動と資料」カネミ油症被害者支援センター編,『カネミ油症　過去・現在・未来』緑風出版, 129-168.

磯野直秀, 1975,『化学物質と人間:PCBの過去・現在・未来』中公新書.

戒能道孝, 1953,「権利濫用とニューサンス」『法律時報』25 (2) : 99-106.

紙野柳蔵, 1973,『怨怒の民:カネミ油症患者の記録』教文館.

金光克己・水野肇・我妻栄・宮澤俊義・鈴木竹雄, 1970a,「食品公害1」『ジュリスト』442: 15-22.

――――・水野肇・我妻栄・宮澤俊義・鈴木竹雄, 1970b,「食品公害2」『ジュリスト』443: 15-23.
カネミ油症被害者支援センター , 2003,『YUSYO support center News: カネミ油症被害者支援センターだより』4, カネミ油症被害者支援センター .
――――, 2004,『YUSYO support center News: カネミ油症被害者支援センターだより』7, カネミ油症被害者支援センター .
――――編, 2006a,『カネミ油症　過去・現在・未来』緑風出版.
――――編, 2006b,『カネミ油症は終わっていない: 家族票に見る油症被害』カネミ油症被害者支援センター .
――――編, 2012［2011］,『厚生労働省実施「油症患者に係る健康実態調査」検証報告書　最終版』カネミ油症被害者支援センター .
カネミ油症事件原告団・カネミ油症事件弁護団, 1984,「カネミ油症事件資料集1」非売品.
カネミ油症事件全国統一民事訴訟弁護団, 1990,「一陣・三陣の原告の皆さんへ」非売品.
環境庁, 2000［1998］,「環境ホルモン戦略計画SPEED '98」.
加瀬和俊, 2009a,「食品産業史の課題と論点」『戦前日本の食品産業』(東京大学社会科学研究所研究シリーズ32): 1-7.
――――, 2009b,「牛乳供給と衛生行政: 煉乳大企業の市乳業進出過程」『戦前日本の食品産業』(東京大学社会科学研究所研究シリーズ32): 85-102.
加藤邦興, 1974,「鐘淵化学工業と油症事件の性格」『日本の科学者』9(5): 36-43.
――――, 1986,「油症原因事故としての『工作ミス説』: 1. 樋口シナリオを中心として」大阪市立大学経営研究会『経営研究』37(4): 1-16.
――――, 1987a,「油症原因事故としての『工作ミス説』: 2. 汚染食品油の量とPCB濃度」大阪市立大学経営研究会『経営研究』37(5・6): 33-50.
――――, 1987b,「油症原因事故としての『工作ミス説』: 完. 事故調査の方法をめぐって」大阪市立大学経営研究会『経営研究』38(3): 19-36.
加藤八千代, 1989［1985］,『カネミ油症裁判の決着: 隠された事実からのメッセージ』(増補版) 幸書房.
川淵秀毅, 1973,「カネミ油症裁判の報告」『日本の科学者』9(5): 24-30.
川井健, 1978,「カネミ油症事件の二判決について」『判例時報』883: 116-126.
川北稔・成元哲・牛島佳代, 2008,「水俣病補償制度への申請と『病いの体験』: 関西訴訟判決以後の申請行動の背景」『保健医療社会学論集』19(1): 26-37.
川名英之, 1989,『薬害・食品公害』(ドキュメント日本の公害 第3巻) 緑風出版.
――――, 2005,『検証・カネミ油症事件』緑風出版.
彼谷邦光, 2004,『環境ホルモンとダイオキシン: 人間と自然生態系の共存のために』(ポピュラー・サイエンス264) 裳華房.

Kingdon, John W, 1995［1984］, *Agendas, Alternatives, and Public Politics*, New York: Longman.

Kleinman, Arthur, 1988, *the Illness Narratives: Suffering, Healing and the Human Condition*, New York: Basic Books.（＝1996, 江口重幸・五木田紳・上野豪志訳,『病いの語り：慢性の病いをめぐる臨床人類学』誠信書房.）

Kuratsune Masanori, Hidetoshi Yoshimura, Yoshiaki Hori, Makoto Okumura, and Yoshito Masuda eds., 1996, *YUSHO: A Human Disaster Caused by PCBs and related compounds*, Fukuoka: Kyusyu University Press.

小林三衛・小川竹一・佐々木徹彦・片岡直樹, 1987,「自治体による大気汚染公害健康被害救済制度の比較研究: とくに展開と特質について」『法社会学』39: 128-149.

栗原彬, 2003,「水俣病から学ぶ (9) 森永ミルク中毒事件と水俣病事件の比較政治学：『隠蔽と消去』の政治を超えて」『公衆衛生』67 (9) : 689-693.

公害薬害職業病補償研究会, 2009,『公害・薬害・職業病　被害者補償・救済の改善を求めて』東京経済大学学術研究センター.

厚生労働省, 2010,『油症患者に係る健康実態調査結果の報告』.

――――, 2013,「平成25年度健康実態調査実施状況」.

厚生労働省医薬食品局食品安全部企画情報課, 2008,『油症患者に係る健康実態調査の実施について』.

厚生省環境衛生局食品衛生課編, 1972,『昭和43年全国食中毒事件録』.

倉恒匡徳, 2000a,「油症ならびに油症研究の概要」小栗一太・赤峰明文・古江増隆編『油症研究: 30年の歩み』九州大学出版会, 1-8.

――――, 2000b,「結論とその他関連事項」小栗一太・赤峰昭文・古江増隆編『油症研究: 30年のあゆみ』九州大学出版会, 36-43.

粟岡幹英, 1988,「一カネミ油症被害者の経歴と意識」『福岡教育大学紀要』37 (2) : 33-46.

黒坂則子, 2011,「アメリカ・スーパーファンド法と土壌汚染対策」畑明郎編『深刻化する土壌汚染』世界思想社, 184-196.

楠永敏惠, 山崎喜比古, 2002,「慢性の病いが個人誌に与える影響」『保健医療社会学論集』13 (1) : 1-11.

前島芳雄, 1976,『奈留町油症患者の会の分裂について』非売品.

松田政一, 1957,「森永ミルク事件を契機として食品衛生の取締を強化」『時の法令』257: 15-20.

丸山博, 1970,「いわゆる『食品公害』」『ジュリスト』458: 68-72.

丸山定巳, 2000,「水俣病に対する責任」『環境社会学研究』6: 23-38.

松本昌悦, 1966-1969,「公害問題と公害法 (上)」『中京法学』2 (1) : 65-93.

――――, 1966,「公害問題と公害法 (中)」『中京法学』2 (2) : 135-177.

――――, 1969,「公害問題と公害法 (下)」『中京法学』4 (2) : 67-89.

Merton, Robert K, 1949, *Social Theory and Social Structure*, Illinois: The Free Press.（=1961, 森東吾・森好夫・中島竜太郎訳『社会理論と社会構造』みすず書房.）

————, 1967, "On Sociological Theories of the Middle Range," *On Theoretical Sociology: Five Essays, Old and New, Glencoe*, Illinois: The Free Press.（=1969, 森好夫訳「中範囲の社会学理論」森東吾・森好夫・金沢実訳『社会理論と機能分析』(現代社会学大系13) 青木書店, 3-54.）

三上直之, 2005,「市民参加の見取り図:政策形成過程における円卓会議方式を中心に」『千葉大学公共研究』2 (1) : 192-225.

南ひかり, 2010,「森永ヒ素ミルク事件」環境総合年表編集委員会編『環境総合年表:日本と世界』すいれん舎, 332.

三井誠, 1974,「過失犯における予見可能性と個人の監督責任の限界」『ジュリスト』552: 36-40.

三浦耕吉郎, 2004,「カテゴリー化の罠:社会学的〈対話〉の場所へ」好井裕明・三浦耕吉郎編『社会学的フィールドワーク』世界思想社, 201-245.

宮地尚子, 2005,『トラウマの医療人類学』みすず書房.

宮本憲一, 2006,『維持可能な社会に向かって』岩波書店.

宮本憲一・川口清史・小幡範雄編, 2006,『アスベスト問題:何が問われ, どう解決するのか』岩波書店.

宮田秀明, 1999,『ダイオキシン』岩波新書.

水上英徳, 2004,「再分配をめぐる闘争と承認をめぐる闘争:フレイザー／ホネット論争の問題提起」『社会学研究』東北社会学研究会, 76: 29-54.

水野肇, 1970,「新たな公害　危険食品:食品公害の原因と解決策」『自由』12 (2) : 200-205.

森永ミルク中毒被害者弁護団, 1974「資料　森永ミルク中毒事件の経緯と現状」『ジュリスト』552: 41-46.

森永ミルク事後調査の会, 1972,「住民とともに歩む一つの姿勢:"14年目の訪問"をめぐって」『保健婦雑誌』28 (4) : 8-34.

森永ひ素ミルク中毒の被害者を守る会・機関紙「ひかり」編集委員会編, 2005,『森永ひ素ミルク中毒事件:事件発生以来50年の闘いと救済の軌跡』非売品 (飯島伸子文庫所収).

森永ミルク中毒のこどもを守る会, 1972,『恒久対策確立のために:昭和47年運動方針より』非売品 (飯島伸子文庫所収).

森岡清美, 1993,『決死の世代と遺書:太平洋戦争末期の若者の生と死』(補訂版), 吉川弘文館.

森島昭夫, 1978,「サリドマイド『いしずえ』, 森永ヒ素ミルク中毒『ひかり協会』設立後三年間の経験」『ジュリスト』656: 66-73.

————, 1982,「食品関連業者の責任と裁判例の動向 (1)」『自由と正義』33 (2) :12-19.

森千里, 2002,『胎児の複合汚染: 子宮内環境をどう守るか』中公新書.
長山淳哉, 2005,『コーラベイビー :あるカネミ油症患者の半生』西日本新聞社.
————, 2010a,「胎児性油症の原因物質もポリ塩化ダイベンゾフラン」古江増隆・赤峰昭文・佐藤伸一・山田英之・吉村健清編『油症研究II: 治療と研究の最前線』九州大学出版会, 89-95.
————, 2010b,「玄米発酵食品の摂取による油症原因物質の対外排泄促進」古江増隆・赤峰昭文・佐藤伸一・山田英之・吉村健清編『油症研究II: 治療と研究の最前線』九州大学出版会, 228-235.
中島貴子, 2003,「カネミ油症事件の社会技術的再検討:事故調査の問題点を中心に」『社会技術研究論文集』1: 25-37.
————, 2004,「食品安全をめぐるディスコミュニケーション:食品安全委員会への提言」『社会技術研究論文集』2 (0) , 321-330.
————, 2005,「森永ヒ素ミルク中毒事件50年目の課題」『社会技術研究論文集』3: 90-101.
————, 2007,「食品のリスク評価と専門知の陥穽に関する歴史的考察:森永ヒ素ミルク中毒事件を中心に」『日本の科学者』42 (5) : 10-15.
中村亮, 1971,「食品公害:カドミウムを中心にして」『調理科学』4 (4) : 185-190.
波平恵美子, 1994,『医療人類学入門』朝日選書.
Nestle, Marion, 2002, *Food Politics: How the Food Industry Influences Nutrition and Health* (California Studies in Food and Culture, 3) , Berkley: University of California Press. (=2005, 三宅真季子・鈴木眞理子訳『フード・ポリティクス:肥満社会と食品産業』新曜社.)
————, 2003, *Safe Food: Bacteria, Biotechnology, and Bioterrorism* (California Studies in Food and Culture, 5) , Berkley: University of California Press. (=2009, 久保田裕子・広瀬珠子訳『食の安全:政治が操るアメリカの食卓』岩波書店.)
日本医師会会員の倫理・資質向上委員会, 2008,『医師の職業倫理指針　改訂版』日本医師会.
日本経済調査協議会編, 1966,『日本の食品工業』至誠堂.
西原春夫, 1974,「信頼の原則と予見可能性:食品事故と交通事故とを対比させつつ」『ジュリスト』552: 30-35.
西村雅宏, 2002,『保健所の片隅から:ある食品係長の実践録』葦書房.
西住昌裕, 2000,「PCBs, PCDFs, PCDDsならびに関連化学物質の毒性」小栗一太・赤峰昭文・古江増隆編『油症研究:30年のあゆみ』九州大学出版会, 77-90.
庭田範秋, 1975,「わが国とイギリスにおける食品公害保険の検討」『三田商学研究』18 (3) : 14-26.
小栗一太・赤峰昭文・古江増隆編, 2000,『油症研究:30年のあゆみ』九州大学出版会.
岡崎哲夫, 1977,「民事訴訟の展開と不売買運動:たたかいの実情」森永砒素ミルク闘争

二十年史編集委員会編,『森永砒素ミルク闘争二十年史』医事薬業新報社, 148-153.

岡崎幸子, 1977,「守る会・光を求めて二十年」森永砒素ミルク闘争二十年史編集委員会編『森永砒素ミルク闘争二十年史』, 医事薬業新報社, 24-47.

大崎規矩夫, 1970,「『食品公害』について」『学報』6: 117-119.

尾崎寛直・除本理史・堀畑まなみ・神長唯・関耕平, 2005,「大気汚染公害『未認定』患者の被害実態と福祉的課題:東京における調査から」『環境と公害』34 (4) : 46-53.

Parsons, Talcott, 1951, *The Social System*, New York: The Free Press. (=1974, 佐藤勉訳『社会体系論』青木書店.)

Peyrot, Mark, James Mcmurry and Richard Hedges, 1987, "Living with Diabetes: The Role of Personal and Professional knowledge in Symptom and Regimen Management", *Research in the Sociology of Health Care*, 6: 107-146.

Putnam, Hilary, 2002, *The Collapse of the Fact/Value Dichotomy*, Cambridge: Harvard University Press. (=2011 [2006], 藤田晋吾・中村正利訳『事実/価値二分法の崩壊』法政大学出版局.)

Reich, R. Michael, 1991, *Toxic Politics: Responding to Chemical Disasters,* Ithaca: Cornell University Press.

Roberts, Paul, 2008, *The End of Food,* Boston: Houghton Mifflin. (=2012, 神保哲生訳『食の終焉:グローバル経済がもたらしたもうひとつの危機』ダイヤモンド社.)

齋藤邦吉, 1975,『福祉の礎:厚生大臣二年間の記録』欅書房.

齋藤邦吉伝記刊行会編, 1996,『清和:齋藤邦吉伝』雇用問題研究会.

斎藤昇先生追悼録刊行会編, 1977,『斎藤昇先生追悼録』斎藤昇先生追悼録刊行会.

佐々木博子, 1976,『化石の街』望郷出版社.

笹間愛史, 1979『日本食品工業史』東洋経済新報社.

佐藤郁哉, 1991,「主体と構造:トマスおよびズナニエツキの『状況の定義』論をめぐって」『社会学評論』41 (4) : 346-59, 481.

Schütz, Alfred, 1932, *Der Sinnhafte Aufbau der Sozialen Welt,* Wien: Springer Verlag. (=1982, 佐藤嘉一訳,『社会的世界の意味構成』木鐸社.)

盛山和夫, 1995,『制度論の構図』創文社.

関礼子, 2003,『新潟水俣病をめぐる制度・表象・地域』東信堂.

————, 2004,「環境社会学の研究動向: 2001年から2003年を中心に」『社会学評論』55 (4) : 514-30.

下田守, 2007,「カネミ油症の被害と人権侵害の広がり」『下関市立大学創立50周年記念論文集』: 93-106.

————, 2009,「事件名　カネミ油症」公害薬害職業病補償研究会『公害・薬害・職業病　被害者補償・救済の改善を求めて』東京経済大学学術研究センター, 44-59.

――――, 2010,「油症患者の分布と認定状況より」カネミ油症40年記念誌編さん委員会編『回復への祈り：カネミ油症40年記念誌』五島市, 104-107.

品川邦汎, 2010,「わが国の食中毒の歴史：特に, 微生物食中毒を主体に」『食品衛生学雑誌』51 (6) : 274-278.

塩田隆, 2005,「自主的グループ活動」森永ひ素ミルク中毒の被害者を守る会・機関紙「ひかり」編集委員会編, 2005,『森永ひ素ミルク中毒事件：事件発生以来50年の闘いと救済の軌跡』非売品（飯島伸子文庫所収）, 178-183.

塩田隆・平松正夫, 2012,「森永ひ素ミルク中毒事件」公害薬害職業病補償研究会『公害・薬害・職業病　被害者補償・救済の道を求めて：制度比較レポート第2集』公害薬害職業病補償研究会, 28-57.

白木博次, 2001,『全身病：しのびよる脳・内分泌系・免疫系汚染』藤原書店.

Shiva, Vandana, 1997, *Biopiracy: The plunder of Nature and Knowledge*, Cambridge: South End Press.（=2002, 松本丈二訳『バイオパイラシー：グローバル化による生命と文化の略奪』緑風出版.）

――――, 2000, *Stolen Harvest: The Hijacking of the Global Food Supply*, Cambridge: South End Press.（=2006, 浦本昌紀監訳『食糧テロリズム：多国籍企業はいかにして第三世界を飢えさせているか』明石書店.）

成元哲, 2003,「承認をめぐる闘争としての水俣病運動」『大阪経済法科大学アジア太平洋研究センター年報』1: 9-14.

Sontag, Susan, 1978, *Illness as Metaphor*, New York: Farrar, Straus and Giroux.（=2006［1992］, 富山太佳夫訳『隠喩としての病い　エイズとその隠喩』みすず書房.）

――――, 1989, *Aids and Its Metaphor*, New York: Farrar, Straus and Giroux.（=2006［1992］, 富山太佳夫訳『隠喩としての病い　エイズとその隠喩』みすず書房.）

Strauss, Anselm L., Corbin F. Glaser and Maines S. Wiener, 1984［1975］, *Chronic Illness: And the Quality of Life*, Saint louis: The C. V. Mosby Company.（=1987, 南裕子監訳『慢性疾患を生きる：ケアとクォリティ・ライフの接点』医学書院.）

Sudnow, David, 1967, *Passing On: The Social Organization of Dying*, Englewood Cliffs: Prentice Hall.（=1992, 岩田啓靖・志村哲郎・山田富秋訳『病院でつくられる死』せりか書房.）

庄司光・宮本憲一, 1964,『恐るべき公害』岩波書店.

東海林吉郎・菅井益郎, 1985,「砒素ミルク中毒事件」宇井純編『技術と産業公害』国際連合大学, 71-96.

高峰有三, 1972,『PCBの知識』カルチャー出版社.

竹内敬二・安田朋起, 2006［2005］,「メディアからみたアスベスト問題」森永謙二編『アスベスト汚染と健康被害　第2版』日本評論社, 193-208.

田尻宗昭, 1985,『羅針盤のない歩み：現場に立って考える』東研出版.

田中昌人・北條博厚・山下節義編, 1973,『森永ヒ素ミルク中毒事件：京都からの報告』

ミネルヴァ書房.
谷洋一・久保田好生, 2009,「水俣病」公害薬害職業病補償研究会『公害・薬害・職業病制度比較レポート集』東京経済大学学術研究センター , 6-27.
立石裕二, 2011,『環境問題の科学社会学』世界思想社.
Thomas, W. I and F. Znaniecki, 1974 [1927], *The Polish Peasant in Europe and America*, New York: Octagon Books. (=1983, 桜井厚抄訳『生活史の社会学:ヨーロッパとアメリカにおけるポーランド農民』御茶の水書房.)
徳島地方裁判所, 1974,「いわゆる森永ドライミルク中毒事件差戻後第一審判決要旨」(徳島地方裁判所昭48・11・28)『ジュリスト』552: 47-57.
止めよう!ダイオキシン汚染・関東ネットワーク, 2000,『今なぜカネミ油症か:日本最大のダイオキシン被害』止めよう!ダイオキシン汚染・関東ネットワーク.
戸田清, 1992,「検証・昭和電工食品公害事件:組換えDNA技術製品による初の健康被害」『技術と人間』21 (12) : 74-88.
友澤悠季, 2007,「『被害』を規定するのは誰か:飯島伸子における『被害構造論』の視座」『ソシオロジ』51 (3) : 21-37.
鳥越皓之, 2004,『環境社会学:生活者の立場から考える』東京大学出版会.
津田敏秀, 2004,『医学者は公害事件で何をしてきたのか』岩波書店.
————, 2006,「疫学者から見た『カネミ認定』の誤りとあるべき姿」カネミ油症被害者支援センター編『カネミ油症　過去・現在・未来』緑風出版, 106-127.
常石敬一, 2000,『化学物質は警告する:「悪魔の水」から環境ホルモンまで』洋泉社.
津留﨑直美, 2008,「大阪空港騒音問題」小田康徳編『公害・環境問題史を学ぶ人のために』世界思想社, 139-145.
宇田和子, 2010a,「カネミ油症事件の発生前史:油症事件の前提を成す事実をめぐる考察」『法政大学大学院紀要』64: 147-156.
————、2010b,「公害問題の派生的問題をめぐる定義の検討:カネミ油症事件における仮払金返還問題の『状況の定義』」『環境をめぐる公共圏のダイナミズム:中範囲の規範理論をめざして』(2007-2010科学研究費補助金・基盤研究 (A) 研究成果報告書, 課題番号19203027, 研究代表者:舩橋晴俊) 5: 83-96.
————, 2010c,「『我們』的複數性:油症『問題』是什麼?」. (=2010, 馮啟斌訳「われわれの複数性:油症問題とはなにか」)『文化研究』10: 220-223.
————, 2011,「食品公害という問題認識:カネミ油症被害のおかれた制度的狭間の示唆」『日本及びアジア・太平洋地域の環境問題、環境運動、環境政策の比較環境社会学的研究』(2007-2010年度科学研究費補助金・基盤研究 (B) 研究成果報告書, 課題番号19330115, 研究代表者:寺田良一) : 107-122.
————, 2012a,「カネミ油症事件における『補償制度』の特異性と欠陥:法的承認の欠如をめぐって」『社会学評論』249: 53-69.
————, 2012b,「『状況の定義』の共振がもたらす政治的機会」池田寛二・堀川三郎・長谷部俊治編『環境をめぐる公共圏のダイナミズム:公共圏への運動的介

入と政策形成』, 法政大学出版局, 113-136.
宇井純, 1974,『公害原論』(補巻III), 亜紀書房.
内博文・徳永章二・三苫千景・古江増隆, 2010,「油症に対する漢方治療」古江増隆・赤峰昭文・佐藤伸一・山田英之・吉村健清編『油症研究II: 治療と研究の最前線』九州大学出版会, 221-227.
渡辺正・林俊郎, 2003,『ダイオキシン: 神話の終焉』日本評論社.
Weber, Max, 1947, Wirtschaft und Gesellschaft, *Grundriss der Sozialökonomik III*. Abteilung, Tübingen: J.C.B.Mohr, 650-678. (=1958, 阿閉吉男・脇圭平訳『官僚制』角川書店.)
Willis, Paul E, 1977, *Learning to Labour: How Working Class Kids Get Working Class Jobs*, New York: Columbia University Press. (=1996, 熊沢誠・山田潤訳『ハマータウンの野郎ども: 学校への反抗 労働への順応』ちくま書房.)
山本繁, 1993,「森永ひ素ミルク中毒事件と公衆衛生的課題」第24回自治体に働く保健婦のつどい実行委員会編『私憤から公憤への軌跡に学ぶ』せせらぎ出版, 7-38.
山田卓生, 1986,「カネミ油症福岡高裁判決と製造物責任」『ジュリスト』866: 50-56.
山下節義・土井真, 1975,「森永ミルク中毒事件におけるいわゆる未確認被害者問題について」『日本衛生学雑誌』29 (6) : 568-580.
柳田友道, 1996,『食をとりまく環境: 歴史に学ぶ健康とのかかわり』学会出版センター.
矢野トヨコ, 1987,『カネミが地獄を連れてきた』葦書房.
矢野トヨコ追悼文集刊行会, 2010,『矢野トヨコ　かく生きたり: ある油症被害者の歩み』アットワークス.
安川一, 1987,「外見と自己:『状況の定義』をめぐって」山岸健編『日常生活と社会理論: 社会学の視点』慶応通信, 87-112.
除本理史, 2005,「大気汚染公害における『未認定』問題」『東京経大学会誌』241: 117-33.
吉田勉, 1975,「食品公害と新聞報道」『新聞研究』286: 20-24.
吉兼秀夫, 1986,「災害・公害」大橋薫・高橋均・細井洋子編『社会病理学入門』有斐閣, 234-250.
吉野高幸, 1984,「食品公害と被害者救済制度: カネミ油症事件との関係で」『あすの農村』111: 35-39.
――――, 2010,『カネミ油症: 終わらない食品被害』海鳥社.
全国油症治療研究班・追跡調査班, 2005,
全森永労組, 1971,「"森永ミルク事件"と全森永労組: 食品公害と発生源組合の悩み」『労働経済旬報』823: 20-24.

〈証言・調書〉 注：括弧内は1968年2月当時の役職.

別府証言: (小倉中央保健所監視課食品獣疫係) カネミ油症事件全国統一民事訴訟1975年6月26日証言.

保野証言:（国立予防衛生研究所食品衛生部主任研究官）カネミ油症事件全国統一民事訴訟1982年9月22日証言.
森本証言:（農林省畜産局栄養部長）カネミ油症事件全国統一民事訴訟1979年10月29日証言.
野津証言:（厚生省環境衛生局食品衛生課長）カネミ油症事件全国統一民事訴訟1975年9月25日証言.
矢幅証言:（福岡肥飼料検査所飼料課長）カネミ油症事件全国統一民事訴訟1979年9月17日証言.

謝　辞

本研究は、筆者が法政大学大学院政策科学研究科博士課程在学中に、多くの方々のご指導とご協力に支えられてなしえたものである。

なによりもまず、本研究の趣旨をご理解いただき、調査にご協力いただいたすべての方々に心から感謝申し上げたい。

お名前を出すことは控えるが、さまざまな思いを乗り越えて口を開いてくださった福岡県北九州市、福岡県福岡市、長崎県五島市、長崎県西彼杵郡、長崎県諫早市、広島県広島市、広島県安芸高田市、高知県高知市、東京都豊島区、栃木県那須郡のカネミ油症被害者の皆さんの語りなくしては、本研究の問題意識が育てられ、鍛えられることはなかった。いくらことばを重ねても感謝の意を表しきれない。

石澤春美さん、伊勢一郎さん、大久保貞利さん、佐藤禮子さん、藤原寿和さんをはじめとするカネミ油症被害者支援センターの皆さんには、調査対象者をご紹介いただくとともに、その実践から支援の意味を教わった。保田法律事務所の保田行雄先生、仲千穂子さん、弁護士吉野高幸法律事務所の吉野高幸先生、小倉南法律事務所の高木健康先生には、裁判資料をご提供いただき、法学的論点をご教示いただいた。

長崎県県民生活部生活衛生課、五島市役所本庁健康政策課、五島市役所奈留支所福祉保健課、五島市役所玉之浦支所市民課、北九州市役所保健福祉局保健衛生課の担当者の方々からは、自治体ごとの特色あふれる救済の成果と課題を学んだ。故・原田正純先生には、患者の自主検診や裁判での証言におけるお姿から、専門家の役割について教えていただいた。ここにお名前を挙げることのできなかった支援者、専門家、報道関係者の方々にも、記して謝意を表したい。

また本書の執筆の過程では、多くの先生方のご指導をいただいた。とりわけ法政大学の故・舩橋晴俊先生と立正大学の堀田恭子先生には、厚く御礼申し上げたい。

舩橋晴俊先生には、学部から博士課程まで、指導教授として社会学という学問の理論と実証の両面にわたって丁寧にご指導いただいた。先生の教えによってこそ、筆者の学問的構えが形成され、社会問題に対する関心と多くの潜在的可能性が目覚め、伸ばされることができた。政治的な問題であるカネミ油症を研究対象とすることにはさまざまな意見があったが、先生はつねに背中を押してくださった。また本書の出版のためにお取り計らいいただいた。

堀田恭子先生には、長崎県というカネミ油症のフィールドに導いていただき、現地で調査を進める過程で、データの扱い方や思いがけない反応が返ってきたときの受け止め方など、社会調査の基本的姿勢を教えていただいた。筆者が単独で調査を行うようになってからも、論考の作成や文献資料の読み解きにあたって多くの示唆を与えてくださった。

さらに法政大学の田中充先生、明治大学の寺田良一先生には、博士論文の審査の過程で有益なコメントをいただき、それによって本研究の意図はより明確になり、今後の展望が広がった。とくに寺田良一先生には、大学院ゼミや研究会でも重要なご指摘をいただくことができた。

法政大学大学院政策科学研究科においては、池田寛二先生、島本美保子先生、長谷部俊治先生、堀川三郎先生に、多様なディシプリンからご指導いただいた。とりわけ堀川三郎先生には、大学院ゼミや小樽の街並み保存調査に参加する機会をいただき、お世話になった。研究科の外でも、社会学研究科の三井さよ先生には、本研究が向くべき方向について助けとなるコメントをいただいた。また立命館大学生存学研究センターの栗原彬先生からは、当時明治大学大学院のゼミにおいて社会問題を論じるための人間論的な視座と表現を教わった。それぞれのゼミで出会うことのできた先輩や後輩をはじめとする院生仲間との議論では、多くの気づきを得ることができた。

このような多彩な学恩に恵まれたことに、深甚なる感謝の意を表したい。

本書は、2013年2月に法政大学に提出した博士論文「食品公害と被害者救済――カネミ油症事件の被害と政策過程」に加筆修正したものである。出版にあたっては、日本学術振興会平成26年度科研費補助金（研究成果公開促進費・課題番号265176）の助成を受けた。当時非常勤講師だった筆者が本補助金に申請できたのは、法政大学サステイナビリティ研究所の計らいがあったからである。福岡工業大学で常勤職を得てからは、同大学総合研究機構の助力を得た。また、掲載写真の一部を写真家の河野裕昭さんと保田法律事務所よりご提供いただいた。最後になるが、この出版は東信堂の下田勝司さんのご尽力があってこそ可能となった。本書の出版にご協力いただいた方々に心より感謝申し上げたい。

この研究を進める過程で、聞き取りをした一人の患者さんが10年以上にわたる闘病生活を経て亡くなった。さらには、『公害原論』を通じて筆者に初めてカネミ油症の存在を教えてくださった宇井純さん、長崎県五島における自主検診への同行をお許しくださった原田正純先生、そして筆者にとっての学問的父である舩橋晴俊先生をも見送ることになってしまった。

人の命に限りがなければ、われわれはたとえ難しい病いに冒されたとしても、いつか実現するであろう治療法の解明をまつことができる。しかし、いかにしても命は有限で、それは不可能である。そうであれば、病いを患いながら、あるいは大切な人を喪いながら生きる日々の生活を、医療はもとより、政治、司法、制度、政策、周囲の人びととの関係において回復させることがわれわれに残された道である。

命は有限であると同時に、未来へ引き継がれていくものでもある。二世、三世患者、さらにその次世代が生きる社会に希望を紡ぎたい。

2015年2月1日

宇田　和子

付属資料

1　本書と既発表論文の対応

2　調査一覧

3　カネミ油症事件年表（1881-2010）

1　本書と既発表論文の対応

本書における記述と既発表論文の関係は次のとおりである。

付属表１　本書と既発表論文の対応関係

本論文	既発表論文
第２章　食品公害という問題認識の必要性	宇田和子，2011,「食品公害という問題認識：カネミ油症被害のおかれた制度的狭間の示唆」『日本及びアジア・太平洋地域の環境問題、環境運動、環境政策の比較環境社会学的研究』(2007-2010年度科学研究費補助金・基盤研究(B) 研究成果報告書, 課題番号19330115, 研究代表者：寺田良一): 107-122. に加筆修正。
第３章　油症をめぐる医学的・化学的知見の整理	宇田和子，2008,「カネミ油症問題における行政組織の問題放置のメカニズム」2007年度法政大学政策科学研究科修士論文より抜粋、修正。
第４章　なぜ油症が起きたのか	宇田和子，2010a,「カネミ油症事件の発生前史：油症事件の前提を成す事実をめぐる考察」『法政大学大学院紀要』64: 147-156. に加筆修正。
第６章　なぜ被害者は沈黙したか	宇田和子，2010b,「公害問題の派生的問題をめぐる定義の検討：カネミ油症事件における仮払金返還問題の『状況の定義』」『環境をめぐる公共圏のダイナミズム：中範囲の規範理論をめざして』(2007-2010科学研究費補助金・基盤研究(A)研究成果報告書, 題番号19203027, 研究代表者：舩橋晴俊) 5: 83-96. および、宇田和子，2012b,「『状況の定義』の共振がもたらす政治的機会」池田寛二・堀川三郎・長谷部俊治編『環境をめぐる公共圏のダイナミズム：公共圏への運動的介入と政策形成』, 法政大学出版局，113-136. を統合修正。

第９章	油症「認定制度」の特異性と欠陥	宇田和子, 2012a,「カネミ油症事件における『補償制度』の特異性と欠陥：法的承認の欠如をめぐって」『社会学評論』249: 53-69.に加筆修正。
第10章	食品公害の被害軽減政策の提言	宇田和子, 2010c,「『我們』的複數性：油症『問題』是什麼？」(＝2010, 馮啟斌訳「われわれの複数性：油症問題とはなにか」)『文化研究』10: 220-223.を大幅に加筆、宇田和子, 2008,「カネミ油症問題における行政組織の問題放置のメカニズム」2007年度法政大学政策科学研究科修士論文より抜粋、修正。

2　調査一覧

《凡例》

1. 居住地、所属、肩書きは当時のもの。人名のみの表記はヒアリング調査を指す。これらのほかにインフォーマルな懇親会への参加、書簡や電話によるやり取りがあるが、すべて省略する。
2. ある程度の日数のまとまりをもった調査は、山括弧で地名を冠した調査名を記す。
3. 2007年度までは基本的に堀田恭子氏との共同調査で、2008年度以降は単独調査。

2006年度

〈東京プレ調査〉

6月5日　カネミ油症被害者支援センター共同代表佐藤禮子氏
7月3日　カネミ油症被害者支援センターによる厚生労働省への交渉に随行
同月以降　カネミ油症被害者支援センターにおける資料整理とコピー
8月14日　人権救済申し立ての代理人BB弁護士

〈長崎調査〉

9月7日　長崎県庁県民生活部生活衛生課食品乳肉衛生班課長、主事
　　長崎市在住の認定患者W氏
8日　長崎市在住の当時からの支援者であり専門家のFF氏
9日　諫早市在住の認定患者T氏
10日　長崎市在住の認定患者K氏

9月24日　「カネミ油症被害者東京大会」参加（東京・御茶ノ水）
25日　「カネミ油症被害者の救済を実現する院内集会」参加（東京・霞ヶ関）
12月27日　統一民事弁護団事務局長CC弁護士（福岡・北九州）
2月6日　統一民事弁護団事務局長CC弁護士（東京・弁護士会館）

〈五島調査〉

2月26日　五島市役所奈留支所福祉保健課課長、保健係
　　五島市在住の新聞記者PP氏
27日　五島市役所本庁健康政策課課長、保健予防係
　　五島市役所玉之浦支所支局長、市民課課長
28日　五島市在住の認定患者C氏

〈北九州調査〉

3月29－30日　当時の裁判資料をコピー（福岡・北九州第一法律事務所）

2007年度

〈熊本・北九州調査〉

5月28日　原田正純医師（熊本・熊本学園大学）

5月29日－6月2日　当時の裁判資料をコピー（福岡・北九州第一法律事務所）

6月6日　統一民事弁護団事務局長CC弁護士（東京・弁護士会館）

6月19日－22日　当時の裁判資料をコピー（福岡・小倉南法律事務所）

6月24日　水俣・カネミ　認定と補償救済を問うシンポジウム参加（東京・御茶ノ水）

2008年度

5月26日　カネミ油症被害者支援センターの運営委員会に出席。以後、毎月参加。

〈長崎・高知調査〉

7月20日　「カネミ油症被害者支援センター健康実態調査説明キャラバン」参加（長崎・長崎市）

21日　「カネミ油症被害者支援センター健康実態調査説明キャラバン」参加（高知・高知市）

11月27日　カネミ油症新認定裁判第1回口頭弁論傍聴（福岡・小倉）

2009年度

5月14日　カネミ油症新認定裁判第3回口頭弁論傍聴（福岡・小倉）

〈北九州調査〉

7月13日　統一民事弁護団事務局長CC弁護士
当時の裁判資料をコピー（福岡・小倉南法律事務所）

14日　北九州市在住の認定患者EE氏
北九州市在住の認定患者A氏

15日　北九州市在住の認定患者N氏
北九州市在住の認定患者U氏
北九州市在住の認定患者A氏

16日　北九州市在住の新認定患者JJ氏

〈北九州・五島・長崎調査〉

8月6日　カネミ油症新認定裁判第4回口頭弁論傍聴（福岡・小倉）
7日　当時の裁判資料をコピー（小倉南法律事務所）
8日　原田正純医師ら自主検診団による自主検診に随行（長崎・五島市）
五島市在住の認定患者Q氏
五島市在住の未認定患者QQ氏
9日　原田正純医師ら自主検診団による自主検診に随行
10日　長崎市在住の認定患者J氏
長崎市在住の認定患者OO氏
12日　長崎市在住の認定患者L氏

〈天神・北九州調査〉

10月7日　「カネミ油症被害者福岡集会」参加（福岡・天神）
8日　カネミ油症新認定裁判第5回口頭弁論傍聴（福岡・小倉）

〈北九州調査〉

12月9日　統一民事弁護団事務局長CC弁護士
10日　統一民事弁護団弁護士AA弁護士
カネミ油症新認定裁判第6回口頭弁論傍聴（福岡・小倉）

12月26日　科学技術社会論者の中島貴子氏、台湾油症を研究する歴史学者の戸倉恒信氏（愛知・名古屋市）
1月24日　「カネミ油症被害者の救済を求めて！ナガサキ大集会」参加（長崎・長崎市）

〈広島調査〉

3月14日　「カネミ油症被害者の救済を求めて！広島集会」参加（広島・広島市）
安芸高田市在住の認定患者KK氏
広島市在住の未認定患者（同年に認定）HH氏
15日　広島市在住の患者遺族V親子
広島市在住の認定患者B氏
広島市在住の新認定患者S氏
16日　広島市在住の認定患者O夫妻
広島市在住の認定患者RR氏
17日　広島市在住の新認定患者R氏
18日　広島市在住の認定患者P氏

2010年度

4月8日　カネミ油症新認定裁判第7回口頭弁論傍聴（福岡・小倉）
10月16日　「10・16カネミ東京大集会」参加（東京・永田町）
11月3日　認定患者Z氏の告別式参列（栃木・大田原市）

2011年度

〈北九州調査〉
8月31日　北九州市役所保健福祉局保健衛生課
9月1日　カネミ油症新認定裁判第15回口頭弁論傍聴（福岡・小倉）
カネミ油症新認定裁判原告弁護団会議傍聴
2日　筑紫郡那在住の未認定患者SS氏

12月4日　認定患者Z氏の一周忌法要（栃木・那須）

2012年度

〈北九州調査〉
8月29日　「新認定裁判勝利とカネミ油症全被害者の救済を求めて！小倉集会」参加（福岡・小倉）
30日　被害者によるカネミ倉庫への要望書提出に随行
カネミ油症新認定裁判最終弁論傍聴（福岡・小倉）

付属表2　調査対象者の属性一覧

性別

男性	女性	計
32	23	55

（人）

立場

行政組織	被害者	患者遺族	支援者	専門家	報道関係者	計
9 (5部局)	26	3	6	7	4	55

（人）

被害者26人の居住県

福岡県	長崎県	広島県	高知県	東京都	計
6	7	10	2	1	26

（人）

3 カネミ油症事件年表（1881-2010）

《凡例》

1. 文献によって異なるデータが存在し、いずれが正確か判断できない場合は※印で並記する。
2. 肩書き、居住地等は当時のもの。公人、専門家、運動の代表者等を除き名前は姓名の頭文字をローマ字で表記する。

社会状況・食品汚染・環境汚染	被害者・支援者	企業・財界	政府・自治体	医学者・専門家
――油症発生前史――				
1800年代				
1881 ドイツの化学者シュミットとシュルツによってPCBが合成される。その有用性が気づかれるのは半世紀近く後(5)(7)。				1889 塩素製造工場の労働者に特異な黒いにきびが出ることが判明、ホルクスハイマーがクロルアクネと名付ける(5)。
1900-1960年				
1918 クロルアクネは有機塩素化合物に曝露することによって発症することが明らかになる(5)。				
1929 アメリカのスワン社がPCBの製造開始。用途が拡大される(5)(13)。				1931-1932 PCBの人体への影響として塩素ざそうや消化器障害の症状が認められ、3人の死亡者例が報告される(5)。
		1949.7.17 カネミ倉庫の前身である九州精米が搾油機を火災で焼失。以来製油業を休止(1)。		1949.11.10 野村茂が『労働科学』25巻7号でPCBの毒性に関する論文を発表(7)。

1950　日本でPCBの輸入開始(7)。				1951　野村茂がPCP工場の労働者に塩素ざそう、肝障害、胃潰瘍、十二指腸潰瘍、神経症状を発見、死亡例を報告(5)。
1953　この年に日本で製造されたPCBは200トン、輸入が30トン(5)。				1953　野村茂が化成品工業協会安全衛生委員会に「有害な化学物質一覧表」を提出。PCBによって塩素ニキビや肝臓障害が起こることを指摘(7)。
1954　ビキニ環礁付近で操業中の第5福竜丸がアメリカ水爆実験で被災(13)。		1954　鐘化が高砂工業所でPCB「カネクロール」製造開始(3)(9)。国内初のPCB製造(7)。		
1955　森永乳業徳島工場の粉乳からヒ素検出。自由民主党結成(13)。				1955　ワーナー・ブラウンが塩素ざそうを「塩素化された芳香族炭化水素によるざそう様の皮膚の病変を言う」と定義(5)。
		1956.6.1　カネミ倉庫が農林省の指定倉庫に(1)。	1956　厚生省公衆衛生局長は部局内にヒ素醤油事件について添加物を監視するよう通知(野津750925)。	
		1956.9.26　カネミ倉庫が農林省の発券倉庫に(1)。		1956秋 労働科学研究所が日本電気工業会、化成品工業協会の依頼を受けてPCBの毒性テストおよびPCB使用工場の職業別調査の結果をまとめ、報告書で従業員の定期的な健康診断や職場の空気中PCB濃度の測定を要望(7)。

社会状況・食品汚染・環境汚染	被害者・支援者	企業・財界	政府・自治体	医学者・専門家
1957　アメリカの東部と中西部で数百万羽のニワトリの奇病と中毒死が発生(1)(3)。				
1959　この年日本のPCB生産量は1,260トン(5)。三池争議始まる(13)。		1959.8　カネミ倉庫は精麦を廃業(1)。		
1959.11　食品衛生調査会が水俣病の原因は有機水銀化合物と厚生省に答申(13)。		1959.11　カネミ倉庫の搾油業が復活(1)。		
1960-1967年				
1960年代　アメリカの畜産関係専門書に鶏の水腫病が多数報告され、同国のカントレルらによって原因はヘキサクロロベンゾ-P-ダイオキシンと同定される(5)。		1961.4.29　カネミ倉庫が米ぬか油の製造開始。脱臭装置を三和油脂より導入(9)。	1961.8　農林省油脂行政20周年記念式典でカネミ倉庫創設者の加藤平太郎をこめ油工業開発貢献者の第1号に表彰(1)。	
1962　西ドイツでサリドマイド系睡眠薬により肢体の不自由な子どもの出生が問題化。ばい煙排出規制法公布。東京都がスモッグは人体に悪影響と報告(13)。	1962　福岡県の認定患者のうち最も早いケースの者が発症(3)。	1962　加藤八千代がカネミ倉庫の非常勤取締役となる(5)。		
1963.2　北九州市発足(13)。	1963　この頃より北九州、飯塚など各地で油症患者が発生(9)。			
1964.11　スモン病が各地に発生と新聞が報道(13)。		1964.7.29　北九州市の推薦を受け、農林省の指定モデル工場として高松宮両殿下がカネミ倉庫を視察(1)。		
1965　第2水俣病発生。サリドマイド禍の28家族が国と製薬会社を被告に損害賠償を求める集団提訴(13)。				

1966 くさい米事件発生。原因は農薬のBHCと考えられる（1）。この年の日本のPCB生産量は4,480トン（7）。		1966 カネミ倉庫の脱臭係に黒い吹き出物や目やにが発症（9）。		
1967 アメリカで1957年に起きた鶏の水腫病の原因物質が六塩化パラダイオキシンであることが判明（1）。岡山大学の小林純教授らがイタイイタイ病の原因を三井金属神岡工業所の排水と発表。公害対策基本法公布。四日市ぜんそく患者9人が石油コンビナート6社を被告に初の大気汚染公害訴訟提訴（13）。				1967 スウェーデンのイエンセンが環境中にPCBを発見（5）。
1960年代半ば ヨーロッパ諸国やアメリカでPCB汚染が問題化（7）。		1967秋 カネミ倉庫で2号脱臭缶の外筒が腐食、空気漏れ（9）。		
		1967.11末-12.14 カネミ倉庫が2号脱臭缶を運転停止。12月頭に外筒を修理に出す（9）。		
1968年				
1968 この年の日本のPCB生産量は5,130トン（5）。				
1968.1 アメリカ原子力空母エンタープライズが佐世保入港（13）。		1968.1 カネミ倉庫の今津研究室長が食油製造業者にはガスクロ分析機器（TCB）が必要であると認めて購入（1）。		

社会状況・食品汚染・環境汚染	被害者・支援者	企業・財界	政府・自治体	医学者・専門家
		1968.1　カネミ倉庫で鉄工係のGが脱臭缶全缶についていた直読温度計を隔測温度計に取り替える工事。油が直接温度計に触れるようにするために、温度計の保護管の先端部分を脱臭缶のふたを空けないで外筒の卒側から電気溶接棒を保護管に突っ込みアークで穴を空ける(1)。		
		1968.1.29　カネミ倉庫の脱臭缶1号缶の隔測温度計の感度が悪いため、J課長補佐の意見を受けて鉄工係Gが保護管の開孔部分をさらに拡大。脱臭缶のふたを空けずに外筒の卒側から溶接棒を差し込んで作業。このとき溶接棒の先と蛇管が接触、蛇管に穴が空く(1)。		

1968.1.31　カネミ倉庫で水圧テストをせずに6号缶を除く1-5号缶に油を入れて運転開始。全缶とも真空がきかなかったが1号缶の真空を切り離してみると大体正常になることがわかり、HH脱臭係長はK班長に1号缶以外の缶で作業するよう申し送り帰宅。班長は1号缶の汚染油2-3ドラムを回収タンクへ回収。夜勤者であるH、Y、Kが2-6号缶を動かして脱臭を開始するが、Kによると4缶分くらいを再脱臭用受タンクへ回収。このときタンクの総量は10-11ドラム。K班長は油入りカネクロールを捨てて新しいものと取り替えずに約200キログラムのカネクロールを少しずつ補給（1）。	1968.2.1　カネミ倉庫のHH脱臭係長はMY工場長とJ係長補佐が1月31日に1号缶不調の原因調査をしたと聞く。油のオーバーフローがあり、油とカネクロールの混合部分は外筒の底部である飛沫油層に溜まったと考えられる（1）。

社会状況・食品汚染・環境汚染	被害者・支援者	企業・財界	政府・自治体	医学者・専門家
	1968.2-3　鹿児島県のブロイラー団地の飼い主が鶏の奇病を県畜産課に電話で報告(7)。	1968.2　カネミ倉庫の脱臭缶の脱臭温度が上がらず、新しいカネクロールを大量に補給(1)。カネミ倉庫がこの月に製造した油は1.8リットル瓶7,000本(毎日760608)。	1968.2-3　鹿児島県畜産課は鶏の奇病について家畜保健衛生所九州支場に原因究明を依頼。保健所が調査開始(1)。	
	1968.02.07　福岡県大牟田市のKTが福岡油販よりライスオイルを購入、使用開始(朝日681016)。	1968.2.7 カネミ倉庫が汚染されたダーク油を出荷(7)。		
――被害発生期――				
	1968.2中旬　西日本各地で鶏の大量死や産卵の急激な低下が多発(9)。	1968.2.14　7日に続きカネミ倉庫が汚染されたダーク油を出荷(7)。	1968.2.13　小倉の中央保健所監視課の食品衛生監視員・別府三郎がカネミ倉庫を監視(別府証言)。	
1968.2.20　鹿児島県日置郡のブロイラー養鶏団地をはじめとし、西日本の16県317養鶏場で鶏に奇病発生(2)。斃死数は推定190-210万羽(5)。うち斃死は少なくとも40万羽(7)。			1968.2下旬　福岡県農政部は県下家畜保健衛生所に特定銘柄飼料の給与中止を命ず(9)。	
	1968.3　油症の発病が始まり西日本各地で病院を訪れる人が続出(1)(5)。	1968.3　カネミ倉庫で炉の焼付事故(1)。		
	1968.3-4　福岡県田川郡添田町の紙野柳蔵の家族4人が頭痛や手足のしびれなどを訴える(6)。3月末に福岡県大牟田市のKの妻の顔に吹き出物が出るが気に留めず(朝日681016)。	1968.3.5　東急エビスの社員がカネミ倉庫を訪問、MY工場長に面会(1)。		

	1968.3.10　西日本各地で多くの人にさまざまの症状が現れる(9)。	1968.3.9　東急エビス産業がSブロイラーとSチックの生産と出荷を自主的に停止(矢幅証言)。	1968.3.8　家畜保健衛生所九州支場は「ブロイラー大量斃死の原因は中毒である」と報告書をまとめ、鹿児島県畜産課に提出(1)。	
			1968.3.14　鹿児島県畜産家は農林省福岡肥飼料検査所に日置郡のブロイラー団地で原因不明の鶏の斃死事故の多発、原因が配合飼料にあるらしいことを電話報告(1)(7)。	
		1968.3.15　林兼産業の社員がカネミを訪問(1)。東急エビス九州工場の製造課長が福島肥飼料検査所を訪問。肥飼料検査所の矢幅飼料課長は出荷停止と顛末書の停止を求める(矢幅証言)。	1968.3.15　農林省福岡肥飼料検査所は農林省畜産局流通飼料課に鶏の斃死事故を報告(1)(7)。	
1968.3.16ごろ 九州版の新聞がダーク油事件について初めて報道(7)。			1968.3.16　農林省福岡肥飼料検査所と家畜保健衛生所九州支場は東急エビス産業と林兼産業に飼料の回収を命じる(7)(5)。	
			1968.3.18　東急エビス中央研究所でダーク油を用いた動物実験開始。2月7日と2月14日に入荷したダーク油にのみ毒性があると判明(5)。	

社会状況・食品汚染・環境汚染	被害者・支援者	企業・財界	政府・自治体	医学者・専門家
			1968.3.19　農林省福岡肥飼料検査所は林兼産業に顛末書の提出を求める。さらに東急エビス九州工場に鑑定係長を派遣、立ち入り検査、林兼産業資料部製造課長から事情聴取 (1) (矢幅証言)。	
			1968.3.19-20　福岡肥飼料検査所の矢幅飼料課長は鹿児島県畜産課の指示により関連養鶏場や販売店を訪問 (矢幅証言)。	
			1968.3.21　福岡肥飼料検査所は農林省にダーク油事件の状況を報告 (矢幅証言)。	
			1968.3.22　カネミ倉庫に事前の相談の上、農林省福岡肥飼料検査所の飼料課長と係員がカネミ倉庫本社工場に立ち入り検査。ダーク油の出荷状況、ライスオイルの製造工程、ダーク油の生成過程の説明を聞く。加藤社長が「ライスオイルは大丈夫」と発言 (1) (5) (矢幅証言)。	

		1968.3末　東急エビスと林兼産業は被害農家への補償をほぼ完了(9)。	1968.3.25　農林省福岡肥飼料検査所は農林省の指示により同省家畜衛生試験場に関係配合飼料とダーク油の再現試験と原因物質の解明を依頼(1)。さらに農林省の了解を得てカネミ製ダーク油を使用しない条件でSチックとSブロイラーの生産再開を許可(矢幅証言)。	
1968.4.11　地元朝日新聞は林兼産業製の飼料により3月上旬に鶏の斃死事故が発生していたこと、中毒になった鶏は食肉として出荷されなかったこと、ダーク油が原因と思われることを報道(1)。	1968.4月末　福岡県大牟田市のKの妻の身体中に吹き出物。14歳長女と12歳長男も全身にかゆみと吹き出物(朝日681016)。	1068.4.2　農林省福岡肥飼料検査所招集の原因究明打ち合わせ会で、東急エビスと林兼産業が同年2月14日に入荷されたダーク油から作った飼料によって事故が発生していることが判明(1)。	1968.4.2　福岡肥飼料検査所が農林省畜産局長にカネミ倉庫、林兼産業、東急エビスの立入調書を報告(1)。	
	1968.5初旬　福岡県大牟田市のKの手足が痛む。妻の顔や手足がはれる(朝日681016)。	1968.5.15　福岡肥飼料検査所、東急エビス、林兼産業による事故究明会議第2回。再現試験の中間報告を行う(矢幅証言)。		
	1968.5末　福岡県大牟田市のKTの腰の痛み、手足のしびれが激化。不安がつのる(朝日681016)。	1968.5.30　林兼産業が農林省福岡肥飼料検査所福島所長に「配合飼料に関する報告書」提出。「二月米糠ダーク油受払明細書」を添付(1)。		

社会状況・食品汚染・環境汚染	被害者・支援者	企業・財界	政府・自治体	医学者・専門家
1968.6　福岡や長崎を中心として特異な皮膚症状を訴える患者が多数発生(1)。	1968.6　紙野柳蔵家族4人の症状が悪化、やせて体中に吹き出物(7)。Kの視力が一夜で1.0から0.2に低下。妻は手足の爪や吹き出物の跡が黒く変色、腰痛。(朝日681016)。		1968.6　畜産局流通飼料課の鈴木惣八技官が農林省畜産局栄養部長の森本宏にダーク油事件の原因究明について相談(森本証言)。	
	1986.6.7　九大医学部付属病院皮膚科に福岡県在住の3歳女児が受診。樋口教授はざそう様皮疹と診断(5)。		1968.6.14　農林省家畜衛生試験場はダーク油事件について福岡肥飼料検査所に「油脂そのものの変質による中毒」と病性鑑定回答書提出(13)。	
			1968.6.26　農林省畜産局は都道府県に管下の飼料製造会社に配合飼料の品質管理を徹底するよう通達(1)。	
	1968.7　KT一家は開業医を転々とするが、症状は深刻化(朝日681016)。		1968.7.15　日本こめ油工業会中央技術委員会に農林省の福原技官、小華和博士、食品油脂課長補佐らが出席、ダーク油事件の原因について討論(1)。	
	1968.8　福岡県柏谷郡の運転手のMKの上半身を中心に吹き出物(7)。KTの5歳三女の顔に吹き出物(朝日681016)。		1968.8　農林省畜産局内で専門家も交えた非公式の組織「油脂研究会」発足。目的はダーク油事件の原因究明と油脂を使った飼料の品質規格制定。毒性検討を衛生試験場で実施すると決定(森本証言)。	1968.8　九大医学部付属病院皮膚科を18人が受診。集団食中毒で原因は米ぬか油と診断されたが、皮膚科の五島應安は発生届出を出さず(5)。

	1968.8.11　九州電力職員のKTは九大医学部付属病院を受診し似た症状の患者と話す。「原因はライスオイルではないかと思います」と聞く(5)。			
	1968.8.12-月末　KTは、転勤前福岡市の九電社宅で当時油を分けあった社宅居住者の現住所を調べ訪ねる。皆同様に発症しており原因を確信(7)。		1968.8.19　国立予防衛生研究所の保野主任はダーク油から人体被害を想定して農林省流通飼料課の鈴木技官にダーク油を一部分けてほしいと依頼するが、廃棄処分したと拒否される(5)。	
	1968.8月末　KTは自宅にあった米ぬか油の一部を九大医学部付属病院に持参し分析を依頼。返事は来ず(5)。Kは油の使用を中止(朝日681016)。			
1968.9　厚生省は水俣病は新日本窒素肥料の工場が原因と断定。科技庁は阿賀野川水銀中毒事件は昭和電工の工場排水が基盤と発表(13)。		1968.9.28　東急エビスがカネミ倉庫に損害賠償を求め東京地裁に提訴(1)。	1968.9初旬　農林省畜産局内の「油脂研究会」第2回。技術部長のワイルダーに交渉し、チックエディマディジーズについて講演してもらう(森本証言)。	1968.9.7　九大医学部の都外川らが第26回日本皮膚科学学会で報告(9)。
			1968.10　福岡県衛生部が職員を派遣してカネミ倉庫の調査開始(1)。北九州市にも米ぬか油の製造工程の調査を依頼(5)。	1968.10　八幡の市立病院で油症検診(3)。

社会状況・食品汚染・環境汚染	被害者・支援者	企業・財界	政府・自治体	医学者・専門家
	1968.10.3　KTが使用中の米ぬか油を大牟田の保健所に届け出。米油による中毒事件との疑いが持たれ、福岡県衛生部が調査開始、九州大学で油症研究班設立(1)(5)。		1968.10初旬　第3回「油脂研究会」。リーベルマンブッチャルト法ではダーク油事件の原因を解明できず。AOAC法を試してみては、油の変敗ではない、と議論(森本証言)。	
	1968.10.4　大牟田保健所が福岡県衛生部に中毒発生と調査開始を電話で報告(11)。		1968.10.4　大牟田保健所は奇病の発生を福岡県衛生部に連絡(7)。	
	1968.10.8　福岡市在住の朝日新聞西部本社の記者の妻が友人からカネミ油による奇病発生を聞く。同社の事件記者がいっせいに取材開始(7)。		1968.10.8　大牟田保健所が福岡県衛生部に米ぬか油を届け、ライスオイルが原因と推定される患者が九大皮膚科を受診していたと報告(5)(11)。福岡県衛生部は福岡市衛生局に九電社宅の病状調査を指示。また北九州市衛生局にカネミ倉庫の製油過程調査、同様の苦情が来ていないか調査依頼。北九州市はカネミ倉庫に係員を派遣、製造工程と中毒例を調査(11)。	
			1968.10.9　九大病院の五島医師と福岡県衛生部の公衆衛生委員が面接。聴取の結果、他にも同様の患者が来院していると判明(11)。	
1968.10.10　朝日新聞西部本部本社の記者が「西日本一帯に原因不明の奇病発生」と夕刊で報道(1)(3)(5)。			1968.10.10　この日がこの日過ぎに厚生省環境衛生局食品衛生課が油症を認識(野津750925)。	

1968.10.11　前日の朝日新聞のスクープを追い、新聞・テレビ各社はいっせいに奇病発生を報じる。以後連日のようにカネミオイルの中毒ニュースが報道される(5)。朝日新聞は奇病とダーク油事件との関連を報道(7)。		1968.10.11　カネミ倉庫は北九州市から原因がはっきりするまで販売を中止するよう勧告されるが拒否(11)。	1968.10.11　福岡県衛生部は県医師会会長に患者届け出の協力依頼、公衆保険課長を九大病院に派遣、厚生省食品衛生課に中毒の発生を報告、北九州市衛生局と打ち合わせ。北九州市衛生局と衛生研究所はカネミ倉庫に立入調査、採取したサンプルの分析を九大に依頼(7)(11)。	
	1968.10.12　大分県臼杵市福良・50歳の女性会社員が同市市浜の後藤達次郎医師にカネミ油を使っていること、目のかすみを相談、同市田町の元村眼科医院で診察を受け「中心性網膜炎」と診断(大分合同681015)。福岡県で患者約60人が治療を受ける(朝日681012)。		1968.10.12　北九州市衛生局は市医師会に患者の通報を要請。市衛生研究所は油の検査開始(11)。	1968.10中旬　玉之浦町の中学校教諭が吹き出物のある生徒18人を玉之浦診療所へ連れて行く。長大医学部の医局から派遣された吉野医師が油症と確信し保健所に届け出る。保健所所長は記者会見で「誤診」と発表(7)。

社会状況・食品汚染・環境汚染	被害者・支援者	企業・財界	政府・自治体	医学者・専門家
	1968.10.14　福岡市を中心とした被害者が「福岡地区カネミライスオイル被害者の会」を結成(5)。会員15名、会長は村山博一(7)。大分県中津市の38歳主婦と14歳娘の奇病の可能性を友松幸雄眼科医が中津保健所に届け出。母娘は66年7月から68年1月まで1.8リットル入り米ぬか油を12本使用。また別府市で7年間米ぬか油を使用した38歳会社員と29歳の妻が顔の発疹や身体のかゆみを別府保健所に電話で届け出(大分合同681015)。	1968.10.14　夜、カネミ倉庫社長が記者会見で製造過程では食品衛生法で定められた化学薬品のみで化学処理を行い、ヒ素化合物などは使っていないと発言(毎日681015)。	1968.10.14　午後、福岡県衛生部と北九州市衛生局が対策会議でカネミ倉庫の製造番号020330の缶入り油330缶の出荷先を調べ回収すると決定(5)。福岡県油症対策会議を開催(11)。福岡県は厚生省へ米ぬか油を送付(朝日681015)。山口県は、カネミ油の販売停止、移動禁止を命ず(西日本681015)。大分県厚生部に県下各保健所から入った情報では、中津、臼杵、別府市で、奇病の疑いのある患者が5人。県衛生部では米ぬか油による奇病であるか調べる(大分合同681015)。	1968.10.14　九大医学部、同薬学部、久留米大医学部、福岡県衛生部の4者合同編成による「油症研究班」が発足(5)。午後1時より九大医学部にて第1回会合。久留米大の山口誠哉がヒ素中毒説を報告(東京681015)。研究班はヒ素中毒説を慎重な立場から追求する一方、患者の治療法をヒ素中毒対策に切り替える(朝日681015)。
	1968.10.15　朝までに福岡207人、山口46人、長崎で17人の計270人から届け出(朝日681015)。	1968.10.15　食品衛生法にもとづきカネミ倉庫の米ぬか油の製造・販売が禁止される(1)。九州地方に販路を持つ大手製油メーカー10社の代表と九州の地場メーカー6社が組織する九州油脂懇談会は福岡市で対策を協議、食用油の信頼回復のために宣伝に乗り出すことを決定。中毒の原因は米ぬか油の製造工程の問題でなく製造中のミス以外考えられないという意見が大勢を占める(朝日681016)。	1968.10.15　午前9時半、北九州市衛生局長幹部と各保健所所長、公衆衛生課長が衛生局で対策会議。長岡小倉保健所長は「問題の缶入り油が作られたのは2月5日で全部で188缶が製造された」と発表。同市衛生局は020330ナンバーの缶は330缶あると考えていたが実際は宇治野が使用した1缶と判明。ほかの187缶のナンバーと販売ルートを調査すると決定。また福岡県衛生局の調べで瓶詰め油からも患者が出ていると判明。瓶詰めによる被害を訴	

			える人は市内で49家族、93人。衛生局長は「米ぬか油事件調査本部」(本部長・沖衛生局長）を発足、衛生局、衛生研究所、市内7保健所で共同調査を行うと決定。午前11時半からカネミ倉庫を立ち入り検査(朝日681015)。厚生省は国立衛生試験所に米ぬか油にヒ素とほかの原因物質について分析するよう指示(朝日681015)。北九州市衛生局はカネミ倉庫に1ヶ月の営業停止命令。福岡県は販売禁止命令(5)。長崎県衛生部は県内の各保健所を通じてライスオイルの販売を自主的に中止するよう業者に勧告。大分県衛生部は県下各保健所を通じてカネミ製品の販売業者に瓶入り、缶入りの販売を中止するよう申し入れ(朝日681015)。	

社会状況・食品汚染・環境汚染	被害者・支援者	企業・財界	政府・自治体	医学者・専門家
	1968.10.16　この日までの届け出患者数は1,639人(7)。	1968.10.16　福岡市天神一丁目の飲食店が「当店はカネミ油は絶対使用していません。安心して召上って下さい」と張り紙を出す。福岡県食糧販売協同組合連合会や病院、米屋にも大きな影響(朝日681016)。	1968.10.16　厚生省は都道府県および指定都市にカネミ倉庫の米ぬか油の販売停止および移動禁止、人数病状の報告、同種製品の収去検査を指示。福岡県と北九州市は販売業者に販売停止と使用禁止、一般家庭で使用しないようPRするよう指示。福岡県で県油症対策本部が設置(11)。福岡県衛生部はカネミ倉庫が使用するリン酸ソーダの入手先を突き止めて製品分析、一般の食品で使用されるリン酸ソーダ品質も調査を検討(朝日681016)。福岡県、市、衛生研究所、保健所長らが油症対策連絡協議会を発足(野津750925)。	1968.10.16　油症により急死した疑いのある北九州市小倉区の永田和子の死因について山口誠哉教授は「ヒ素中毒と一致する点が多いが、いまのところ.断定はできない」。またヒ素が原因であれば特効薬があるから疑わしい人は一刻も早く専門医に相談すべきだという(朝日681016)。小倉区船場町のある病院には心配してきた人が30人以上になり、電話が絶えないが実際に油症とみられるのは4人だけ。医師は「ライス・オイル・ノイローゼ」と名付ける(朝日681016)。
			1968.10.17　午後1時、北九州市議会衛生水道委員会は米ぬか油奇病について市の報告を聞く(西日本681015)。国立予防衛生研究所の保野影典が福岡県油症対策本部の委員になる(保野証言)。厚生省で油症対策関係各府県市打ち合わせ会議。福岡県で県油症対策本部第1回会議(11)。	1968.10.17　九大の勝木はヒ素検出の米ぬか油と同一検体を検査した結果、ヒ素説を否定。他の原因物質を調べていくと発表(11)。

			1968.10.18　食品衛生センターで初めて油症に関する厚生省内だけの会議、今後の調査を打ち合わせ。金光厚生省環境衛生局長が俣野を呼び、俣野は農林省など関係部局の専門家も対策本部に入れるよう提案（俣野証言）。福岡県で県油症対策本部の第2回会議。北九州市はカネミ倉庫の添加物使用状況調査、届け出患者の疫学調査開始（11）。厚生省内に原因調査班と治療研究班ができる（13）。	1968.10.18　九大医学部に油症外来が開設、集団検診を開始。106人受診中11人が油症と診断される（5）。
	1968.10.19　この日までの届け出患者者は8,601人（7）。		1968.10.19　厚生省に農林省食糧研究所と家畜衛生試験場の専門家と行政からなる米ぬか油中毒事件対策本部設置（野津750925）。原因はヒ素でなく有機化合物ではないかと議論（俣野証言）。厚生省は国立病院における原因究明、治療体制確立のため各国立病院長、医務局長へ医務局長通達（11）。	1968.10.19　油症研究班が「カネミ油症診断基準」作成（3）。研究班の班長は勝木司馬之介、副班長は樋口謙太郎と下野修。部会として臨床部会、分析部会、疫学部会を置く（5）。
			1968.10.20　福岡県で県油症対策本部各班長打ち合わせ会議。検診チームの編成や診断基準の取り扱いについて討議（11）。	

社会状況・食品汚染・環境汚染	被害者・支援者	企業・財界	政府・自治体	医学者・専門家
			1968.10.21　この日までに社会、民主、共産各党の調査団と議員団が北九州市で被害状況を調査(7)。厚生省環境衛生局食品衛生課長の野津が福岡県油症対策班の打ち合わせに出席。ダーク油事件の話は出ず(野津750925)。	1968.10.21　福岡県で油症研究班の3部会がそれぞれ会議。結果を県油症対策本部各班長会議で報告(11)。
	1968.10.22　油症患者が国立小倉病院でいわゆる「黒い赤ちゃん」を死産(13)。		1968.10.22　高知県衛生研究所がカネミ油から有機塩素系化合物を検出(5)。報告を受けた厚生省は油症研究班と国立衛生試験所に同じ検査を指示(7)。	1968.10.22　油症研究班は黒い赤ちゃんについて「PCBが母親の胎盤を通して胎児にまで及んだためである」と断定(7)。
			1968.10.23　園田直厚生大臣が「水俣病の例にならい、国が治療費を立て替える措置を休息に取りたい」と発言(毎日760613)。農林省、厚生省で第1回関係担当者打ち合わせ会議(野津750925)。厚生省は関係都府県市に届け出患者数を24日以降毎日行うよう指示。福岡県で県油症対策本部班長会議(11)。	1968.10.23　九大で油症患者検診講習会が開催、各保健所長、皮膚科開業医が出席(11)。

			1968.10.24　厚生省は各都道府県市に届け出患者の使用した油の試験項目と疫学調査の事項を示す。福岡県で県油症対策本部班長会議。北九州市は届け出患者検診について医師会長と第2回協議(11)。	1968.10.24　油症研究班の分析専門部会は北九州市の油症の主婦が死産した黒い赤ちゃんの皮下脂肪と福岡県田川市の母親の胎盤からPCBを検出(7)。
			1968.10.25　衆議院物価問題特別委員会で自民の砂田重民がダーク油事件について政府の対応を追求(1)。園田直厚生大臣が「これを機に食品衛生法の不備な点を改める」と発言(毎日760613)。同大臣の要望により、鍋島直紹科学技術庁長官が原因究明のための特別研究調査費を支出することを閣議に諮り決定。厚生・農林省で原因究明と医療のチームを編成。厚生省は金光克巳環境衛生局長を本部長とする「厚生省油症対策本部」設置(7)。福岡県で県油症対策本部班長会議、県下保健所で届け出患者の総合検診を開始。北九州市で届け出患者の第1回無料検診(11)。	

社会状況・食品汚染・環境汚染	被害者・支援者	企業・財界	政府・自治体	医学者・専門家
			1968.10.26　福岡県で県油症対策本部会議第5回、県油症対策本部班長会議。杉山補佐が原因食品の調査が重要と指示（11）。	1968.10.26　「カネミ油症診断基準」が一部改訂される。福岡県の八幡市立病院で検診（10）。九大で分析専門部会が開かれ、重金属は問題なし、有機塩素について引き続き調査、ダーク油も分析するなど議論（11）。
			1968.10.27　厚生省の杉山補佐、福岡県瀧川課長、北九州市の係官らがカネミ倉庫の工場調査（11）。	1968.10.27　国立衛生試験所がカネミ油から有機塩素系化合物を検出（5）。
			1968.10.28　厚生省環境衛生局食品衛生課では塩素が原因との見方が強まる（野津750925）。厚生省で米ぬか油中毒事件対策本部第2回会議。農林省の専門家が参加し、正式に合同の対策本部設置。塩素中毒ではないかと議論（俣野証言）。福岡県で油症対策本部班長会議開催。北九州市は届け出患者の第3回無料検診実施、油症決定患者の疫学調査および販売ルートと患者の関係調査（11）。	1968.10.28　九大で油症研究班臨床部会開催。要精密患者の事後処置および治療方針を打ち合わせ（11）。

			1968.10.29　北九州市衛生局がカネミ倉庫の立入調査。油症研究班の稲上馨が補助員に加わり米ぬか油を研究室に持ち帰る。のちの定性分析で塩化ビフェニールを検出(7)。同年4月-10月の製品収去(11)。厚生省環境衛生局食品衛生課が米ぬか油の製造過程のカネクロール使用を知る(野津750925)。福岡県は北九州市、各政令市、県下保健所衛生課長を福岡市に集め、米ぬか油の検体の確保と疫学調査の打ち合わせ(11)。	1968.10.29　北九州市衛生局の依頼で油症研究班がカネミ倉庫に初の立ち入り調査(1)。カネクロールを持ち帰る(11)。
	1968.10.30　この日までの届け出患者数は1万2,270人(7)。		1968.10.30　福岡県で県油症対策本部班長会議(11)。	
			1968.10.31　厚生省は関係府県市に米ぬか油の厳重なる確保を指示。カネミ倉庫で使用されていた食品添加物をまとめて通知(11)。	1968.10　油症研究班が同月に神経関係の外来552人を診察をした結果、ほとんどが皮膚症状中心だった(7)。
		1968.11　東急エビスはカネミ倉庫製のダーク油からPCBと思われる物質を検出、流通飼料課に報告(1)。		1968.11　油症研究班が中毒の原因をカネミ倉庫が製造販売した米油中に混入したPCBと断定(1)。

社会状況・食品汚染・環境汚染	被害者・支援者	企業・財界	政府・自治体	医学者・専門家
1968.11.1　朝日新聞は林兼産業（下関市）がカネミ倉庫に3億円の損害賠償請求を検討中と報道（1）。			1968.11.1　北九州市は厚生省へカネミ倉庫に対して発行されたカネクロールの納品書の写しを送付。（11）。	1968.11.1　油症研究班の勝木班長が分析結果について記者会見。「ライスオイルの中から有機塩素の一種、塩化ビフェニールを検出。脱臭工程でカネクロールが混入したものとみられる」。動物実験を始め、4日の分析専門部会で検討すると発表（7）。油症研究班臨床部会が小倉保健所と久留米保健所で要精密患者の検診（11）。
		1968.11.2　午前、カネミ倉庫製油部のMY工場長は北九州市油症対策本部に対しカネクロール混入説を否定。パイプの故障はあり得ないと述べる（7）。	1968.11.2　福岡県で県油症対策本部会議第6回、経過報告と今後の対策を協議。北九州市はカネミ倉庫へ立ち入り、脱臭缶の機能・修理状況を営繕日誌、精製日誌から調査、カネクロールの製造元、性状、使用方法等も調査（11）。	1968.11.2　午後、油症研究班分析専門部会の薬学部衛生裁判化学教室（吉村英敏教授）が定量分析の結果、油から多量の塩化ビフェニールを検出（7）。勝木班長は油から高濃度の有機塩素混合物を検出、これを原因とほぼ断定（11）。
			1968.11.3　北九州市は油症研究班に送るためのカネクロールをカネミ倉庫より収去（11）。	

			1968.11.4　厚生省は早急に中毒症状の認定機関を作り、中毒患者かどうかの最終的決定を一元的に行うと決定(5)。北九州市はカネミ倉庫に脱臭缶の修繕内容と脱臭精製量を事情聴取、修理箇所と脱臭缶修繕の状態を確認(11)。	1968.11.4　油症研究班がカネミ・ライスオイルから2,000-3,000ppmの塩化ジフェニールを検出と発表(1)(3)。研究班の稲上農学部教授がガスクロ分析でカネミ油にカネクロール400が含まれていたと証明。油症の原因はPCBであると正式発表(5)。油症研究班分析専門部会は正式発表とまでは言っていない(11)。
			1968.11.5　園田直厚生大臣が「カネミ倉庫の責任とわかれば、会社が補償するのが当然だ」と発言(毎日760613)。	1968.11.5　福岡県で油症研究班疫学部会開催。患者の分布状態と米ぬか油の関連について検討(11)。
			1968.11.6　福岡県は要精密検診患者の検診結果と今後の指導について県下保健所長、北九州市長、各制令市長に文書で通知(11)。	1968.11.6　九大皮膚科の五島應安が油症被害とダーク油事件の原因が同じであると実験的に証明(5)。
			1968.11.7　福岡県で油症対策連絡協議会(11)。	
			1968.11.9　福岡県で油症対策本部会議(11)。	1969.11.9　九大で油症研究班のカネミ倉庫現地調査の打ち合わせ会(11)。
		1968.11.10　カネミ倉庫の加藤三之輔社長は「調査結果がはっきりするまでは……」と「福岡地区カネミ・ライスオイル被害者の会」との交渉を欠席(7)。		

社会状況・食品汚染・環境汚染	被害者・支援者	企業・財界	政府・自治体	医学者・専門家
	1968.11.11　小倉保健所の油症検診で矢野トヨコが認定(10)。	1968.11.13　東急エビスのダーク油裁判。東京地裁民事第30部で第1回口頭弁論。裁判長は上杉晴一郎(1)。	1968.11.11　厚生省は関係府県市に油症研究班作成の暫定的治療指針と臨床所見の概要を送付(11)。	1968.11.11　小倉保健所で油症検診(3)。
		1968.11.16　カネミ倉庫社長の父が死亡(1)。	1968.11.16　厚生省、農林省は有機塩素剤が原因物質であると断定する(5)。北九州市はカネミ油の販売店への販売停止および移動禁止処分を1969年1月15日まで延長(11)。	1968.11.16　午後2時、油症研究班の篠田久団長はカネミ倉庫の工場の第2回立ち入り検査で6号脱臭缶の加熱コイルにピンホールを3箇所発見(1)(7)(11)。カネクロールの漏出が確認されるが、後に訂正。ダーク油からPCBが検出される(5)。
			1968.11.18　福岡県と北九州市はカネミ倉庫に対する告発と販売停止中の米ぬか油の処置について協議。北九州市はカネミ倉庫専務を招き患者訪問と陳謝、治療費を負担で支払うよう努力せよと指導(11)。	
			1968.11.19　厚生省は野津食品衛生課長ほか3名を福岡県に派遣、県衛生部にて被害者4名と会見ののち、油症研究班の研究結果と今後の処置について打ち合わせ(11)。	

	1968.11.20　福岡の大文字で紙野柳蔵らとカネミ倉庫・加藤社長が会談。社長は責任を回避し、ない袖はふれぬと発言(10)。		1968.11.20　北九州市は油症研究班による脱臭缶パイプの空気漏れテスト準備に立ち会う(11)。	1968.11.20　油症研究班がこれまでの原因究明の経緯と結論を中間報告。ダーク油事件と油症事件の解明はピリオドを打ち、焦点は治療、補償問題、責任問題へ(7)。
		1968.11.21　夜、カネミ倉庫の加藤社長が天神の貸しルームにて「福岡地区カネミ・ライスオイル被害者の会」と交渉。同月26日までに患者名簿を整備、会社側の補償交渉委員会を決定、補償交渉は示談にしたいなど語り、何度も詫びる(7)。	1968.11.21　厚生省は米ぬか油以外の食用油脂製造工場の熱媒体になにを使用しているか調査。北九州市は油症研究班によるパイプの空気漏れテストに立ち会う(11)。	
			1968.11.25　厚生省油症対策本部はピンホール説を追認。厚生省米ぬか油中毒事件対策本部は第3回会議で追試的実験として科技庁の特別研究養成費を用いた追試的実験を決定(俣野証言)。さらに原因食品をカネミ倉庫製ライスオイルと断定したと中間結論を発表(5)。	1968.11.25　油症研究班の第3回本部会議で同班が20日にまとめた中間報告と国立衛生試験所の研究結果を検討。中毒の原因物質はカネミ倉庫の油でありPCBの公算が最も大きいが、なお検討を要するとの結論を発表(7)。
			1968.11.28　厚生省は関係都府県市に第3回米ぬか油中毒事件対策本部会議の中間結論を通知。カネミ倉庫製品について移動禁止、各府県市でカネミ倉庫の原油について検査を実施、異状がなければ販売停止と移動禁止の措置を解くよう指示(11)。	

社会状況・食品汚染・環境汚染	被害者・支援者	企業・財界	政府・自治体	医学者・専門家
		1968.11.29　小倉警察署はカネミ倉庫を食品衛生法違反の疑いで告発(1)。		
	1968.11.30　患者の届け出数が1万2,270人に達す(5)。		1968.11.30　北九州市衛生局長は小倉警察署長に対しカネミ倉庫加藤三之輔代表取締役を告発(11)。	
1968.12　3億円事件(13)。	1968.12　玉之浦油症患者の会(会長・村中秀雄)発足(9)。	1968.12.3　警察がカネミ倉庫に立ち入り脱臭缶6基、製造原料、カネクロール、ダーク油などを差し押さえ(1)。カネミ倉庫が油症の一次患者の一部200人に見舞金を支払う(7)。		
		1968.12.10　カネミ倉庫は福岡県知事へ油症患者の治療費負担についての御願書を提出(11)。	1968.12.9　北九州市はカネミ倉庫に原油の販売停止命令を解除(11)。	1968.12.6　九大で第4回油症研究班各部会の合同会議。中間報告と今後の方針を協議(11)。
	1968.12.11　「福岡地区カネミ・ライスオイル被害者の会」がカネミ倉庫と加藤社長を業務上過失傷害で福岡県警に告訴(7)。		1968.12.11　福岡県は油症患者の治療費についてカネミ倉庫と各関係機関と打ち合わせ(11)。	
	1968.12.16　北九州と田川地区被害者の会が第1回総会(9)。		1968.12.16-19　小倉、田川、大牟田、博多の保健所で油症検診班による精密検診(11)。	
			1968.12.20　北九州市で市内患者の市内各病院・医院における無料診療(11)。	
			1968.12.21　福岡県知事は油症患者209人に見舞品を贈呈(11)。	

		1968.12.25　カネミ倉庫の機械部門の技術士人力達夫が加藤社長からの個人的な依頼で6号缶に立ち入り調査。PCB混入はピンホールの漏れではあり得ないという報告書を提出（1）。カネミ倉庫は皮膚科の油症の症状がはっきりしている患者に受診券を支給（7）。	1968.12.23　厚生省は25関係府県市を招集、米ぬか油食中毒事件打ち合わせ会議を開く（11）。	
	1968.12.26　五島列島で第1回検診。多数が油症と診断される（7）。		1968.12.26　福岡県知事と北九州市長から北九州市の患者に見舞品贈呈。北九州市はカネミ倉庫に脱臭工程で熱媒体が油に混入しない構造に改善し、油製造機械の点検を定期的に実施し記録を保存するよう命令。（11）。	
	1968.12.29　小倉地区で「カネミ油症患者を守る会結成準備会」結成（7）。			
1969年				
1969　この年の日本のPCB生産量は7,730トン（7）。		1969　三菱モンサントが四日市工場で「アロクロール」を生産開始。国産PCB第2号（7）。		
	1969.1　13世帯36人が「長崎地区カネミライスオイル被害者の会」結成（14）。	1969.1　加藤八千代がカネミ倉庫の顧問弁護士鵜沢重次郎からダーク油裁判に関する手紙を受け取る（1）。	1969.1.11　厚生省は関係都府県市に油症患者の治療費のカネミ倉庫負担に関する内覧を出す（11）。	
			1969.1.14　北九州市はカネミ倉庫に脱臭工程までの営業停止処分の一次解除（11）。	

社会状況・食品汚染・環境汚染	被害者・支援者	企業・財界	政府・自治体	医学者・専門家
1969.1.24　日本化学学会防災化学委員会が東京でPCB中毒に関するパネル討論を主催(1)。	1969.1.24　北九州被害者の会がカネミ倉庫と第1回補償交渉(9)。		1969.1.31　厚生省は北九州市と協議、関係府県市に1968年2,3,4月製および製造年月日不明の製品はカネミ倉庫に回収させ廃棄または食用以外の用途に転用、また5月以降の製品はカネミ倉庫の自主的回収・精製し、北九州市でロット毎に検査した上で業務用に出荷するよう連絡(1)。	
――裁判闘争期――				
1969.2　閣議で亜硫酸ガス環境基準決定。公害対策基本法にもとづく環境基準第1号(13)。	1969.2.1　「福岡地区カネミライスオイル被害者の会」の45人がカネミ倉庫、同社長、鐘化を提訴。請求額8億7,700万円(13)。		1969.2.3　農林省畜産局長が都道府県知事に通達書「鶏の中毒事故について」および「家畜衛試報告概要」を送付(1)。	
	1969.2.12　福岡県田川市で紙野柳蔵らが初めて街頭に立って被害を訴える(10)。			
	1969.2.13　北九州市と福岡県田川の被害者67世帯208人が「カネミ・ライスオイル被害者の会連絡協議会」結成。会長は紙野柳蔵(7)、事務局長は宇治野和行(9)。			

	1969.2.25　午前7時過ぎに北九州と田川の「カネミ・ライスオイル被害者の会連絡協議会」の63人がカネミ倉庫正門前で座り込み。以降、紙野らは毎月第4土曜日に座り込みを継続(7)(10)。			
	1969.3　「北九州被害者の会」がカネミ倉庫前で午前7時半からビラまき、座り込み(3)。	1969.3.3　カネミ倉庫社長から福岡肥飼料検査所長宛に書簡。「鶏の中毒事故について」「当社の試験では塩化ジフェニールの確認が出来ませんでした」との内容(1)。	1969.3.6　斎藤昇厚生大臣が油症研究班の研究、医療体制の実情を調査中で、現体制は不十分なので「総合的な体制をたてたい」と発言(毎日760613)。	1969.3　農林省農業技術研究所が汚染油およびダーク油に関するガスクロ分析で原因物質をPCBと断定(1)(7)。
	1969.3.12　紙野柳蔵らが上京、厚生省の野津食品衛生課長を呼び補償と治療の協力を要望(7)。			
	1969.3.14　紙野柳蔵らが数寄屋橋で街頭アピール、カンパ行動(7)。	1969.3.14　MY工場長より加藤八千代へ書簡。警察ではダーク油に関してBHCの検出は扱わないという内容(1)。	1969.3.18　参議院社会労働委員会が油症を取り上げ、参考人として九大の五島安応、カネミ倉庫専務の梅田新蔵、被害者の紙野、宇治野を招く(7)。	1969.3.15　福岡県で九大油症外来の窓口再開。毎週土曜午前中に診療が行われることに(11)。
		1969.3.22　加藤八千代がカネミ倉庫社長の旧友である大澤胖、高橋弁護士と上京。元農林省高官の牛丸と会合、BHCについて説明する(1)。	1968.3.20　厚生省の米ぬか油事件対策本部第4回会議。農林省、大学、油症研究班から研究結果の報告、「第4回米ぬか油中毒の実験記録」をまとめる。対策本部は今後も存続するが、大体これで活動は終わりとなる(俣野証言)(11)。	

社会状況・食品汚染・環境汚染	被害者・支援者	企業・財界	政府・自治体	医学者・専門家
		1969.3.22　加藤八千代がカネミ倉庫の城戸、大澤胖と金米克己厚生省環境衛生局長と会談。3月20日に農林省で開かれた油症の委員会でダーク油からBHCが検出されたと聞く(1)。		
		1969.3.24　加藤八千代がカネミ倉庫の城戸と厚生省の野津食品衛生課長を訪ね、農林省農業技術研究所が作成した「中毒発生ライスオイルおよびダーク油の分析報告書(抜粋)」を発見するも、閲覧を許されず(1)。	1969.3.28　厚生省は関係府県市に九大が作成した油症の重症度分類基準を送付(11)。	
	1969.5　福岡のMKに内臓の痛み(7)。	1969.5.28　カネミ倉庫は北九州市に缶詰または瓶詰食品製造業の営業を行いたいと営業許可申請(11)。	1969.5.29　厚生省は関係都府県市に福岡県から受領した油症研究班臨床部会の報告を送付(11)。	1969.5.26　油症研究班の臨床部会は新しい治療方針を決定、厚生省に通知(9)。
			1969.5.31　北九州市はカネミ倉庫の営業再開を許可(9)。	
		1969.6　日本精米製油の山内松平社長より加藤八千代へ書簡。カネクロールがパイプから漏れ、それを補修した事実をMY工場長と加藤社長が知っていたはずであるという内容(1)。	1969.6.10　斎藤昇厚生大臣が補償問題は「知事、市長、厚生省が中に入ってやりたい」と発言(毎日760613)。	

	1969.6.19　福岡のMKが福岡市内の病院で開腹手術(7)。	1969.6.28　四国松山と多度津のカネミ倉庫工場長より加藤八千代へ書簡。散布基準量をはるかにこえた農薬が消費されているという内容(1)。		
	1969.7　これまでに生まれた黒い赤ちゃんは9人、うち2人が死産。残り7人のうち4人は久留米大学小児科学教室で、3人は一般の病院で治療を受ける(7)。富山市で開催された第1回全国公害研究集会に油症被害者が参加(13)。	1969.7　加藤八千代がカネミ倉庫の非常勤取締役を辞任(1)。		1969.7　この頃、油症研究班が故・MMの解剖を行った山口大医学部の関係者を交えて検討。MKとMMには多くの共通点があり、ともに副腎に異常が認められる(7)。
	1969.7.2　全国の届け出患者数が1万4,627人に達す。うち認定患者は913名、全体の6.2%。福岡、長崎、山口の順に届け出が多く。福岡、長崎、広島の順に認定患者が多い(3)。	1969.7.5　東急エビスのダーク油裁判第6回口頭弁論。裁判長は中田秀慧に交代(1)。		
	1969.7.8　山口県美弥市の中学2年生MMが心臓機能障害で死亡。山口県で初めての油症患者の死(7)。	1969.7.6　加藤松平より加藤八千代へ書簡。食用油の汚染原因がわかっていたからこそ工場が再開されたのだろうという内容(1)。		
	1969.7.9　福岡県のMKが尿毒症で死亡。福岡県で初めての油症患者の死(7)。			

社会状況・食品汚染・環境汚染	被害者・支援者	企業・財界	政府・自治体	医学者・専門家
	1969.7.15 「カネミ・ライスオイル被害者を守る会」は死亡したMMとMKを追悼し、国、県、市、カネミ倉庫に抗議する市民集会。斎藤厚相に抗議すると決定(7)。			
	1969.7.22 紙野柳蔵、宇治野数行、上島一義が上京して斎藤昇厚相に抗議(7)。		1969.7.25 小倉警察署司法警察員警視・田中八郎が九大薬学部に事故食用油の鑑定を依頼(1)。	
			1969.8 北九州市がカネミ倉庫に告発した食品衛生法第4条違反について送検段階で「立証は無理」とふるい落とされる(7)。	1969.8 油症研究班が福岡県の油症患者365人を対象に再検診。患者らは皮膚を中心とした初期の中毒症から全身的な中毒症状に変化(7)。
			1969.8.25 福岡県警はカネミ倉庫の加藤社長、MY工場長、HH脱臭係長を業務上過失傷害罪で福岡地検に書類送検(1)。カネミ倉庫、カネミ倉庫社長、専務梅田新蔵、企画室長福西良蔵、営業課長林清を不正競争防止法違反、営業課長林清を軽犯罪法違反と告発(5)。	1969.8.24 新しい診断基準と旧診断基準にもとづく診断により、この日までに913人が認定(7)。
	1969.9.1 被害者の会連絡協議会は九大油症班に治療対策の要望書を提出(9)。		1969.9.1 斎藤昇厚生大臣が「企業に補償能力がなければ、最終的には国が面倒を見なければならないだろう」と発言(毎日760613)。	1969.9.4 小倉警察署の依頼を受けて九大薬学部の長塚元久雄教授と吉村英敏教授がダーク油とライスオイルを鑑定、報告書を提出(1)。

	1969.9.6　山口県で「山口県カネミ・ライスオイル被害者の会」結成。会長は故・MMの父である三吉康広（7）。「広島地区カネミライスオイル被害者の会」結成。会長は岡部恒夫（9）。			1969.9.5　油症研究班は15項目の診断基準を決定。内科的疾患を重視（9）。
1969.10　厚生省は発がん性が問題化した人工甘味料チクロの使用禁止、チクリ入り製品の回収決定（13）。	1969.9.13　西日本各県の「ライスオイル被害者の会」の代表計50人が北九州市で各県の被害者対策の報告。7項目の統一要求を決定（7）。			
1969.11　全国スモンの会結成（13）。	1969.11　西日本各地の被害者が長崎市で「カネミライスオイル被害者の会全国連絡協議会」結成（朝日760618）。			
	1969.11.4　被害者を守る会はアンケートによる患者の実態調査の結果を発表（9）。			
	1969.11.22　「田川地区カネミライスオイル被害者を守る会」結成。会長は磯辺実（9）。			
	1969.11.23　「福岡地区カネミライスオイル被害者の会」が再発足。会長は田中浦助（9）。長崎市でカネミライスオイル被害者の会全国連絡協議会開催（13）。			
1969.12　アメリカで牛乳中のPCB暫定残留規制値が設けられる（7）。厚生省は公害病対象地域に水俣、四日市市、川崎市、大阪市など6ヶ所を決定（13）。			1969.12.1　北九州市は患者21世帯に生活資金の貸付を決定、通知。10世帯に最高15万、残り11世帯に10万円を貸与。無利子、無担保、2年据え置き、その後3年間で返済する（7）。	

社会状況・食品汚染・環境汚染	被害者・支援者	企業・財界	政府・自治体	医学者・専門家
	1969.12.26 「田川地区被害者の会」の20人が生活資金貸し付けなどを求めて県庁知事室前に約4時間座り込み(9)。		1969.12.2 斎藤昇厚生大臣が公害病に準じた医療救済のため、特別立法を次の通常国会に提出する予定で、内容は「公害被害救済法に似たものとなろう」と発言(毎日760613)。	1969.12 消費者問題研究家の西川和子が「黒い赤ちゃんは訴える」を『婦人公論』で発表(14)。
1970年代				
1970 この年の日本のPCB生産量は1万1,000トン。世界中で約10万トンが生産されるなか日本はアメリカに次ぐ生産国。この年の前半までに日本の累計生産量は推計100万トンを超える(5)。1万1000トンのシェアは鐘淵が9対三菱モンサントが1 (7)。	1970 田川地区を皮切りに「モルモットはいやだ」と一斉検診のボイコット(西日本760403)。			1970 オランダ人の論文で油症との関係からPCDFの毒性が注目される(3)。PCB環境汚染に関する論文が100を超える(7)。
1970.3 公害問題国際シンポジウム開催。公害追放東京宣言採択(13)。	1970.3.22 北九州市小倉地区で「カネミライスオイル被害者を守る会全国連絡会議」結成。会長は大原功、事務局長は上島一義(9)。	1970.3.24 福岡地検小倉支部はカネミ倉庫の加藤社長とMY工場長を業務上過失傷害罪で福岡地裁小倉支部に起訴(1)(3)。		
	1970.3.31 「カネミライスオイル被害者を守る広島の会」結成。会長は大原亨(9)。			
	1970.4.29 「カネミライスオイル被害者を守る北九州住民の会」結成(9)。			

	1970.5 「カネミライスオイル被害者を守る会」が「カネミライスオイル被害者の会連絡協議会」に呼び掛け、北九州市によるカネミ倉庫の営業再開許可に抗議する市民集会(7)。			
	1970.5.25 福岡県田川郡で「カネミ油症を告発する会」結成。代表は犬飼光博(9)。			
	1970.5.31 田川市で「カネミ油症・食品公害対策全国研究集会」開催(9)。		1970.5.31。北九州市がカネミ倉庫にライスオイルの営業再開を許可(7)。	
1970.6 深田俊祐がルポルタージュ『人間腐食:カネミライスオイルの追跡』上梓(14)。	1970.6.2 玉之浦・奈留両町の患者代表が「五島地区油症患者連絡協議会」結成(9)。	1970.6.26 東急エビスのダーク油裁判第11回口頭弁論。裁判長は輪湖公寛に交代(1)。		
1970.7 厚生省は米のカドミウム濃度安全基準発表(13)。	1970.7 この月までに亡くなった油症患者は7人(7)。			
	1970.7.11 KRとMNらがカネミ倉庫前で座り込み。7月13日からは田川地区の被害者らが引き継ぐ(9)。			
	1970.7.23 北九州市小倉区で「カネミ倉庫球団北九州大集会」開催(9)。			
	1970.8.8 田川地区被害者の会が油症一斉検診の拒否を福岡県衛生部に通告(9)。			
	1970.8.22 364人の弁護士が「カネミ油症事件弁護団」発足。団長は内田茂雄。「カネミ油症を告発する会」は毎月第4土曜12時間の定例座り込み開始(9)。		1970.8.27 農林省畜産試験場で新食品技術振興会第87回例会。テーマは酪農製品と公害問題。農林省畜産試験場の檀原宏らが「肉製品乳製品中のBHT・DDTの残存問題」を講演(1)。	

社会状況・食品汚染・環境汚染	被害者・支援者	企業・財界	政府・自治体	医学者・専門家
1970.9　愛媛大農学部農芸分析学の立川涼助教授が脇本忠助手と海の魚や泥、野鳥、人間の脂肪をガスクロマトグラフィーで分析。カラス、魚、人体が高い濃度のPCBに汚染されていると判明。 京都市衛生研究所の藤原邦達主幹が宇治川の淡水魚の分析によって宇治川がPCBに汚染されていることを立証するが、京都市衛生局は対策がない間は発表を認めず(7)。 新潟大の椿忠雄教授がスモン病の原因に整腸剤キノホルムが関係と発表(13)。		1970.10.12　カネミ倉庫が長崎県五島で示談交渉を進めていることが判明(9)。		
	1970.11.16　統一民事第1陣提訴。北九州市と田川の300人がカネミ倉庫、同社長、国、北九州市を提訴。原告は8府県108世帯、請求額は9億7187万円(7)。鐘化は当初訴状では被告だったが、原告側弁護団が見送るが1971年11月に被告に加えられる(朝日760619)。以降1873年10月25日まで8次にわたり提訴、最終原告750人(13)。			

1970.12　公害関係14法成立(13)。 東京大学工学部の宇井純がローマで開かれた国連食糧農業機関主催の海洋汚染に関する国際会議に出席。FAOやWHOのPCB環境汚染関係のレポートを入手し、自主講座でPCB汚染の問題を取り上げる(7)。	1970.12.2　山口市で「山口県カネミライスオイル被害者を守る会」結成大会(9)。			
	1970.12.15　紙野柳蔵、金田弘司、上島一義らが上京、内田厚生大臣に要望書を渡す(9)。			
	1970.12.23　統一民事第1陣第2次提訴。長崎市の44人が加わる(5)。			
1971　食品衛生法改正(毎日760613)。 閣議で騒音環境基準決定(13)。				1971　農林省家畜衛生試験場の小華和忠博士が『科学』に「ニワトリの(PCB混入)ダークオイル中毒事件を省みて」を発表。スカムをダークオイルに混入して出荷したのではないかと推測(1)。アメリカのR.W.ライズブロー博士がカネクロール400にPCDF、PCDDが含まれている可能性を指摘(5)。
1971.2.8　愛媛大農学部の立川涼がNHKの番組「スタジオ102」でPCBによる環境や人体の汚染について発表。日本で初めての指摘(7)。	1971.2　統一民事での原告間で慰謝料の請求額の少なさが問題化(3)。	1971.2.8　この日に立川涼教授によるPCB汚染の紹介をうけた直後、感圧紙業界が「PCBは使わない」という自主規制の方針を打ち出す(7)。		

社会状況・食品汚染・環境汚染	被害者・支援者	企業・財界	政府・自治体	医学者・専門家
1971.2.9　藤原邦達が衛生研究所の研究員と名古屋で開催された近畿、東海、北陸ブロック衛生研究所所長会議で「宇治川、琵琶湖水系の淡水魚のPCB汚染」を発表。議長より発表内容を外部に漏らさないようにと言われる(7)。	1971.2.14　玉之浦町の患者の会がカネミ倉庫との示談を妥結すると決定、約200人が示談に応じる。反対派は訴訟へ(朝日760617)。			
	1971.2.28　訴訟派の患者が「玉之浦油症対策患者の会」結成。会長は鳥巣守(9)。			
	1971.3.13　奈留町油症患者の会が総会で訴訟を決定。会長は前島芳雄(9)。	1971.3　カネミ倉庫が奈留町の患者の会会長に訴訟参加について「どうかつ」の手紙を送付(朝日760617)。		
	1971.3.18　福岡地裁小倉支部で統一民事第1陣の第1回口頭弁論。原告代表の紙野柳蔵が証言(朝日760616)。			
1971.4.6-7　朝日新聞が琵琶湖、宇治川、東京湾、瀬戸内海の水質汚染状況調査結果を報道(7)。	1971.4.24　広島市の51人が広島地裁にカネミ倉庫、同社長、鐘化、国、北九州市を提訴(5)(13)。請求額は1億8,298万円。のちに統一民事と併合(7)。			
1971.5　DDTが農薬登録失効(1)。	1971.5.7　玉之浦油症患者の会患部は嬉野町でカネミ倉庫社長と示談(9)。			
	1971.5.23　紙野柳蔵は被害者の会全国連絡協議会会長の辞表を提出(9)。			

	1971.5.24 北九州の一部原告の訴訟取り下げが判明(9)。統一民事第1陣第1次訴訟で訴訟救助の決定(13)。			
1971.6 富山地裁は三井金属工業を被告としたイタイイタイ病第1次訴訟でカドミウムが主因と判決(13)。		1971.6.8 東急エビスのダーク油裁判第16回口頭弁論。裁判長は林岡二郎に変更(1)。		
1971.7 環境庁発足(13)。	1971.7.5 「玉之浦町カネミライスオイル被害者を守る会」結成。会長は藤原弁士(9)。			
	1971.7.9 山口県カネミライスオイル被害者を守る会が3回目の県との交渉(9)。			
	1971.7.22 統一民事第1陣第3次提訴。長崎県五島の214人が加わる(5)。			
	1971夏 支援者となる下田守が初めて五島を訪れ、被害者と対面(14)。			
1971.9 新潟地裁は新潟水俣病訴訟で昭和電工に損害賠償の支払いを命じる判決(13)。	1971.9 統一民事第1陣について「北九州被害者の会」会長が慰謝料の計算をやり直すことを発表(3)。			
	1971.10 姫路市の未認定患者・藤原節雄が訴訟代理人なしで神戸地裁姫路支部にカネミ倉庫を訴える(朝日760618)(6)。			
1971.12 BHCが農薬登録失効(1)。	1971.11.11 統一民事第1陣の被告に鐘化を追加(13)。統一民事第1陣第4次提訴。高知の53人が加わる(5)。		1971.11.17-12.2 山口県は当初の届け出者を対象に一斉検診実施(9)。	

社会状況・食品汚染・環境汚染	被害者・支援者	企業・財界	政府・自治体	医学者・専門家
1972　加賀節がルポルタージュ『PCB汚染の恐怖』を上梓(14)。	1972.1.25　広島地裁が広島民事を福岡地裁小倉支部へ移送と決定(13)。			
	1972.1.30　長崎駅前の漁協会館で「長崎地区カネミライスオイル被害者を守る会」結成大会。会長は野口源次郎、事務局長は西村義臣(9)(14)。			
	1972.2.17　広島民事の原告51人が統一民事に統一。これで認定患者の大半が統一される(10)。			
1972.3　スモン調査研究協議総会でスモン病の原因は整腸剤キノホルムとの最終報告を発表(13)。	1972.2.29　「奈留町カネミライスオイル被害者を守る会」結成(9)。		1972.3.12　参議院公害対策・環境保全特別委員会で公明党の小平芳平委員が政府のPCB汚染対策の立ち遅れを追求。「PCB濃度が10ppmの魚を毎日食べ続けたら、3年ぐらいの間に油症患者と同じ量のPCBを食べることになる」(7)。	1972.3.3　中原診療所の梅田玄勝所長が1968年1月以前に発症した油症8例を発表(9)。
1972.3.16　大阪府が「母乳から多量のPCBを検出」と発表(7)。			1972.3.17　通産省は回収可能な大型電機機器絶縁油と熱媒体以外の用途のPCB使用は中止させる方針を発表(7)。衆議院公害対策・環境保全特別委員会で政府のPCB汚染対策の立ち遅れに対する質問を受け、大石武一環境庁長官が全国的なPCB汚染状況を調査した上で対策を取ると答える(7)。	

	1972.3.27　玉之浦カネミ被害者を守る会は油症児童を調査、発育不良と発表(9)。	1972.3末　三菱モンサント化成がPCBの生産中止(7)(1)。	1972.3.21　通産省が産業機械用は7月1日まで、電気機器用は9月1日までにPCBの生産・使用を中止するよう関係業界へ通達(7)。	
1972.4.26　衆議院公害対策・環境保全特別委員会で「PCB汚染対策に関する決議」(7)。			1972.4.11　厚生大臣が油症は公害に準ずるものと考え、必要のあるものは治療の確立に臨みたい」と発言(1)。	
1972.4.27　事務次官会議で関係9省庁からなる「PCB汚染対策推進会議」の設置を決定。この会議を中心にPCB使用製品のうち開放系製品の在庫について回収を指示する。閉鎖系の製品には今後生産中止、使用の際には回収に万全の措置をとるよう指導(7)。				
1972.5　初の環境白書発表(13)。	1972.5　「田川地区カネミライスオイル被害者の会」の紙野柳蔵夫妻、「カネミライスオイル被害者の会連絡協議会」の三吉康広会長、下関市立大学の堀内隆治、富士短期大学の西川和子氏らが厚生省と交渉(3)。			
1972.5-12　環境・通産・運輸・建設の4省庁と都道府県が全国1,445地点についてPCBの汚染状況を調査。各省庁と関係自治体は汚染のひどい地域に工場排水のPCBの排出規制を指導、汚染された魚介類を食用に供しないよう求める(7)。	1972.5.16　KTが急性心不全で死亡(毎日760620)。			

社会状況・食品汚染・環境汚染	被害者・支援者	企業・財界	政府・自治体	医学者・専門家
	1972.5.20　守る会全国連絡会議は前年秋の油症被害実態調査の一部を発表(9)。			
	1972.5.25　北九州で「PCB追放、政府・自治体の油症対策を追求する全国集会」開催(7)。			
1972.6　海洋汚染防止法施行(13)。	1972.6.5　ストックホルムの「世界の公害闘争をたたかう住民代表の環境広場集会」に「長崎地区カネミ油症患者の会」会長の木下忠行らが水俣病患者と出席。被害者代表として無言の「からだで証言」(9)(西日本960328)。メンバーが政治色の濃い発言を繰り返し、宇井純とトラブルを起こす(3)。	1972.6.14　鐘化がPCBの生産中止(9)。		
1972.6.28　PCBの水質汚染を規制するため、環境庁は中央公害審査委員会の中に新しく底質専門委員会を設け、PCBなどの有害物質を重点にヘドロ汚染防止の暫定基準の設定を依頼、作業を開始(7)。	1972.6.19　紙野柳蔵、矢野トヨコ、木下忠行らが齋藤厚生大臣らに抗議・陳情(9)。	1972.6.16　東急エビスはダーク油裁判の準備書面として「ダーク油のガスクロ分析表」提出。「PCBの含有量並びにその計算方法」を添付(1)。		
1972.7　四日市ぜんそく訴訟で津地裁が被告企業6社に損害賠償を命ずる判決(13)。	1972.7　矢野トヨコが北九州の未認定患者を訪ね始める(9)。			

1972.7.17　環境庁はPCBの環境汚染を抑制するため、PCB取扱工場などの排水管理上の暫定的指導指針を設定(7)。			1972.7.18　公明党の小平芳平参議院に対し、政府が「油症は製造された食品による直接の健康被害であり、公害対策基本法に規定する公害に該当しない。よって同法の適用は困難である」と答弁書(朝日760618)。	
1972.8　森永乳業はヒ素ミルク中毒の責任を認める(13)。			1972.8.24　厚生省が食品中に残留するPCBの暫定的規制値を決定。農林省が家畜の飼料に含まれるPCBの暫定的許容基準を設定(7)。	
1972.9　日中共同声明発表(13)。	1972.9.7　主婦連が東京で「PCB追放を考える消費者の集い」開催(7)。			
	1972.9.23　紙野柳蔵一家と支援者がカネミ倉庫正門前の小屋で座り込み開始(西日本760330)。76年5月半ばに終了(毎日760615)。			1972.10.26　認定基準改訂。全身症状、自覚症状、他覚症状、血中PCBの測定が初めて取り上げられる(5)。
	1972.12.16 紙野柳蔵を中心に長崎市、奈留、玉之浦、広島など6地区の代表が小倉に集まり報道関係者同席のなか「懇親会」結成(9)(10)。			1972.12.25　小倉区の北九州病院で油症認定者の追跡調査のための検診実施。未認定者ら12人が座り込み、交渉の結果検診にこぎつける(3)。
	1972　カネミ油症被害者全国連絡協議会はこの頃から機能を停止(毎日760618)。			
	1973　矢野忠義の調査では、この年までに生まれた黒い赤ちゃんは全国で76人(死産、新生児死亡を含まず)。うち30人が長崎県五島市在住(5)。			1973　患者掘り起こしの検診が実施されるようになる(毎日760614)。当時、玉之浦小学校の油症患者は57人。玉之浦町に黒い歯の子供が5、6人(7)。

社会状況・食品汚染・環境汚染	被害者・支援者	企業・財界	政府・自治体	医学者・専門家
	1973.1.27　矢野トヨコらが戸畑区の市民会館で自主講座を開催。宇井純を招く（3）。			1973.1.25　北九州市立小倉病院で検診、15人中14人が認定される（朝日760618）。
1973.3　厚生・通産両省は「化学物質の審査及び製造等の規制に関する法律」案を国会に提出、可決される（7）。 熊本地裁は水俣病裁判で窒素の過失責任を断定（13）。	1973.3.19　福岡で家族内未認定ではない2世帯が認定（3）。		1973.3.19　福岡県は一斉検診受診者41人のうち認定31人、疑症8人と発表（9）。	
1973.4　自然環境保全法施行（13）。	1973.4.10　矢野トヨコらが北九州市に未認定者対象の一斉検診を要望（9）。			
1973.5　熊本大学第2次水俣病研究班がチッソ水俣工場以外の汚染源による第3水俣病患者を報告（13）。	1973.5.4　矢野トヨコが新認定患者と支援者約10名と北九州市庁舎の会議室を訪問、食品衛生課・酒井課長、油症対策係・新井、椛村課長と面談。新認定患者の治療券が通用しなかった場合に治療費と薬品代をカネミ倉庫が領収書にもとづき支払うという確約書を得る（3）。			
	1973.5.11　「北九州被害者の会」の宇治野数行会長が「カネミ油症新認定患者グループ」を発足、世話人となる（3）。※（9）によると世話人は天本旭。			

	1973.5.18　小倉で、新認定患者の小池徹らが矢野トヨコに北九州市と確約書を結んだのは分裂行為であると非難、喧嘩別れ(3)。	1973.5.29　カネミ倉庫は新認定患者グループとの交渉への支援者同席を拒否、正門と西門を閉鎖。従業員が東正門前でKRに暴行(9)。	1973.5.22　山口県は1972年末に23人を油症と追加認定したと発表(9)。	
	1973.5　宇井純ら主催の東京大学自主講座に矢野トヨコが講師として招かれる(3)。			
		1973.6.9　東急エビスのダーク油裁判第27回口頭弁論。以後、裁判は立ち消え。東急エビスが日本農産加工株式会社に吸収合併され、日本農産の役員はカネミとの示談に入ったと見られる(1)。		
	1973.6.25　矢野トヨコ、細川幸忠が発起人となり「油症患者グループ」を結成する声明文と趣意書が完成(3)。	1973.6.15　カネミ倉庫総務部の椛村千歳次長と新認定患者グループが長時間の交渉。従業員は支援者の青年を引きずり込んで暴行(9)。		
	1973.6.27　小倉北区室町の「ひびき荘」で「油症患者グループ」の結成式。矢野トヨコ代表(3)。			
1973.7　環境庁は窒素酸化物排出基準決定(13)。	1973.7.27　統一民事第1陣第1次訴訟で被害者の本人尋問が長崎県五島・玉之浦町から始まる(13)。		1973.7.18　斎藤邦吉厚生大臣は、環境庁が油症を公害扱いしていないが放置しておけないので救済のための法律作成を考えていると発言(毎日760613)。	
	1973.8.20　被害者、支援者の自由参加からなる「全国集会」開催。被害者の基本的要求を決議(9)(毎日760618)。			1973.9　日本科学者会議が全国公害シンポジウム「PCBをめぐる諸問題」を北九州市で開催(13)。

社会状況・食品汚染・環境汚染	被害者・支援者	企業・財界	政府・自治体	医学者・専門家
1973.10.16　「化学物質の審査及び製造等の規制に関する法律」公布。政府は同法の規制対象となる化学物質第1号にPCBを指定(7)。	1973.10.1　未認定の中山稔が小倉保健所所長室でハンガーストライキを宣言、4日まで徹夜で座り込む(9)。		1973.10.22　斎藤邦吉厚生大臣が今年度中に油症を難病に指定し、専門治療研究班を組織すると発言(毎日760613)。	1973.10.12　梅田玄勝、油症患者グループ、支援の医師らによると1968年以前に発症した油症患者は少なくとも18人、最も早い発症は1961年と報道(9)。
1973.11　関門橋開通(13)。			1973.11　福岡県食品衛生課は北九州市の認定患者に認定患者を対象とする一斉検診を通知を送付(3)。	
	1973.12.6　カネミライスオイル被害者の会全国連絡協議会は総会で解散決定(9)。			
	1973.12.8　「油症患者グループ」が未認定者の検診に関する要望書を「カネミ油症東京連絡会」へ速達(3)。			
	1973.12.10　「油症患者グループ」が福岡県知事に未認定者の検診に関する要望書を手渡す。知事は笑いながら受け取る。議会議長、衛生指導課長、九州大学油症研究班長、北九州市議会議長、北九州市長にも要望書提出。矢野トヨコと「カネミライスオイル被害者を守る会」の会長兼市会議員でもある者が衛生局長を訪れ要望書提出(3)。		1973.12.11　斎藤邦吉厚生大臣が患者とカネミ倉庫をあっせんして円満解決を図ると発言(毎日760613)。	

	1973末 「カネミ油症被害者全国連絡協議会」から分裂して別組織が相次いで生まれ、協議会は解散（西日本760331）。	1973.12末 メーカー4社がPCB使用製品である感圧紙を1,300トン回収（7）。	1973.12末 官公庁がPCB使用製品である感圧紙を1,100トン回収。液状PCBは鐘化高砂工場529トン、三菱モンサント化成四日市工場917トン、計6,214トンを回収、保管（7）。	
				1974 北九州市立戸畑病院で検診、46人中35人が認定される（朝日760618）。
	1974.1.24 北九州市で認定患者の一斉検診。「油症患者グループ」からは52名が受診（3）。		1974.1.18 福岡県は「油症患者グループ」に未認定被害者の受診を認めるという回答を送付（3）。	1974.1 原田正純、久留米大学医学部小児科の山下文雄、公衆衛生の高松誠らが長崎県五島の玉之浦町で第一回自主検診実施（9）。
	1974.2.19 被害者代表ら約40人が国会で齋藤厚生大臣に4項目の要求書提出（9）。			
	1974.2.21 被害者代表ら31人が初めて鐘化を訪れ総務部長らに要求書提出（9）。		1974.2.20 石丸厚生省環境衛生局長が「国の道義的責任は認める」、未認定患者の確認に全力をあげると発言（毎日760613）。	
	1974.3.28 統一民事第1陣原告団会議で請求方式を従来のランクづけ方式から包括一律請求方式に変更するとともに請求額を増額すると決定（13）。		1974.3.15 福岡県は当初の届け出者約6,000人に検診を20日から実施すると通知（9）。	
	1974.4 誰が認定され棄却されたかを確認するために「油症患者グループ」の臨時総会（3）。			

社会状況・食品汚染・環境汚染	被害者・支援者	企業・財界	政府・自治体	医学者・専門家
	1974.4.22　同年1月の一斉検診受診者の認定発表。「油症患者グループ」の52人中37人が認定(3)。			
	1974.4.24　統一民事第1陣は第4回準備書面で請求額を増額(13)。			
1974.5　公害等調整委員会が足尾鉱山鉱毒事件で古川鉱業に補償金支払いの調停案提示、和解成立。大気汚染防止法成立(13)。	1974.5　宇井純ら主催の東京大学五月祭の自主講座に矢野トヨコが講師として招かれる(3)。			
	1974.5.22 「福岡のカネミ油症被害者の会」が初会合(9)。			
1974.6　化審法によりPCBは「特定化学物質」に指定され、開放系での使用禁止(1)。	1974.6　矢野トヨコが「油症患者グループ」世話人の細川からグループのために裁判を降りるよう電話で説得される(3)。		1974.6　厚生省が母乳のPCB汚染疫学調査結果の発表。全母乳から検出(13)。	
	1974.6.18　山口地区被害者の会は山口県衛生部と交渉。県は当初の検診を受けた1,000余人にアンケート調査と検診を予定(9)。			
	1974.6.29　福岡市で第12回全国集会。被害者の間の亀裂が拡大(9)。			
	1974.7.5　原告1号の紙野柳蔵一家4人が裁判を離脱(9)(朝日760616)。			1974.7.24-27　原田正純らが玉之浦町で第一回自主検診の結果を報告、幼児・学童を対象に第2回自主検診(5)(9)。

	1974.8.16　奈留で「未認定患者の会」発足。立岩徳治会長(9)。			
	1974.8.19　武雄市で「佐賀県カネミ油症被害者の会」発足。緒方登会長(9)。			
	1974.9.25　統一民事原告団が鐘化への抗議行動の強化などを決定(9)。			
1974.10　佐藤前首相がノーベル平和賞受賞決定(13)。	1974.10.8　3地区4被害者団体が「福岡県油症被害者の会」結成(9)。			
1974.10　サリドマイド訴訟統一原告団、被告の国・大日本製薬との和解成立(13)。	1974.10.15-16「カネミ闘争長崎連絡協議会」の被害者ら約30人がカネミ倉庫社長に面会を求めて正門前に座り込み。広島、福岡の被害者らも参加(9)。	1974.10.18　北九州市で長崎・広島・山口・福岡などの患者約60人とカネミ倉庫社長が交渉。社長は謝罪、治療に全力を尽くすと表明するが補償には触れず(9)。		
	1974.11.30　原告団、支援団体、弁護団など約50人の「カネミ油症鐘化抗議団」が鐘化高砂工業所で抗議。翌日、大阪の鐘化本社で抗議(9)。			
1974.12　オイルショックにより物価高騰(13)。	1974.12.25　午後1時より「油症患者グループ」の総会。世話人の細川が矢野トヨコ代表を中傷、数名とグループを脱退(3)。			1974.12　福岡県小倉北保健所で検診、129人中66人が認定される(朝日760618)。

社会状況・食品汚染・環境汚染	被害者・支援者	企業・財界	政府・自治体	医学者・専門家
	1975　紙野柳蔵がダーク油事件の鶏の掘り起こし調査を要求、行政責任の追求開始（西日本760330）。		1975　農林省がダーク油事件の被害鶏の追跡調査を関係各県の畜産課に依頼。東急エビスと林兼産業が当時補償した養鶏農家やブロイラー業者などをリストアップし、一戸ずつ聞き取り調査、農林省がまとめることに（7）。	
	1975.1　弁護団事務局の伊藤美代子らが鐘淵の責任を大阪の各種団体をまわり訴える（7）。			
	1975.1.28　全国集会の被害者らはカネミ倉庫社長と交渉、全国で無料医療券を約束させる（9）。			
	1975.2.17　油症被害者らの抗議団が鐘化本社で責任追及。三吉康広会長（9）。		1975.2.25　田中正巳厚生大臣が患者、企業側から要請があれば補償のあっせんに乗り出す、「難病指定はしない」と発言（毎日760613）。	
1975.3　山陽新幹線、岡山-博多間開業（13）。	1975.4.28　北九州市の天本旭ら5人がカネミ倉庫西門前で抗議の座り込み開始（9）。	1975.4.23　カネミ倉庫の加藤三之輔らは、全国集会との交渉を支援者の同席を理由に拒否（9）。		1975.4　九大大学院医学研究科の長山淳哉が油症の原因物質にPCDFを発見、発表（3）。
	1975.5.20　大阪総評、大阪消団連、民法協、関西化労協が「PCB追放・カネミ油症闘争支援大阪連絡会」結成（7）（9）。			

	1975.5.28　被害者約40人がカネミ倉庫正門、西門、東門前の路上に座り込み閉鎖、東門前で約30人が抗議集会。西門で従業員が患者ら10人を強制排除、支援者2人に暴行。天本旭らは西門前の座り込みを解く（9）。			
	1975.6.16　長崎市に被害者13団体が集まり全国集会被害者部会を開催（9）。	1975.6.17　鐘化の大沢社長が「人道的な立場から油症救済に協力する」と発言（朝日760617）。		
	1975.6.25　広島、長崎などの被害者25人がカネミ倉庫社長らと支援者抜きで交渉（9）。			
	1975.7.16　広島県カネミ油症被害者の会会長代理の勝矢幸人が個人として弁護団に公開質問状を提出。8月12日に弁護団事務局長の吉野高幸が回答（9）。			
	1975.8「全国集会」がさまざまな対立で解散（毎日760618）。矢野トヨコが「油症患者グループ」の総会を欠席、代表を辞任しようとするがメンバーに拒否される（3）。			
	1975.9.8-13　紙野柳蔵、天本旭ら10数人が農林省畜産局と食品流通局流通飼料課にダーク油事件の責任追及、省内に座り込み（9）。	1975.9.13　農林省食品流通局長と畜産局長は油症患者らにダーク油中毒鶏の追跡調査を報告すると約束。患者と支援者は座り込みを解く（9）。		

社会状況・食品汚染・環境汚染	被害者・支援者	企業・財界	政府・自治体	医学者・専門家
	1975.9下旬　長崎地区の守る会の野口会長は、厚生省政務次官に「我々は示談してもよいからせめて被害者だけでもカネカの社長に会えるよう厚生省は配慮してほしい」と長崎空港で申し入れ(1)。			
	1975.10.15　被害者の14団体と支援者の31団体が「カネミ油症事件全国連絡会議」結成。被害者代表鳥巣守、支援者代表金田弘司、弁護団代表内田茂雄、事務局長森永達夫、事務局次長矢野トヨコ(3)。			
	1975.10.30-31　紙野柳蔵ら約20人が上京、農林省畜産局流通飼料課長金田らに追跡調査と報告がずさんと抗議(9)。			1975.10末　倉垣匡徳九大教授、増田義人第一薬科大教授らの研究グループが日本公衆衛生学会で油症の主原因はPCBにごく微量に含まれているPCDFであると発表(7)。
	1975.11.10 「奈留町患者の会」(前島芳雄会長) から12名を残し会員が退会、黒岩元副会長を会長とする新団体結成。どちらかに一本化するまで加入しない者もおり、奈留の運動は3つに分裂(1)。			

	1975.11.12-13 「カネミ油症事件全国連絡会議」が大阪の鐘化本社で抗議行動。社長の大沢孝と初めて直接交渉(3)。	1975.11.12 鐘化の大沢孝社長が患者代表との交渉で「厚生省と相談して患者救済について考える」と確認書を作成(読売760301)(13)。		
	1975.11.20 福岡の告発する会が未認定問題等で福岡県公衆衛生課と交渉(9)。			
	1975.11.16 「油症患者グループ」総会で代表を交代してはどうかと相談。矢野トヨコは代表退任を決断(3)。			
	1975.11 北九州市役所前で裁判提訴記念集会開催(3)。			
1975.12 熊本県警は水俣病は業務上過失と認定、元社長と元工場長を書類送検(13)。	1975.12.21 「油症患者グループ」総会で矢野忠義が会長、土屋シズ子と小田が副会長、中山稔の娘婿が事務局長、矢野トヨコが相談役となる。矢野トヨコは正式に代表を退任(3)。			
1976 河野裕昭が写真集『河野裕昭写真報告:カネミ油症』を出版(14)。	1976.1.11 新認定者が「玉之浦カネミ油症新対策患者の会」結成。池崎明会長(9)。			
	1976.1.22 「カネミ油症事件全国連絡会議」事務局会議で鐘化本社での座り込みについて審議、決定(3)。			
	1976.1.23 集いの家と告発する会はダーク油中毒鶏の件で福岡県畜産課と交渉(9)。			1976.1.28 認定患者の定期検診が実施される(3)。

社会状況・食品汚染・環境汚染	被害者・支援者	企業・財界	政府・自治体	医学者・専門家
	1976.1.30　「カネミ油症事件全国連絡会議」は鐘化本社での座り込みと同時進行で厚生省交渉を始めることを決定（3）。			1976.1.29　「油症患者グループ」の未認定者検診が実施される（3）。
	1976.1　長崎の被害者が「油症患者グループ」に鐘化本社での座り込みを提案（3）。			
1976.2　アメリカでロッキード事件が発覚（13）。	1976.2.8　矢野トヨコ、元「全国集会」呼びかけ人の牧師、「カネミ油症事件全国連絡会議」事務局長、「広島被害者の会」事務局長らが厚生省交渉のため上京（3）。			
	1976.2.9　カネミ油症事件全国連絡会議の代表団が鐘化本社前に徹夜で座り込むが、弁護団の4、5人と第2陣原告団の団長が止めに入る。また同代表団は翌日まで東京で厚生省交渉（3）（9）（日経760210）。	1976.2.9　鐘淵化学本社（大阪）で幹部が「責任はない」とくり返す（西日本760402）。	1976.2.9　厚生省はカネミ油症事件全国連絡会議代表者との交渉で被害者救済について関係企業に行政指導することを約束（13）。	
			1976.2.19　松浦厚生省環境衛生局長はカネミ倉庫と鐘化に救済策について今月中にも行政指導に乗り出したいと発言（毎日760613）。	

			1976.2.25-3.3　農林省と福岡県はダーク油事件の鶏の掘り起こし調査を初めて実施、深江海岸に埋められた鶏の骨を採取。検体は吹田市の財団法人日本食品分析センターで分析予定(1)(9)。	
	1976.2.27-28　北九州市で全国公害弁護団連絡会議総会。16団体約70人が参加、油症の裁判をとくに重視すると決定（西日本760329）。		1976.2.29　鐘化は「カネミ油症事件全国連絡会議」代表の鳥巣守氏からの申し入れに対し事件の責任を否定、独自の救済策もとらないと回答（読売760301）。	
1976.3.27-4.5　西日本新聞に連載「油症を背負って・裁判結審を前に」全10回（西日本760327-0405）。	1976.3.25　夜、第2陣訴訟原告団準備会で現段階の原告数は297人と判明（西日本760405）。			1976.3.23　油症治療研究班が福岡市で会議（朝日760615）。診断基準を改訂、典型症状と血中PCBの4項目のみを重要所見として、他の15項目は参考症状とする(9)。
	1976.4.23　新認定患者グループの5人がカネミ倉庫西門前で抗議の座り込み(9)。		1976.4.3　中村食品衛生課長は今年2月から厚生省は関係者と積極的に接触しており、早急な解決に努力すると発言（毎日760613）。	
	1976.5.18　紙野柳蔵一家はカネミ倉庫正門前の座り込みを解き添田に帰宅(9)。			
	1976.5.19　「カネミ油症事件大阪連絡会議」が統一民事支援のために大阪弁護士会館で決起集会。患者や支援グループ約200名が参加（日経760520）。			

社会状況・食品汚染・環境汚染	被害者・支援者	企業・財界	政府・自治体	医学者・専門家
	1976.5.31 この日までに認定された患者は1,540名、うち635名は福岡県(3)。			
1976.6.6-6.20 毎日新聞に連載「油症八年」全15回(毎日760606-0620)。朝日新聞では6月15日から21日まで「結審カネミ油症事件」全6回連載(朝日760615-0621)。	1976.6.18 被害者が鐘化本社で抗議行動(朝日760619)。	1976.6.11 午後、鐘化の佐藤宏夫総務部長は毎日新聞記者と会見。自社に責任はなく治療費も負担する気がないと発言(毎日760612)。	1976.6.14 午後、厚生省の油症治療研究班が福岡市内で今年度の打合会議。「油症児の成長遅延は治った」と報告(毎日760615)。	1976.6.14 油症の診断基準改定。皮膚症状、血中PCBの性状と濃度が重要所見となる(5)。
1976.6 日本化学鉱業の元従業員らがクロム禍損害賠償請求訴訟(13)。	1976.6.23-25 統一民事第1陣最終弁論(13)。			
1976.7.10 イタリアのメダで、化学企業ホフマン・ラ・ロシュ社の下請けイクメサ農業工場が爆発事故。ダイオキシンを含む煤煙がセベソ一帯に降り注ぎ、周辺のトチや動植物、住民が汚染される(3)。				
	1976.9.9 佐賀県の26歳の女性認定患者が長崎県の西海岸から飛び降り自殺。認定患者の死亡は45人目、うち自殺は2人目。9月16日昼に佐世保海上保安部が水死体を収容(毎日761203)。			
	1976.9.21 天本旭がカネミ倉庫前で無期限の座り込み開始(9)。			

	1976.9.27-10.2 北九州市の被害者、告発する会などが福岡県公衆衛生課前に座り込み。認定業務の法的根拠について連続交渉(9)。			
	1976.10.8 カネミ油症事件統一民事第2陣訴訟。155人がカネミ倉庫、同社長、国、北九州市、鐘化を提訴。請求額83億8,000万円(1)。最終原告363人(5)。			
	1976.10.30 福岡民事結審(1)。この日までに66回の口頭弁論、期日外証拠調べ4回。証人は原告・被告合わせて60人、提出された書類は約620点(7)。※(13)によると10月8日。			
	1976.11.12 「カネミ油症全国連絡会議」がカネミ油症闘争勝利全国決起集会を北九州市の小倉労働会館で主催(日経761113)。			1976.12.18 統一民事第1陣訴訟の公正判決を求め、学者115人がアピール(13)。
				1976.12.21 北九州市の医師坪井秀雄が未認定患者3人を食中毒として届け出(9)。
	1977.6.2-4 全国連絡会議は厚生省に座り込み、抗議交渉。3日には全国連絡会議、全国消団連など約100人が鐘化本社で長時間の交渉(9)。	1977.1.28 業務上過失傷害罰に問われたカネミ倉庫社長と同倉庫元工場長に対する論告求刑公判で、検察側はともに禁固2年を求刑(日経770129)。		

社会状況・食品汚染・環境汚染	被害者・支援者	企業・財界	政府・自治体	医学者・専門家
1977.9 日本赤軍、パリ発東京行き日航機をハイジャック(13)。	1977.8.2 北九州市のHMが福岡県の一斉検診で受けた認定保留処分の取り消しを求めて厚生大臣に行政不服審査請求書を提出(9)。			
	1977.10.5 福岡民事第1審判決。福岡地裁の権堂義臣裁判長はピンホール説を採用、鐘化に製造責任、カネミ倉庫と同社長に過失責任を認める。3者連帯で賠償総額6億8268万円、1人当たり2,570万円から860万円(s)。鐘化は控訴、執行停止申し立て(日経771006)。	1977.10 農林大臣がカネミ倉庫をJASの認定工場に指定(1)。		
		1977.10.8 カネミ倉庫は福岡民事第1審判決に対し控訴断念を表明。社長も19日に控訴断念(日経771006)。		
1978-1979 台湾油症が発生。83年までの被害者数は2,022人(5)。	1978.2.19 統一民事第1陣原告団総会で鐘化などへの強制執行体制を決定(13)。			

	1978.3.10　カネミ油症事件統一民事第1陣第1審判決。福岡地裁小倉支部民事1部はカネミ倉庫と鐘化の責任を認める。賠償総額60億8,016万6,646円、1人当たり約835万円1,887円。鐘化は控訴、カネミ倉庫は判決前からの表明通り控訴せず（日経780310）(1)。原告は夕方から夜にかけて鐘化本社や工場など4ヶ所で賠償額と利息をあわせた89億6,800万円の差し押さえ（強制執行）にかかるも、鐘化にはほとんど現金が見当たらず（朝日780311）。原告は同月22日に控訴（朝日780323）。			
	1978.3.27　長崎と佐賀の未認定患者が「カネミ倉庫全国被害者統一交渉団」結成(9)。		1978.3.24　福岡地裁小倉支部の寺坂博裁判長はカネミ倉庫加藤社長三之輔を無罪、元工場長MYに禁固1年6ヶ月の実刑判決、事故の予見可能性を認める。MYは控訴(1)(9)。	
1978.6　水質汚濁防止法改正施行(13)。	1978.7.6-7　「カネミ油症事件全国連絡会議」内に組織された「未訴訟被害者対策委員会」（森永達夫代表）はカネミ倉庫と鐘化と厚生省立ち会いのもと確認書に調印。当面一時金として1人あたり鐘化から130万円、カネミ倉庫から22万円（朝日780706）(9)。裁判の終結後、原告に準じた相当額を支払うという条件(3)。	1978.6　日本精米製油常務の加藤五平太から加藤八千代へ書簡。PCBの混入は脱臭装置の改良の際の工作ミスであると現場の連中は百も承知である、事故の油は一時別にとってあったがいつのまにか元に戻されて無くなっていたらしい、との内容(1)。		

社会状況・食品汚染・環境汚染	被害者・支援者	企業・財界	政府・自治体	医学者・専門家
	1978.7.16　統一民事第2陣第2次提訴。125人が加わる(5)。田川地区の2陣原告31人が一時金支払いの仮処分を申請(9)。			
1978.8　日中平和友好条約調印(13)。	1978.9.6　福岡地裁小倉支部はカネミ倉庫と鐘化から2陣原告への仮払いを認める(9)。			
	1978.10　「油症患者グループ」臨時総会。グループは訴訟派、未訴訟派、未認定派に分裂、矢野忠義は会長辞任(3)。			
	1978.10.23　北九州の未認定患者らが厚生省で交渉後泊まり込み。翌日、強制排除(9)。			
1979.3　この頃より台湾で油症発生(9)。	1979.2.27　47団体115人が「カネミ油症事件東京支援連絡会」結成(9)。		1979.4.6　厚生省は北九州のHMに行政不服審査請求却下の裁決書送付(9)。	
	1979.7.20　仮払金受領によって生活保護を打ち切られた北九州市の2陣原告12人が生活保護費支給廃止処分は不当と福岡県知事に行政不服審査請求(9)。		1979.7.26　厚生省は未認定患者12人に行政不服審査請求却下の裁決書送付(9)。	
1979.9　薬事2法成立。スモン訴訟和解成立(13)。	1979.7.31　統一民事で原告被告人が、農林省が1968年6月にダーク油事件の原因を有機塩素化合物と推定しながら公表しなかった事実を示す新証拠を提出(1)。	1979.8　月刊『油脂』に掲載するため、加藤八千代が「私が抱いた数々の疑問」を出版社に提出、のちに発表される(1)。		

1979.10.7　台湾の台中県大雅郷で全寮制の盲学校の生徒と教職員、工場労働者などに重症の吹き出物を主症状とする奇病発生。台北にある国立栄民総医院本院の医師たちが政府の要請で原因究明に乗り出す(3)。		1979.11.1　カネミ倉庫の元脱臭係長HHが小倉労基署に労災認定申請(9)。	1979.10.29　福岡県は生活保護打ち切りの行政不服審査請求に棄却の裁決(9)。	1979.11　浦上教授から加藤八千代へ書簡。カネクロールを加熱するとより強い毒性を示すPCDFおよびPCQができる。カネクロールそのものにはこれらは含まれていない。よって食用油メーカーがカネクロールの取り扱いを誤ったといえ、鐘化に責任があるとは一般科学工業界では承伏しがたいとの内容(1)。
1980代				
1980.2.7　台湾影化地裁は影化油脂社長と卸売り業者ら3人に各懲役10年の判決(9)。※(3)によると6月21日、台湾政府は奇病の原因となった油を製造した影化油脂を突き止め、製造と出荷を停止させる。行政命令で影化油脂の社長、取締役、販売会社の豊香油行店主らの身柄を拘束、食品衛生管理法違反の容疑で起訴(3)。	1980.1.21　姫路民事の原告敗訴(6)(9)。			
	1980.4.24　未訴訟対策委員会は未提訴患者へのアンケート調査の結果を発表(9)。		1980.3.26　小倉労基署はHHの油症を業務によるものと労災認定(9)。	
	1980.6.30　大阪地検は鐘化の強制執行不正免税罪の成立を認め起訴猶予処分(9)。	1980.6.29　各紙朝刊でカネミ倉庫の従業員だったHH・元脱臭係長が鐘化側弁護士に事故の真相を語ったが、法廷ではそれについて証言しなかったと報道(1)。		

社会状況・食品汚染・環境汚染	被害者・支援者	企業・財界	政府・自治体	医学者・専門家
		1980.7.12　加藤八千代がHH脱臭係長に書簡。私に対しなにかしてほしいことや困っていることがあれば、遠慮なく申し出てほしい、費用で弁護士を依頼することもできるとの内容(1)。		
		1980.8.8　HH脱臭係長から加藤八千代へ返書。油症事件は始めから終わりまで嘘で固めている、事実を言っても人々が苦労せずにすむ、今のところはお願いすることはないとの内容(1)。		
		1980.8.11　門司市のめかり会館で加藤八千代とHHが会談。加藤八千代は事故の真相内容を尋ね、HHに「あなた自身の筆で書いてはくれないか」と依頼(1)。		
	1980.9.26　統一民事の原告団代表は鐘化の起訴猶予処分は不当と検察審査会に申し立て(9)。	1980.9.26　加藤八千代からHH脱臭係長へ書簡。「こんな大切なことは自筆でかかれたものでないと、私としても学会に発表できませんので」自筆でメモを書いてくれるよう依頼(1)。		
		1980.12.19　鐘化はカネミ倉庫の元工場長MYを業務上過失傷害・偽証罪で告発(9)。		

	1981.1.29　刑事控訴審公判で患者らがMYの減刑嘆願書を提出(9)。			1981.1.9　東京神田の学士会館で行われたR・M・ロータリー（研究開発に従事する科学者、技術者集団）の例会で加藤八千代が「科学技術上の問題点からみたカネミ油症事件の原因」を講演(1)。
		1981.4.13　加藤八千代、神力達夫、三和油脂の技術担当常務・岩田文男が東京で座談会(1)。		
	1981.6.14　統一民事第2陣第1審結審(1)。			1981.6.16「カネミ油症診断基準」改訂。これまで含まれていた知覚神経伝導性と副腎皮質機能の低下の項目が無くなる(3)。「血中PCQの性状および濃度の以上」が追加(5)。
1981.9　クロム職業病訴訟で東京地裁は企業の責任を認め損害賠償を命ずる判決(13)。	1981.10.12　統一民事第3陣提訴。29人がカネミ、同社長、国、北九州市、鐘化を相手取り提訴。請求額17億6,500万円。最終原告73人(13)(s)。	1981.10.31　福岡地検は鐘化によるMYの告発を不起訴処分(9)。		1981.8　原田正純、津田敏秀らが長崎県五島の玉之浦町にて2度目の調査(5)。
1982.1.25　イタリアのセベソで第1回ダイオキシン国際会議(3)。		1982.1.25　福岡高裁の生田謙二裁判長は刑事事件の控訴審判決でMY被告の控訴を棄却。MYは上告(9)(13)。		
	1982.1.27　統一民事第3陣第2次提訴。20人が加わる（朝日850127）。	1982.1.29　鐘化は福岡地裁に不起訴処分の取り消しを求める行政訴訟を提訴(9)。		

社会状況・食品汚染・環境汚染	被害者・支援者	企業・財界	政府・自治体	医学者・専門家
1982.2　クロロキン剤薬害訴訟で東京地裁は国・製薬会社・医師の過失責任を認め賠償支払いを命じる。日航機、羽田沖に墜落（13）。	1982.2.14　福岡市に21団体の代表37人が集まり裁判の勝利と全被害者救済・食品公害根絶をめざす全国実行委員会を結成（9）。			
1982.6　東北新幹線、大宮－森岡間開業。11月には上越新幹線、大宮-新潟間開業（13）。	1982.3.29　統一民事第2陣第1審判決。福岡地裁小倉支部は北九州市と国を除くカネミ倉庫、同社長、鐘化の責任を認める（5）。賠償総額24億9,000万円（13）。原告と鐘化は控訴。裁判所の門前に全国から約1,200人が集まり「カネミ油症第2陣勝利判決を勝ち取る3.29集会」。東京では原告と支援者が交渉を求め厚生省前で徹夜で座り込み（7）。	1982.5.6　カネミ倉庫の元工場長MYは上告を取り下げ禁固1年6ヶ月の実刑確定（9）。		
	1983.1.18　総評、全国公害弁連、弁護団、福岡県評、長崎県評など10団体が「カネミ油症被害者の救済をめざす全国支援連絡会議」結成（9）。			
	1983.2.17　「カネミ油症事件福岡支援の会」結成（9）。			
	1983.2.26　福岡市で「カネミ油症事件・食品シンポジウム」（9）。			

1983.3　旧松尾鉱山ヒ素汚染訴訟で宮崎地裁延岡支部は原告の主張を認め、総額1億円余の損害賠償を命じる(13)。	1983.3.11　福岡民事第2審結審(1)。			
1983.11　愛媛大の立川涼らがごみ焼却炉からダイオキシンを検出(14)。		1983.12.23　福岡地裁は鐘化の行政訴訟に却下判決。鐘化は控訴(9)。		1983.9.15-18　西川和子が矢野夫妻、河野裕昭と台湾油症を視察(9)。
1984.1　三井三池有明鉱で坑内火災(13)。	1984.1.17　統一民事第1陣第2審判決。福岡高裁第4民事部の美山和義裁判長は国に対して有責所見を盛り込んだ和解勧告書を渡す(13)(日経840118)。			
	1984.1　統一民事第1陣第2審結審(1)。		1984.2.9　法務・厚生・農水の3省は統一民事第1陣第2審の和解拒否を福岡高裁に回答(7)(日経840209)。	
1984.3　グリコ・森永事件(13)。	1984.3.13　消費者団体や婦人団体、公害団体などが「最大の消費者被害・食品公害の犠牲者であるカネミ油症患者の早期・全救済を求める実行委員会」結成(7)(9)。			

社会状況・食品汚染・環境汚染	被害者・支援者	企業・財界	政府・自治体	医学者・専門家
	1984.3.16　福岡民事第2審判決。鐘化の製造責任、カネミ倉庫と同社長の過失責任が再認される。鐘化への認容額は第1審判決より約3億9,000万円下がる。鐘化は上告。カネミ倉庫と同社長への判決は確定(5)。認容額3億9200万円(1)。 統一民事第1陣第2審判決。福岡高裁は北九州市を除くカネミ倉庫と鐘化、さらに第1審では認めなかった国と社長の責任を認める。食品公害で国の過失責任が認められたのは初(7)。認容額は47億400万円。国と鐘化が上告(1)。		1984.3.17　統一民事第1陣第2審判決を受けて国は24億9,500万円、鐘化は30億8,600万円を原告に支払う(日経840317)1人当たり最高1,500万円(7)。	
	1984.5.18　統一民事第1陣で仮払いされた約56億円の損害賠償額のうち約8億円を原告弁護団(内田茂雄団長)が原告に無断で銀行から引き出していることが各地の被害者の会で問題化(3)(日経840518)。※(9)によると17日。		1984.3.29　国は統一民事第1陣第2審判決を不服として上告(7)。	1984.4-1985.3　福岡県衛生部が実施した認定患者の一斉検診で血液を採取した118人のうちPCB濃度が5ppbを超える人が41人、4ppbを超える者が15人、10ppbを超える者が5人。健康な人は平均3ppb(7)。
	1984.5.31-6.19　各地区の被害者の会で1陣原告団からの脱退が相次ぐ(9)。			
	1984.6.20　統一民事第1陣原告から脱退した田川、北九州、奈留、玉之浦などの319人「カネミ油症新原告団」結成。坂本彰団長(9)。			

	1984.7.6　カネミ油症新原告団は福岡民事の主任弁護人を務めた原口酉男を選任。「カネミ油症原告連名」に改称(9)。			
	1984.7.8　統一民事第1、2、3陣原告団と弁護団は北九州市内で代表者会議。3団体を統一した「カネミ油症事件統一民事原告団」発足。三吉康広団長(日経840709)。			
	1985.1.30　全国統一民事訴訟原告団と未訴訟対策委員会はカネミ倉庫と交渉、認定患者全員に受領券配布などを確認(9)。			
	1985.2.13　統一民事第3陣第1審判決。福岡地裁小倉支部の鍋山健裁判長は初めて工作ミス説を採用(3)。北九州市を除く国、鐘化、カネミ倉庫、同社長の責任を認める(5)。認容額は3億7,100万円。国と鐘化が控訴(1)。	1985.2.14　統一民事第3陣第1審判決を受け、鐘化は遅延損害金を含む3億4,853万円を原告代理人に支払う(日経850215)。	1985.2.14　統一民事第3陣第1審判決を受け、国は遅延損害金を含む2億233万円を原告代理人に支払う(日経850215)。	
			1985.2.22　法務・農水・厚生の3大臣協議で行政上執り得る措置を確認(13)。	
1985.4　三菱高島鉱でガス爆発。翌月には三菱大夕張鉱でガス爆発(13)。		1985.6.3　統一民事第2陣第2審の審理終結に際し蓑田速夫裁判長は国と鐘化に和解勧告(13)(日経850615)。		1985.5.30　油症研究班は全国の検診票を統一し、検診項目を全身に拡大、150項目にすることを決定(9)。

社会状況・食品汚染・環境汚染	被害者・支援者	企業・財界	政府・自治体	医学者・専門家
	1985.6.14　「未訴訟対策委員会」の代表が森永達夫から矢野忠義に交代(3)。	1985.6.14　国と鐘化は統一民事第2陣原告との和解拒否(日経850615)。		
1985.8　日航ジャンボ機が御巣鷹山に墜落(13)。	1985.7.29　新たに認定された10人が統一民事第4陣としてカネミ倉庫、同社長、国、鐘化を提訴(5)(9)。請求総額は4億5,000万円(13)。			
	1985.11.24　未訴訟対策委員会は長崎県玉之浦町で全国代表者会議。560人が「油症福岡訴訟団」を結成しカネミ倉庫、同社長、鐘化、国を訴えると決定。矢野忠義団長(3)(9)。			
	1985.11.29　未訴訟対策委員会から油症福岡訴訟団に入らなかった74名は統一民事第5陣としてカネミ倉庫、同社長、鐘化、国を提訴。最終原告78人(9)(s)。請求総額は20億8,000万円(13)。			
	1985.12.23-28　統一民事原告ら30人が農水省前で座り込み(9)。		1985　法務・農水・厚生の3大臣確認事項によってカネミ倉庫への政府米の保管委託が決定(長崎101008)。	
	1986.1.6　油症福岡訴訟提訴。油症福岡訴訟団の303人がカネミ倉庫、同社長、鐘化を提訴(5)。最終原告576人。請求総額は117億9,000万円(13)。仮払い仮処分も申請(9)。			

	1986.1.27　油症福岡訴訟第2次提訴。115人が加わる(5)。		1986.2.26　羽田農水大臣が、被害者・原告との交渉で「人道上の立場から実質的な解決について真剣に検討」と回答(13)。	
	1986.4.8　統一民事第4陣の第2次提訴。7人が加わる。最終原告17人(5)。		1986.3.26　北九州市議会が油症事件の早期全面解決と関係企業への指導を求めた意見書を全会一致で採択。中曽根首相と法務・農政・厚生3大臣に提出(13)。	
	1986.4.30　油症福岡訴訟の第3次提訴。145人が加わる(5)。			
	1986.5.6　統一民事原告団は代表者会議で和解案をまとめる(日経860506; 日経860515)。			
	1986.5.9　統一民事原告団は同月6日にまとめた和解案を初めて国に提示。早期前面救済を求める内容(日経860515)(13)。			
	1986.5.10　油症原告連盟、油症福岡訴訟団、福岡民事原告団の3団体が「全国油症被害者協議会」結成(9)。			
	1986.5.15　統一民事第2陣第2審判決。福岡高裁民事第3部は工作ミス説を採用、国と北九州市、鐘化を除くカネミ倉庫と同社長の責任を認める(5)。賠償総額18億3,000万円(13)。鐘化の製造物責任が否定されたのは初(7)。			

社会状況・食品汚染・環境汚染	被害者・支援者	企業・財界	政府・自治体	医学者・専門家
	1986.5.18　統一民事原告団はカネミ倉庫へ強制執行の方針を確認(9)。			
	1986.5.20　全国油症被害者協議会はカネミ倉庫への強制執行中止を求める要望書を2陣原告団・弁護団に送付。原告団は執行を見合わせ交渉継続(9)。			
	1986.5.23　統一民事原告団は第2陣控訴審判決を不服とし「不当判決抗議のつどい」開催(7)。			
	1986.5.26　統一民事第2陣第2審判決に原告が上告(日経860526)。			
	1986.5.27　統一民事の原告、弁護団、支援者が鐘化の株主総会に株主として出席。被害救済を迫る抗議行動(7)。			
	1986.5.29　油症福岡訴訟第4次提訴。16人が加わる。最終原告579人(s)。			
	1986.6.20　統一民事2陣原告団長横地秀夫らは県知事に1世帯100万円の緊急貸付を陳情(9)。	1986.6.5　統一民事第3陣第2審の打ち合わせで高石博良裁判長は鐘化に和解を打診(9)。		1986.6.6　油症治療研究班は油症治療指針と油症患者の生活指針を作成(9)。
	1986.6.27　統一民事原告団長三吉康広ら9人が鐘化の株主総会に出席、責任追及(9)。			

	1986.6.23-10.8　統一民事原告団、弁護団、支援団体は鐘化本社前で108日間の座り込み(7)(13)。			
	1986.7　統一民事第2陣第2審判決に原告が上告(5)。			
	1986.10.7　最高裁第3法廷で統一民事第1陣と福岡民事が併合された上告審の口頭弁論開始(7)(13)。			
	1986.11　原告側弁護団は最高裁の口頭弁論で全面勝訴となった第1陣判決に変更を加える可能性が強まったと判断し、解決の可能性を探り始める(7)。	1986秋　最高裁は鐘化と原告に和解を打診(5)。		
	1986.12.9。統一民事の第5陣第2次提訴。4人が加わる(s)。			
	1987.1.10　全国消団連、カネミ全国支援会議による「カネミ油症事件支援全国キャンペーン」開始(13)。			
	1987.2.20　最高裁は和解の意向打診(13)。			
1987.2.27　福岡県で長山淳哉らが第6回ダイオキシン国際会議を主催(3)。	1987.2.27-3.14。「カネミ油症事件統一民事原告団」と「油症福岡訴訟団」は、最高裁からの和解勧告を受けて原告団代表者会議を開く。その後10地区で13回の地区会合(7)。	1987.2.27　最高裁第3小法廷の伊藤正己裁判長が鐘化と原告に和解勧告(13)。		

社会状況・食品汚染・環境汚染	被害者・支援者	企業・財界	政府・自治体	医学者・専門家
	1987.2.28　北九州市の2陣原告9人が16日にカネミ倉庫の差し押さえ命令を申し立てたのに対抗し、福岡民事原告44人が配当要求書を提出していたと判明(9)。			
	1987.3.14　2陣原告9人はカネミ倉庫への債権差し押さえ申し立てを取り下げ(9)。			
	1987.3.15　統一民事原告団と油症福岡訴訟団の代議員会議が最高裁第三小法廷から受けていた鐘化との和解勧告の受諾を正式決定(7)。	1987.3.17　鐘化は一連の民事訴訟について最高裁第3小法廷提示の和解案を受け入れることを正式に決定、最高裁に通知(日経870317)。		
	1987.3.20　最高裁は統一原告団に判決まで行けば国の責任を否定せざるを得ないことを示唆、国の同意なしに判決を回避するには国に対する訴訟を放棄するしかないと伝える(3)。最高裁で各原告団とカネミ倉庫の間に和解が成立(5)。和解を拒否した統一民事第2陣原告3人を除き、最高裁で全原告団と鐘化との間に和解が成立(7)。			
	1987.3.23　油症福岡訴訟団は訴訟取り下げ(9)。			
	1987.3.25　統一民事第1陣原告団が国への訴えを取り下げ(13)。			

	1987.3.28 カネミ油症を告発する会がカネミ倉庫正門前で200回目の座り込み(9)。			
1987.4 国鉄民営化、JRに(13)。	1987.4.14 2陣原告KMら3人が最高裁に弁論再開を求める上申書提出(9)。		1987.4.14 法務、農水、厚生の3省は訴訟取り下げに応じない方針を固める(9)。	
	1987.4.17 この日まで認定患者数は1,858人、届け出は1万人超(7)。	1987.4末 鐘化は未訴訟派15人(田中洋一代表)と和解。鐘化は今後の新認定について和解に応じないと表明(9)。		
	1987.6.16 油症原告連盟が国への訴え取り下げ(5)。	1987.5.1 カネミ倉庫は治療費削減の「御願い」を統一民事原告団などに送付(9)。	1987.6.22 国は油症福岡民事の原告側の訴えの取り下げに同意(7)。	
			1987.6.25 農水・厚生・法務・大蔵の4省は統一民事第1陣、第2陣原告による訴えの取り下げに同意、最高裁で手続き(5)(7)。1陣、3陣原告に支払った仮執行金約27億円の返還を要求すると表明(9)。	
	1987.7.18 統一民事原告団は仮執行金の返還に応じないと決定(9)。		1987.7.29 農水省九州農政局総務部長名で1陣原告756人全員に仮払金返済の納付告知書を郵送。以降、毎年送付(9)。	
	1987.9.28 統一民事第3陣原告が国への訴えを取り下げる(s)。		1987.10.12 国は統一民事第3陣原告の訴え取り下げに同意書提出(9)。	
	1987.10.17 統一民事第4陣、第5陣原告が国への訴えを取り下げる(s)。※(9)によると16日。	1987.10.15 カネミ倉庫、同社長と統一民事4陣、5陣原告の間で和解が成立(9)。	1987.10.21 国は第3から5陣原告による訴えの取り下げに同意(s)。※(9)によると22日。	

社会状況・食品汚染・環境汚染	被害者・支援者	企業・財界	政府・自治体	医学者・専門家
	1987　「油症福岡訴訟団」は「油症医療恒久救済対策協議会」に名称変更、矢野忠義会長(3)。矢野トヨコが『カネミが地獄を連れてきた』上梓(14)。	1987.12.21　カネミ倉庫と同社長と油症福岡訴訟団の間で和解が成立(9)。		
				1988.6　全国油症治療研究班総会で摂南大学の宮田英明氏らが油症の主な原因はPCDFであると発表(5)(9)。
1989.1　昭和天皇崩御(13)。	1989.2.7　和解を拒否していた統一民事2陣原告3人が和解を受け入れると判明(9)。			
1989.4　消費税スタート(13)。	1989.3.20　訴えの取り下げを拒否していた統一民事2陣原告3人が国への訴えを取り下げ(5)。		1989.3.31　国は全国統一民事第2陣原告3人による訴訟の取り下げに同意(s)。	
1990年代				
1990.9.12　ストックホルムでダイオキシン国際会議(3)。	1990.7.13　長崎市で原告団代議員会(13)。	1993.1.23　カネミ倉庫は長崎大病院など3病院への治療費支払い中止の申し入れを撤回(9)。		
	1993-2003年度　この間の新規認定者は1人(14)。	1993.1.24　カネミ倉庫が五島の2町に累計6.5億円以上など全自治体に治療費を未払いと判明(9)。	1993.1.25　カネミ倉庫が支払うはずの患者の治療費を、長崎、福岡県内などの地方自治体が20数年間にわたり国民健康保健会計などから総額7億4,000万以上を立て替えていることが判明(日経930126)。	

1995　阪神淡路大震災、地下鉄サリン事件(13)。	1995.7.22　カネミ油症を告発する会がカネミ倉庫正門前で300回目の座り込み。午後、約150人が「人間の鎖」を作る(9)。			
――仮払金返還問題期――				
1996.3　薬害エイズで和解(13)。			1996.3　国が各地の裁判所に仮執行金の返還を求める調停を申し立て(9)。	
			1996.6上旬　九州農政局は各原告に仮払金の返済督促状を送付。債務は1人当たり約300万円、総額27億円(5)。	1996.6.19-20　油症治療研究班会議は治療指針と生活指針の見直しを検討(9)。
	1996.7.22　統一民事第1陣、第3陣原告約500人が5人を代表にして福岡地裁小倉支部に国との調停を申し立て。国側も同意。調停では5人について「返還」あるいは「支払い延期」など解決を図る際の条件を決める（日　経960722)。9月19日までに5人が追加(9)。		1996.7.9　この日までに農水省畜産局流通飼料課は仮払金返還問題について統一民事原告団、弁護団、カネミ油症原告連盟と個別に協議。統一原告団と弁護団は調停で解決を図ることに大筋合意。連盟は態度を保留(9)。	
1996.9　薬害エイズ事件でミドリ十字の元・前・現社長逮捕(13)。	1996.10.28　統一民事の原告代表5世帯10人のうち4世帯7人の調停成立。患者の資力に応じて分割返済、支払期限延期、少額返済に分け、利息は実質的に免除。残りの患者のモデルケースとする(9)。		1996.10.23　農水省と油症原告連盟が協議、調停による解決で大筋合意(9)。	

社会状況・食品汚染・環境汚染	被害者・支援者	企業・財界	政府・自治体	医学者・専門家
1994.4　消費税が5%に(13)。	1997.4.14　患者ら815人の調停開始。福岡地裁小倉支部で4世帯9人の調停成立(9)。		1997.3.21　仮払金返還問題で、国は原告や相続人815人に対し全国20ヶ所の地裁で調停を申し立て(日経970321)(9)。	
1997.6　臓器移植法成立(13)。	1997.8.29　福岡地裁は所在不明の元原告1人に仮払金返還命令の判決(9)。			
1998.2　ルポライターの明石昇二郎が環境ホルモンの問題として油症問題の取材を開始(14)。				
1998.11　明石昇二郎が「『カネミ油症』の被害者たちは今」を『季刊地球の一と創刊号』で発表(14)。				
1998.7.16　環境庁はコプラナーPCBを大気汚染防止法の規制対象に加える方針を明らかに(日経980717)。29日に西淀川公害訴訟で原告と国・公団との和解成立(13)。				
	1999　原田正純が矢野忠義・トヨコ夫妻に誘われて玉之浦町を訪れ患者を診察(5)。			
1999.9　茨城県東海村の核燃料加工会社東海事業所で日本初の臨界事故(13)。	1999.9.12-17　ヴェネチアで開かれた「第19回ダイオキシン国際会議」に矢野忠義氏・トヨコ氏と「止めよう!ダイオキシン汚染・関東ネットワーク」が参加、油症問題をアピール(5)(9)。			

	1999.9.27　仮払金の債務者827人全員の調停が終了(9)。			
	1999.12.5　「止めよう!ダイオキシン汚染・関東ネットワーク」がカネミ油消費会社支援東京集会を板橋区立産業文化会館で開催。76名参加(5)。			
2000年代				
2000.4　介護保険制度スタート(13)。	2000.3　「止めよう!ダイオキシン汚染・関東ネットワーク」が長崎県五島で原田正純らと第1回自主検診(5)。			2000-2004　原田正純らが長崎県五島市の玉之浦町、奈留町の患者61人に検診と聞き取り調査(5)。
	2000.6　「止めよう!ダイオキシン汚染・関東ネットワーク」が『今、なぜカネミ油症か』発行(5)。			2000.6　油症研究班が『油症研究:30年の歩み』刊行(5)。
	2000.8　「止めよう!ダイオキシン汚染・関東ネットワーク」が長崎県五島で原田正純らと自主検診(5)。			
	2000.9.26　「止めよう!ダイオキシン汚染・関東ネットワーク」が農水省、厚生省と交渉。以後2002年6月までに計8回省庁交渉を行う(5)。			
2001　水俣病関西訴訟控訴審判決は国と熊本県の責任を認める。水俣病関西訴訟上告。 ハンセン病熊本地裁判決、政府が控訴断念。アメリカで同時多発テロ(13)。			2001.12　坂口力厚生労働大臣が参院決算委員会で「油症原因物質はダイオキシン類」と答弁、認定基準の見直しを約束(5)。	2001　九大の古江増隆が全国油症治療研究班の班長となる(14)。

社会状況・食品汚染・環境汚染	被害者・支援者	企業・財界	政府・自治体	医学者・専門家
2002　この頃から油症の報道が増加(14)。				2002 全国油症治療研究班は希望する患者の血中PCDF濃度を測定することを決定(3)(6)。
2002.5　経団連と日経連が統合、日本経済団体連合会(経団連)発足(13)。	2002.6.28　油症被害者が坂口力厚生労働大臣と初面談(5)。			
	2002.6.29。「止めよう!ダイオキシン汚染・関東ネットワーク」から分派した「カネミ油症被害者支援センター」設立(以下YSC)。佐藤禮子、石澤春美、大久保貞利共同代表、藤原寿和事務局長(14)。東京・池袋エポック10で設立集会。被害者6名が長崎県五島や福岡県から参加(5)。			
2002.9　明石昇二郎がルポルタージュ『黒い赤ちゃん:カネミ油症34年の空白』上梓(13)。	2002.7-8　YSCが認定・未認定の女性被害者にアンケート調査。回収率39%(5)。			
2002.9.17　サン・ジョルジョ島にあるサン・ジョルジョ・マッジョーレ教会協会でこの日まで第19回ダイオキシン国際会議(3)。	2002.10.28　YSCが 第1回カネミ油症学習会を開催。講師は小栗一太(5)。			
2002.12　東北新幹線の盛岡-八戸間開業(13)。	2002.12.7　YSCが第2回カネミ油症学習会を開催。講師は明石昇二郎(5)。			

	2002.12.19　YSCが厚生労働省と交渉（5）。			
	2002　五島市の被害者3人が「ダイオキシンを考える会」結成（13）。			
	2003.1.18　YSCが第3回カネミ油症学習会を開催。講師は増田義人（5）。			
	2003.2.11　YSCがカネミ油症女性被害者健康調査中間報告会を開催。池袋のエコ豊島で60名が参加（5）。			
	2003.3.15　YSCが第4回カネミ油症学習会を開催。講師は長山淳哉（5）。			
2003.4　新型肺炎（SARS）流行（13）。	2003.3.27　YSCが広島地区被害者との交流会を広島市鯉城会館で開催（5）。		2003.3.28　厚労、農水、環境省が油症問題に対する3省連絡会議を組織（12）。	
	2003.6.5　YSCが農水省と交渉（5）。			
	2003.6.6　YSCが環境省、厚生労働省と交渉（5）。			
	2003.6.21　YSCが大塚の環境市民広場で第2回総会（5）。			
	2003夏　YSCが男性被害者へのアンケート調査（5）。			
	2003.8　アメリカで開かれたダイオキシン国際会議でYSCが2002年夏に行った女性調査の報告（5）。			

社会状況・食品汚染・環境汚染	被害者・支援者	企業・財界	政府・自治体	医学者・専門家
	2003.11.29　YSCが被害者の全面救済を求める「ノーモア!YUSYO　35周年宣言集会」を文京区民センターで開催。110名参加。全国油症治療研究班班長、行政担当者、研究者、被害者が一堂に会す(5)。日本弁護士連合会に人権救済を申し立てることなどを柱にした宣言を採択(日経031130)。			
	2004　台南で開かれた日台環境フォーラムでYSCが油症事件の報告。会場には被害者、支援者、原田正純も参加(5)。			2004 未認定を含めた患者の血中PCDF濃度を測定することが決定(3)。
	2004.2.8　YSCが台湾で台湾油症被害者と交流(5)。			
	2004.3.5　YSCが環境省・厚生労働省と交渉(5)。			
	2004.3.13　YSCが東京・奥多摩御嶽で運営委員会の合宿(5)。			
	2004-2008年度　この間の新規認定者は60人、うち長崎県内25人(14)。	2004-2006年度　カネミ倉庫が被害者に支払った医療費は04年度約4,500万円、05年度約5,300万円、06年度　約6,030万　円(長崎101008)。		
	2004.4.3-5　YSCが第2回自主検診・被害調査を長崎県五島で実施(5)。			

	2004春 「油症医療恒久救済対策協議会」は仮払金返還問題について日弁連へ人権救済の申し立て(3)。			
	2004.4.6 被害者ら147人がカネミ倉庫、カネカ、国を被申立人として、日本弁護士連合会人権擁護委員会に人権救済申立(第1次)(5)。			
	2004.4.24。YSCが第5回学習会。講師は原田正純(5)。			
	2004.5.13 統一民事原告団が日弁連に人権救済申し立て(13)。			
2004.8 福井県美浜原発で蒸気噴出事故(13)。	2004.8.22-23 YSCが第3階自主検診・被害調査を長崎県五島で実施(5)。			
	2004.9.19 YSCが亀戸のZビルで第3回総会(5)。			2004.9.29 全国油症治療研究班内に設けられた「油症診断基準再評価委員会」が「油症診断基準(補遺)」を定める。PCDFを含むダイオキシン類の血中濃度を追加。結果、新たに18人が認定(5)。
2004.10 関西水俣病訴訟上告審で国と熊本県の行政責任を認める。原告実質勝訴が確定(13)。	2004.10 YSCが骨と歯の健康調査としてアンケート調査(5)。			
	2004.10.22 被害者72人がカネミ倉庫、カネカ、国を被申立人として、九州弁護士連合会人権擁護委員会に人権救済第2次申し立て(日経041023)。			

社会状況・食品汚染・環境汚染	被害者・支援者	企業・財界	政府・自治体	医学者・専門家
2004.12.9-15 長崎新聞で連載「37年目の救済 カネミ油症は今」(14)。	2004.12.9 YSCが農水省・厚生労働省と交渉。午後、憲政記念館で「これでいいのか!油症認定制度と仮払金問題(カネミ油症と人権を考える)」集会を開催(5)。			
	2005.1.23 YSCが運営委員会合宿を開催(5)。			2005 油症治療研究班が台湾油症の専門家を招き共同研究を約束(5)。
	2005.2.9 YSCが全国会議員722名の国会議員会館事務所を訪問し「カネミ油症被害者救済に対する要望書」を提出(5)。			
	2005.2.10 被害者ら42人がカネミ倉庫、カネカ、国を被申立人として、日本弁護士連合会人権擁護委員会に人権救済申立(第3次)を行う(5)。			
	2005.2.11 YSCが、水俣病問題、森永ヒ素ミルク事件の支援団体と共催でシンポジウム「徹底討論!食品公害における認定制度の検証、水俣病、カネミ油症の認定基準の変更に向けて」開催。水道橋の全水道会館(5)。			
2005.3 福岡県西方沖地震(13)。	2005.3.16 YSCが新認定患者5名とカネミ倉庫本社で要請書提出、損害賠償交渉(5)。			

	2005.3.17　YSCが福岡県北九州市の被害者を訪問(5)。			
2005.4　尼崎市のJR福知山線で快速電車脱線、マンションに激突(13)。	2005.4.3　統一民事原告団が日弁連人権擁護委員会に「人権救済申立(第4次)を行う(5)。			
	2005.5.13　統一民事原告団が日弁連人権擁護委員会に人権救済申立(第5次)(5)。			
	2005.5.24　YSCーの2002-05年の調査で、油症被害者の子どもの約半数にダイオキシンなどが原因と見られる症状があると明らかになる(日経20050525)。			
	2005.5.28　YSCが池袋の豊島区勤労福祉会館で「カネミ油症2世・3世被害者健康実態調査報告会」開催(5)。			
	2005.6.9　YSCが東京の弁護士会館で北関東ブロック被害者懇親会を開催(5)。			
	2005.6.27　統一民事原告団29人が日弁連人権擁護委員会に人権救済申立(第6次)(5)。			
	2005.7.2-3　日弁連人権擁護委員会が福岡市でヒアリング調査(5)。			2005.7.3　原田正純が日弁連人権擁護委員会に「カネミ油症の人権侵害に関する意見書」提出(14)。

社会状況・食品汚染・環境汚染	被害者・支援者	企業・財界	政府・自治体	医学者・専門家
	2005.7.9　YSCが世田谷区の生活クラブ生協世田谷センターで第4回総会を開催。「被害者の骨と歯の健康調査報告会」を兼ねる(5)。			
	2005.8　市町村合併を機に「ダイオキシンを考える会」は「奈留島の会」を経て玉之浦町の患者とともに約100人で「カネミ油症五島市の会」設立。矢口哲雄会長、宿輪敏子事務局長(14)。			
	2005.8.4-6　YSCが福岡市と五島市(玉之浦・奈留)で第3回自主検診・被害調査を実施(%)。			
	2005.9.8　YSCが日弁連人権擁護委員会に「YSCの人権救済申立意見書」を提出(5)。			
2005.10　道路関係4公団が民営化、高速道路会社6社発足(13)。	2005.10.6　YSCが広島検診会場で広島被害者と交流(5)。			
2005.10　郵政民営化関連6法成立(13)。	2005.10.8　YSCが長崎県五島市で第4回自主検診・被害調査を実施(5)。			
	2005.10.9　長崎県五島市で「五島被害者の会」発足集会(PCB・ダイオキシンシンポジウムin五島)開催、180名が参加。中尾郁子五島市長が「カネミ油症救済に乗り出す」と発言(5)。			

	2005.11.20　YSCが福岡県田川地区で被害者を囲んだ集会開催（5）。			
	2005.11.24　カネミ油症五島市の会は支援と救済を求める要望書を五島市長に提出。健康政策課が担当窓口となる（14）。		2005.12　五島市議会で「カネミ油症患者に対する国の支援を求める意見書」採択（14）。	
2006　日本郵政株式会社発足。 世界人口65億人突破（13）。	2006　この段階で仮払金の債務者は510名、総額は17億3,400万円。すでに250人は仮払金を完済（朝日060118）。		2006.2　五島市議会と五島市は坂口力元厚生労働大臣と県選出国会議員へ陳情（14）。	2006.2　原田正純らが「カネミ油症事件の現況と人権」を『社会関係研究』で発表（14）。
	2006.4　YSCが『カネミ油症：過去・現在・未来』を上梓（14）。		2006.3.23 自民・公明両党は「カネミ油症問題を検討する議員の会」（会長・坂口力元厚労相）を組織、患者の救済法案の作成に着手。対象が認定患者のみで仮払金返還問題の対処策は盛り込まれないことなどから意見が割れ、法案提出は次の国会へ見送り（西日本060324）。	
	2006.4.16　北九州市で被害者ら約200人が「カネミ油症全被害者集会2006」開催（13）五島市長の中尾郁子が「五島市が先頭に立って真の救済の道を拓きたい」と発言（14）。			
	2006.4.17　日弁連が油症被害者の人権救済について国とカネミ倉庫に勧告書、鐘化に要望書を提出（13）。			

社会状況・食品汚染・環境汚染	被害者・支援者	企業・財界	政府・自治体	医学者・専門家
	2006.5.10　五島市で五島市役所課長会、五島市議会全員協議会、椿ライオンズクラブ、ひまわりの会、連合五島地協の代表らが「カネミ油症被害者を支援する会」設立。辻千穂子、田端俊治、宿輪瑞親共同代表(14)。		2006.5.31　民主党は「ダイオキシン類に係る健康被害の救済に関する法律案」を参議院に提出(14)、のちに廃案(長崎091023)。	
	2006.06.21　五島市玉之浦、奈留町で「カネミ油症五島市の会」の30人と厚労省企画情報課や県、市の担当者ら10人が意見交換会。与党が被害者救済法案提出を見送ったのを受け、被害者からは早期救済を求める声が相次ぐ(毎日060622)。		2006.6.22　福岡県議会が油症被害者の救済を求める意見書案を可決(読売060623)。	2006.6.23　全国油症治療研究班(班長・古江増隆九大大学院教授)は福岡市で会議、ダイオキシンを体外に排出する効果が期待される高脂血症治療薬による臨床試験を行うと決定(熊本060624)。
	2006.9.24　かねみ油症被害の全面解決を訴える「かねみ油症被害者東京集会」開催。約120人が参加(長崎060925)。		2006.7.1 長崎県が1968年の油症発生以降の検診票延べ約10，000人票をすべて保存していると判明(熊日060702)。	
			2006.11　五島保健所内に「かねみ油症問題現地連絡会議」設置。長崎県と五島市で地元医師への研修会開催(14)。	

			2006.11.28　自民・公明両党による「与党カネミ油症対策プロジェクトチーム」（小杉隆座長）が「特例法素案」を提起（長崎061213）。	2006.11.10　女性被害者の孫のへその緒にダイオキシン類が通常より高濃度で含まれていることを宮田秀明らが確認（毎日061110）。
			2006.12　五島市議会が「カネミ油症仮払金の特例法素案に関する意見書」採択（14）。	
	2006.12　被害者は「与党カネミ油症対策プロジェクトチーム」が提示した「特例法素案」の内容が限定的であると改善を要求。		2006.12　被害者からの「特例法案」内容改善を受けて公明党が提出した修正案に自民党は難色を示し、法案提出は次の国会へ持ち越し（長崎061213）。	
2007　防衛省発足。 選挙運動中の伊藤一長長崎市長が銃撃され死亡（13）。			2007.4.10　与党カネミ油症対策プロジェクトチームは「カネミ油症被害者救済策」発表。仮払金のほぼ全額の返済を免除し、約1,300人の認定患者全員に「油症研究調査協力金」として1人20万円を支給するもの（西日本070412）（13）。	
	2007.5　被害者と五島市長が坂口力元厚労大臣と五島市役所で懇談（14）。		2007.5.24-6.1　衆議院農水委員会で仮払金免除特別法案が審議され、全会一致で可決。翌25日に衆議院本会議、31日に参議院農水委員会、6月1日参議院本会議でそれぞれ全会一致で可決され、「カネミ油症事件関係仮払金返還債権の免除についての特例に関する法律」成立（公害弁連ニュース）。	

社会状況・食品汚染・環境汚染	被害者・支援者	企業・財界	政府・自治体	医学者・専門家
			2007.7 五島市に「五島市カネミ油症問題対策推進本部」設置。各課が連携して問題に対処すること、毎年支援行動計画を策定し、支援活動を行うことを決定(14)。	
2007.11 薬害肝炎大阪訴訟控訴審で大阪地裁は和解勧告。九州訴訟控訴審で福岡地裁も和解勧告(13)。	2007.12.5 被害者ら約50人が賠償金支払い、医療費拡充などを求めてカネミ倉庫に交渉。社長は出て来ず(14)。		2007.8 五島市の福江総合福祉保健センター内に「カネミ油症被害資料展示コーナー」設置(14)。	
2008.1 中国製冷凍餃子事件(13)。	2008.5.23 新認定訴訟提訴。訴訟終結(1987年)以降に油症と認定された26人がカネミ倉庫と同社長に総額2億8,600万円、1人当たり1,100万円の損害賠償を求め福岡地裁小倉支部に提訴(長崎080524)。		2008.7 厚生労働省が全国の認定患者を対象に健康実態調査。調査協力者に協力金20万円を支給(14)	2008.5.9 九大病院に「油症ダイオキシン研究診療センター開設。古江増隆センター長(14)。
	2008.11.27 新認定訴訟第1回口頭弁論(13)。第2次提訴で10人が加わる(14)。			2008.11.1 九大油症ダイオキシン研究診療センターはメディカルソーシャルワーカーを五島市に配置(14)。
	2008.12 五島市の福江総合福祉保健センターで「カネミ油症40年シンポジウムin五島」(14)。		2009.2 五島市でカネミ油症事件を掲載した「社会科副読本」を製作(14)。	
	2009.6 「広島油症被害者の会」結成(中国091019)。	2009年度 政府米の新たな保管委託の一般競争入札を実施(長崎101008)。	2009.4 五島市は独自の未認定被害者の実態調査に着手(14)。	

	2009.8.6　新認定訴訟第3次提訴。遺族を含む16人が加わる(14)。	2009.7.30　カネミ倉庫は新認定訴訟の「準備書面1」を提出。油症は公害事件なので公的救済が必要という主張(s)。		2009.8-9　原田正純を団長とする医師団が五島で自主検診(朝日090731)。
	2009.8.7 カネミ油症五島市の会と「カネミ油症未認定・ダイオキシン汚染を止める会グリーンアース」は福岡県と交渉(s)。			
	2009.10.18 「広島油症被害者の会」の約20人が広島市中区の鯉城会館で発足後初の集会(中国091019)。			2009.10.8　新認定訴訟で原田正純が油症被害の実情と問題点を証言(13)。
	2009.10.22　カネミ油症五島市の会の8人が大村市内の犬塚直史・民主党参院議員に長妻昭厚労相に直接陳情する場を設けることと、本格的な救済法案を来年の通常国会に提出するよう要望(長崎091023)。			
	2010.1.16　被害者団体や弁護団が被害の公的補償に関する救済法案の骨子案をまとめ、長崎市で開かれた会合で民主党に提示(毎日100116)。			
	2010.1.24　被害者ら約200人が長崎市で「カネミ油症被害者の救済を求めて　ナガサキ大集会」開催(13)(14)。		2010.3　長崎県五島市が『回復への祈り：カネミ油症40年記念誌』発行(14)。	

社会状況・食品汚染・環境汚染	被害者・支援者	企業・財界	政府・自治体	医学者・専門家
	2010.4　新認定訴訟の本人尋問開始。福岡地裁小倉支部、広島地裁、長崎地裁小倉支部で実施(14)。		2010.3.21　厚労省は油症被害者健康実態調査の結果を発表(13)。回答者1,131人(長崎101010)。	
	2010.6.4 「カネミ油症被害者救済法制定を求める緊急市民集会」開催(13)。		2010.6.16　民主党の議員らが成立を目指しているカネミ油症被害者の救済法案は、通常国会閉会に伴い次期国会以降に提出持ち越し長崎100617)。	2010.6　油症治療研究班は油症患者に多発している骨粗鬆症について油症との間に因果関係が認められないと発言。古江班長は「症状は加齢のせい」。(毎日100824)。
				2010.7.26　原田正純が中尾郁子五島市長と会談、油症患者の現状を説明(西日本100727)。
2010.8.24　朝日新聞の社説で油症について「政治の力で被害者救済を」掲載(朝日100824)。	2010.9.4　カネミ油症五島市の会が五島市で福田衣里子衆院議員を招き集会(長崎101010)。			2010.8.13　油症治療研究班と患者17人の非公開の会合。患者は6月の発言を撤回するよう求めるが、研究班は応じず(毎日100824)。
	2010.9.16　長崎県の被害者4人が田上富久市長と吉原孝市議会議長に救済法成立に向けた支援や油症相談窓口の設置など要望。市長とは初面談(長崎100917)。		2010.9.30　五島市議会は国にカネミ油症被害者救済法の早期成立を求める意見書を全会一致で採択(毎日201001)。	
		2010.10　カネミ倉庫と国の随意契約による政政府米保管が今月から大企業への民間委託となり、カネミ倉庫が新たな保管業務を受託できる見通しが不透明に(長崎101008)。		

年表作成にあたって使用した文献資料

文　献	
1	加藤八千代，1989 [1985]，『カネミ油症裁判の決着：隠された事実からのメッセージ』（増補版）幸書房.
2	下田守，2003，「カネミ油症と予防原則」『環境ホルモン』3: 63-70.
3	長山淳哉，2005，『コーラベイビー：あるカネミ油症患者の半生』西日本新聞社.
4	水野玲子，2004，「カネミ油症の女たち：35年後のダイオキシン被害調査から」『環境ホルモン』4: 167-176.
5	カネミ油症被害者支援センター編，2006，『カネミ油症　過去・現在・未来』緑風出版.
6	中島貴子，2003，「カネミ油症事件の社会技術的再検討：事故調査の問題点を中心に」『社会技術研究論文集』1: 25-37.
7	川名英之，1989，『薬害・食品公害』（ドキュメント日本の公害 第3巻）緑風出版.
8	下田守，2010，「カネミ油症　略年表」カネミ油症40年記念誌編さん委員会編『回復への祈り：カネミ油症40年記念誌』五島市，109-114.
9	止めよう！ダイオキシン関東ネットワーク，2000，『今なぜカネミ油症か：日本最大のダイオキシン被害』止めよう！ダイオキシン関東ネットワーク.
10	宇井純，1974，『公害原論』（補巻III），亜紀書房.
11	赤城勝友，1973，「カネミライスオイル中毒事件（2）」『食品衛生研究』23(4): 108-118.
12	厚生労働省医薬食品局食品安全部企画情報課，2008，『油症患者に係る健康実態調査の実施について』.
13	吉野高幸，2010，『カネミ油症：終わらない被害』海鳥社.
14	カネミ油症40年記念誌編さん委員会，2010，『回復への祈り：カネミ油症40年記念誌』長崎県五島市.

証　言	
別府証言	カネミ油症事件全国統一民事訴訟1975年6月26日証言。
俣野証言	統一民事訴訟1982年9月22日証言。
森本証言	統一民事訴訟1979年10月29日証言。
野津750925	統一民事訴訟1975年9月25日証言。
野津760130	統一民事訴訟1976年1月30日証言。
野津790615	統一民事訴訟1979年6月15日証言。
野津790928	統一民事訴訟1979年9月28日証言。
矢幅証言	統一民事訴訟1979年9月17日証言。

国会会議録	
国会1	齋藤邦吉(国務大臣)、衆議院社会労働委員会14号、1973年4月12日発言。
国会2	齋藤邦吉(国務大臣)、衆議院内閣委員会20号、1973年4月25日発言。

新聞 ＊略称＋年月日(yymmdd)として示す。例：朝日681010＝朝日新聞1968年10月10日付。	
中国	中国新聞
熊日	熊本日日新聞
長崎	長崎新聞
日経	日本経済新聞
西日本	西日本新聞
大分合同	大分合同新聞
東京	東京新聞
読売	読売新聞

ウェブサイト	
公害弁連ニュース	http://:www.kogai-net.com/news/news154/05.html(20110630閲覧)

原資料	
s	法律原文、準備書面原文、資料名を明記しないことを条件に入手した資料など

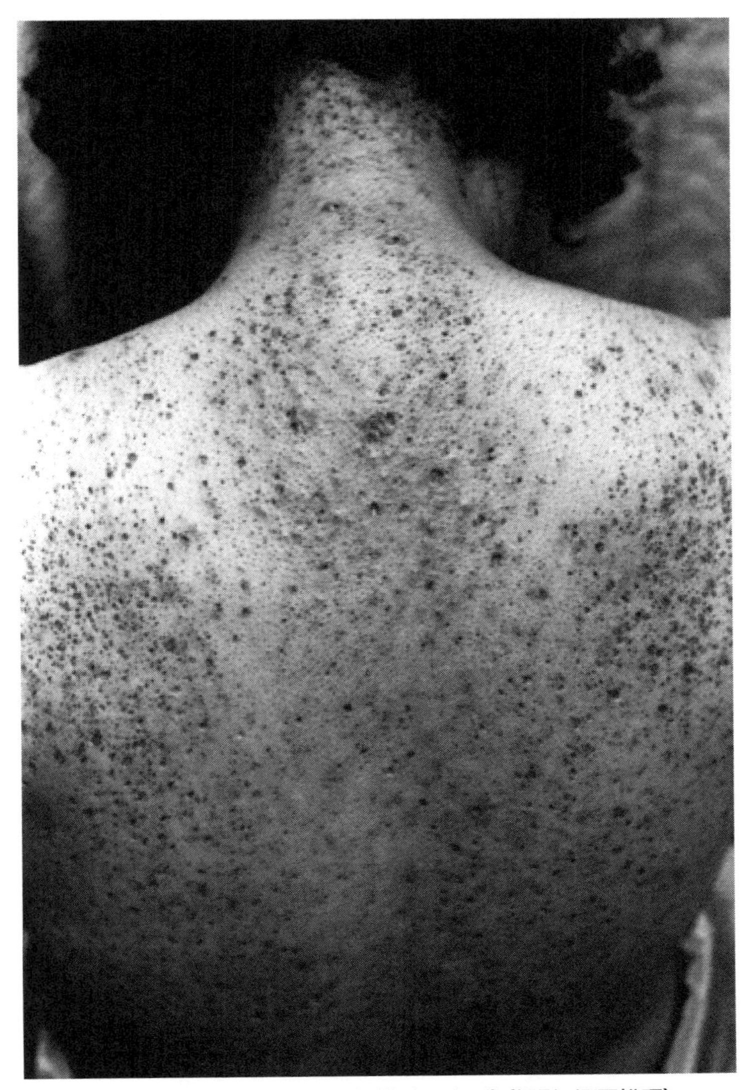

写真1　背中のクロルアクネ（塩素にきび）（撮影・河野裕昭）

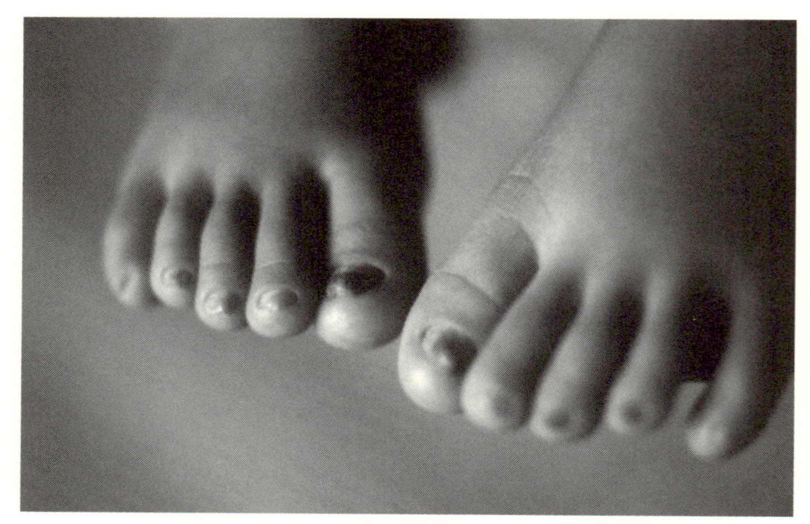

写真2　子どもの足の爪の筋と黒変（撮影・河野裕昭）

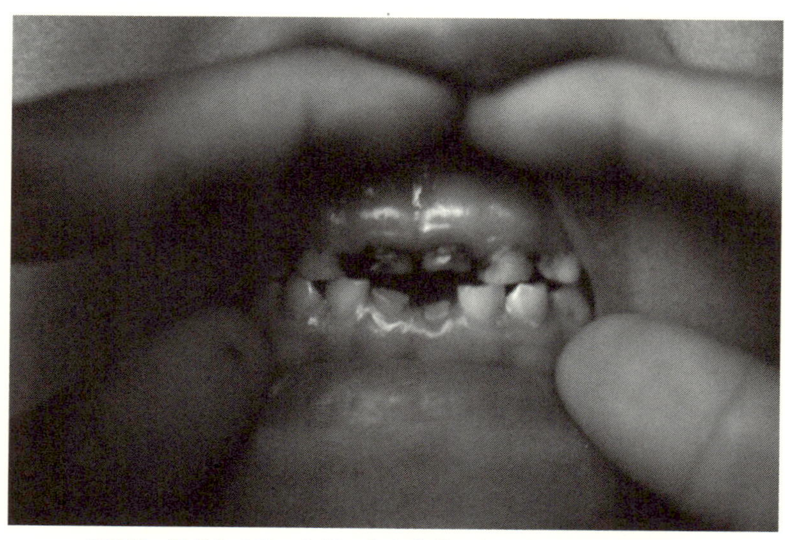

写真3　子どもの歯の欠け、歯と歯茎の変色（撮影・河野裕昭）

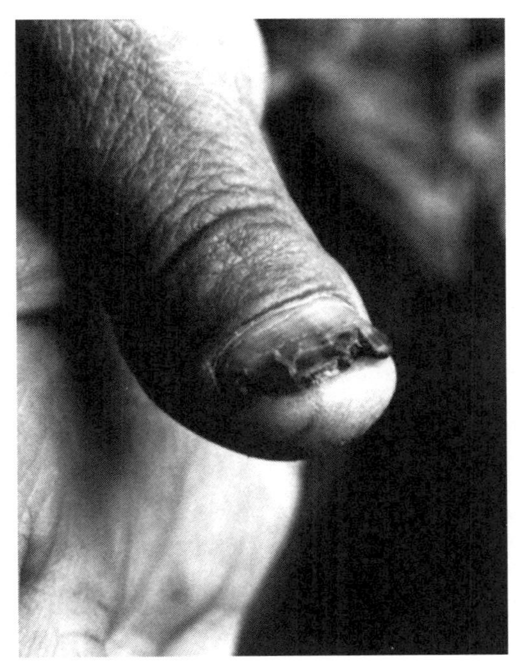

写真4　大人の爪の欠けと変色（撮影・河野裕昭）

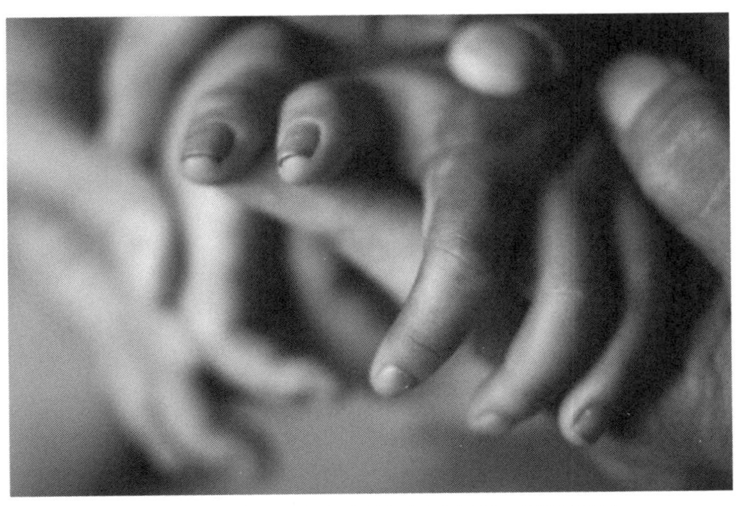

写真5　子どもの色素沈着した手（撮影・河野裕昭）

写真6　「カネミ油症救済法成立に向けて　東京緊急集会」2010年6月4日
東京・弁護士会館にて（撮影・筆者）

写真7　カネミ油症新認定訴訟の原告団・原告弁護団による記者会見　2009年5月14日　福岡地裁小倉支部隣接の弁護士会館にて（撮影・筆者）

写真8　カネミ・ライスオイルの入っていた一升瓶　2011年時点で被害者が保管していたもの（提供・保田法律事務所）

事項索引

【さ】

【た】

【な】

【は】

人名索引

【さ】

【た】

【な】

【は】

【ま】

【や・ら】

著者紹介

宇田　和子（うだ　かずこ）

1983年 神奈川県生まれ。2013年 法政大学大学院政策科学研究科政策科学専攻博士課程修了、博士（政策科学）。

現在、福岡工業大学社会環境学部助教。専門は環境社会学。

主著：「カネミ油症事件における『補償制度』の特異性と欠陥：法的承認の欠如をめぐって」『社会学評論』249（2012）、「『状況の定義』の共振がもたらす政治的機会：カネミ油症仮払金返還問題の決着過程」池田寛二・堀川三郎・長谷部俊治編『環境をめぐる公共圏のダイナミズム：公共圏への運動的介入と政策形成』法政大学出版局（2012）。

Industrial Food Pollution: Relief Policies for the Kanemi Oil Disease Victims

食品公害と被害者救済――カネミ油症事件の被害と政策過程

2015年2月28日　初　版第1刷発行

〔検印省略〕

定価はカバーに表示してあります。

著者© 宇田和子　発行者　下田勝司

印刷・製本／中央精版印刷株式会社

東京都文京区向丘1-20-6　郵便振替 00110-6-37828

〒113-0023　TEL (03) 3818-5521　FAX (03) 3818-5514

発行所 株式会社 東信堂

Published by TOSHINDO PUBLISHING CO., LTD.

1-20-6, Mukougaoka, Bunkyo-ku, Tokyo, 113-0023, Japan

E-mail : tk203444@fsinet.or.jp http://www.toshindo-pub.com

ISBN978-4-7989-1287-5 C3036